EUROPA LEHRMITTEL

EUROPA-FACHBUCHREIHE
für Kunststoffberufe

Formeln Kunststofftechnik PLUS+

Basisinformationen - Formeln - Formelumstellungen

1. Auflage

VERLAG EUROPA-LEHRMITTEL · Nourney, Vollmer GmbH & Co. KG
Düsselberger Straße 23 · 42781 Haan-Gruiten

Europa-Nr.: 13770

Autorin und Autoren:

Hartmut Fritsche	Dipl.-Ing. (FH)	Massen
Werner Gradl	Ing. BEd.	Wartberg
Jörg Kolbinger	Dipl.-Ing. (FH), Studiendirektor	Windelsbach
Ulrike Rudolph	Dipl.-Ing.	Sonneberg
Werner Schröck	Dipl.-Ing. (FH), Studienrat	Pirmasens
Frank Schwarze	Dipl.-Ing.-Päd., Studienrat	Sonneberg

Lektorat und Leitung des Arbeitskreises: Hartmut Fritsche

Bildbearbeitung:
Zeichenbüro des Verlags Europa-Lehrmittel, Ostfildern

1. Auflage 2025
Druck 5 4 3 2 1

Alle Drucke derselben Auflage sind parallel einsetzbar, da sie bis auf die Korrektur von Druckfehlern identisch sind.

ISBN 978-3-7585-1377-0

Umschlag: MediaCreativ, G. Kuhl, 40724 Hilden
Umschlagfotos: „ABS-Formteil-Füllstudie“: Werner Gradl, A-4224 Wartberg
Satz: Grafische Produktionen Jürgen Neumann, 97222 Rimpar
Druck: mediaprint solutions GmbH, 33100 Paderborn

Vorwort

Formeln Kunststofftechnik *PLUS*⁺ enthält Basisinformationen und alle **Standardformeln** der Kunststofftechnik mit vielen wichtigen **Umformungen** und Abwandlungen. In handlichem Format ist das Buch eine schnelle Hilfe in unzähligen Situationen,

- ob an der Maschine oder Werkbank,
- im berufsbezogenen Unterricht und in der fachpraktischen Ausbildung,
- bei schriftlichen und praktischen Abschlussprüfungen,
- in der beruflichen Weiterbildung oder im Studium.

Diese Formelsammlung soll den **Umgang mit Formeln erleichtern**. Die meisten Formeln sind **nach** allen **Variablen umgestellt**. Jedes **Formelzeichen** ist erklärt und die jeweiligen **Einheiten** sind mit aufgeführt.

Diese Ausgabe beinhaltet des Weiteren **Tabellen** mit typischen **Eigenschaften** der gebräuchlichsten **Werkstoffe**, wie **Stoffwerte** und Anwendungen.

Die acht **Kapitel** dieser Formelsammlung sind angelehnt an die inhaltliche Struktur des Tabellenbuchs Kunststofftechnik.

1. **N**aturwissenschaftlich-technische Grundlagen
2. **T**echnische Kommunikation
3. **W**erkstofftechnik
4. **M**aschinenelemente
5. **A**utomatisierungstechnik
6. **F**ertigungstechnik
7. **V**erfahrenstechnik
8. **K**unststofffenster und Bauphysik

Beim Verwenden der Formelsammlung ist folgender Hinweis stets voranzustellen.

Fachhinweise der Hersteller zu Werkstoffangaben haben Vorrang.

⚠ ⇒ Seite 3

Mit dieser **Symbolik** sind Tabellen markiert, die **ausschließlich Richtwerte** enthalten. Bei der praktischen Anwendung und Verarbeitung von Werkstoffen, insbesondere von Kunststoffen, haben die spezifischen Werkstoffangaben und Fachhinweise der Hersteller stets Vorrang.

Wir, das **Autorenteam** und der **Verlag**, sind allen **Nutzern** dieser Formelsammlung für allgemeine Rückmeldungen, Verbesserungsvorschläge und Fehlermeldungen sehr **dankbar**.

Diese werden gern unter folgender E-Mail-Adresse entgegengenommen: lektorat@europa-lehrmittel.de

Frühjahr 2025 Autorenteam und Verlag

Naturwissenschaftlich-technische Grundlagen N
Technische Kommunikation T
Werkstofftechnik W
Maschinenelemente M
Automatisierungstechnik A
Fertigungstechnik F
Verfahrenstechnik V
Kunststofffenster und Bauphysik K

Inhaltsverzeichnis

Naturwissenschaftlich-technische Grundlagen

Inhaltsverzeichnis

Technische Kommunikation

Werkstofftechnik

Maschinenelemente

Inhaltsverzeichnis

Griechische Buchstaben und römische Zahlen

Griechisches Alphabet

Griechische Buchstaben

Buchstabenname	Schreibweisen: groß und gerade	groß und kursiv	klein und gerade	klein und kursiv
Alpha	Α	*Α*	α	*α*
Beta	Β	*Β*	β	*β*
Gamma	Γ	*Γ*	γ	*γ*
Delta	Δ	*Δ*	δ	*δ*
Epsilon	Ε	*Ε*	ε	*ε*
Zeta	Ζ	*Ζ*	ζ	*ζ*
Eta	Η	*Η*	η	*η*
Theta	Θ	*Θ*	ϑ, θ	*ϑ, θ*
Jota	Ι	*Ι*	ι	*ι*
Kappa	Κ	*Κ*	κ, ϰ	*κ, ϰ*
Lambda	Λ	*Λ*	λ	*λ*
My	Μ	*Μ*	μ	*μ*
Ny	Ν	*Ν*	ν	*ν*
Xi (Ksi)	Ξ	*Ξ*	ξ	*ξ*
Omikron	Ο	*Ο*	ο	*ο*
Pi	Π	*Π*	π	*π*
Rho	Ρ	*Ρ*	ϱ, ρ	*ϱ, ρ*
Sigma	Σ	*Σ*	σ	*σ*
Tau	Τ	*Τ*	τ	*τ*
Ypsilon	Υ	*Υ*	υ	*υ*
Phi	Φ	*Φ*	φ	*φ*
Chi	Χ	*Χ*	χ	*χ*
Psi	Ψ	*Ψ*	ψ	*ψ*
Omega	Ω	*Ω*	ω	*ω*

Römische Zahlen

Bezeichnung und Abbildung

Sonnenuhr mit römischen Zahlen

Gleichwertige arabische und römische Zahlen

0	[1]	20	XX	40	XL	60	LX	**1000**	**M**[2]
1	**I**[2]	21	XXI	41	XLI	70	LXX	1001	MI
2	II	22	XXII	42	XLII	80	LXXX	1112	MCXII
3	III	23	XXIII	43	XLIII	90	XC	1223	MCCXXIII
4	IV	24	XXIV	44	XLIV	94	XCIV	1434	MCDXXXIV
5	**V**[2]	25	XXV	45	XLV	95	XCV	1545	MDXLV
6	VI	26	XXVI	46	XLVI	96	XCVI	1656	MDCLVI
7	VII	27	XXVII	47	XLVII	97	XCVII	1767	MDCCLXVII
8	VIII	28	XXVIII	48	XLVIII	98	XCVIII	1878	MDCCCLXXVIII
9	IX	29	XXIX	49	XLIX	99	XCIX	1999	MCMXCIX
10	**X**[2]	30	XXX	**50**	**L**[2]	**100**	**C**[2]	2000	MM
11	XI	31	XXXI	51	LI	200	CC	2021	MMXXI
12	XII	32	XXXII	52	LII	300	CCC	2022	MMXXII
13	XIII	33	XXXIII	53	LIII	400	CD	2023	MMXXIII
14	XIV	34	XXXIV	54	LIV	**500**	**D**[2]	2024	MMXXIV
15	XV	35	XXXV	55	LV	600	DC	2025	MMXXV
16	XVI	36	XXXVI	56	LVI	700	DCC	2026	MMXXVI
17	XVII	37	XXXVII	57	LVII	800	DCCC	2027	MMXXVII
18	XVIII	38	XXXVIII	58	LVIII	900	CM	3000	MMM
19	XIX	39	XXXIX	59	LIX	999	CMXCIX	3999	MMMCMXCIX

[1] Es gibt kein Zeichen für die 0. [2] römische Grundziffern: I, V, X, L, C, D, M

Prozentrechnung und Zinsrechnung

Bezeichnung und Abbildung	Formeln und Formelumstellung	Formelzeichen	Einheiten
Grundwert, Prozentwert und Prozentsatz			
Prozentrechnung	**Grundwert** $G = \frac{W \cdot 100\,\%}{p}$ $\quad W = \frac{G \cdot p}{100\,\%}$ $\quad p = \frac{W \cdot 100\,\%}{G}$	G Grundwert	– (ohne Einheit) oder mit Einheit, z. B. kg
	Prozentwert $W = \frac{G \cdot p}{100\,\%}$ $\quad G = \frac{W \cdot 100\,\%}{p}$ $\quad p = \frac{W \cdot 100\,\%}{G}$	W Prozentwert	– ohne Einheit oder mit Einheit, z. B. kg
	**Prozentsatz** $p = \frac{W \cdot 100\,\%}{G}$ $\quad W = \frac{G \cdot p}{100\,\%}$ $\quad G = \frac{W \cdot 100\,\%}{p}$	p Prozentsatz	%
	Erhöhter Grundwert $G_{max} = G + W$ $\quad G = G_{max} - W$ $\quad W = G_{max} - G$ $G = \frac{G_{max} \cdot 100\,\%}{100\,\% + p}$ $\quad G_{max} = \frac{G \cdot (100\,\% + p)}{100\,\%}$	G_{max} erhöhter Grundwert	– (ohne Einheit) oder mit Einheit, z. B. kg
	Verminderter Grundwert $G_{min} = G - W$ $\quad G = W + G_{min}$ $\quad W = G - G_{min}$ $G = \frac{G_{min} \cdot 100\,\%}{100\,\% - p}$ $\quad G_{min} = \frac{G \cdot (100\,\% - p)}{100\,\%}$	G_{min} verminderter Grundwert	– (ohne Einheit) oder mit Einheit, z. B. kg **Umrechnungen** **1 %** = 1/100 = 0,01
Zinsrechnung			
Zinsrechnung	**Kapital** $K = \frac{Z \cdot 100\,\%}{p \cdot t}$ $\quad Z = \frac{K \cdot p \cdot t}{100\,\%}$ $\quad p = \frac{Z \cdot 100\,\%}{K \cdot t}$ $t = \frac{Z \cdot 100\,\%}{K \cdot p}$	K Kapital, Startkapital	Währungseinheit, z. B. EUR
	Zinsen $Z = \frac{K \cdot p \cdot t}{100\,\%}$ $\quad K = \frac{Z \cdot 100\,\%}{p \cdot t}$ $\quad p = \frac{Z \cdot 100\,\%}{K \cdot t}$ $t = \frac{Z \cdot 100\,\%}{K \cdot p}$	Z Zinsen p Zinssatz t Laufzeit	Währungseinheit, z. B. EUR % Zeiteinheit, z. B. a
	**Zinssatz** $p = \frac{Z \cdot 100\,\%}{K \cdot t}$ $\quad Z = \frac{K \cdot p \cdot t}{100\,\%}$ $\quad K = \frac{Z \cdot 100\,\%}{p \cdot t}$ $t = \frac{Z \cdot 100\,\%}{K \cdot p}$		
	Laufzeit $t = \frac{Z \cdot 100\,\%}{K \cdot p}$ $\quad Z = \frac{K \cdot p \cdot t}{100\,\%}$ $\quad K = \frac{Z \cdot 100\,\%}{p \cdot t}$ $p = \frac{Z \cdot 100\,\%}{K \cdot t}$		
	Zinseszinsrechnen $K_n = K \cdot \left(1 + \frac{p}{100\,\%}\right)^n$ $\quad K = \frac{K_n}{\left(1 + \frac{p}{100\,\%}\right)^n}$ $p = \left(\sqrt[n]{\frac{K_n}{K}} - 1\right) \cdot 100\,\%$ $\quad n = \frac{\lg\left(\frac{K_n}{K}\right)}{\lg\left(1 + \frac{p}{100\,\%}\right)}$	K_n Kapital nach n Jahren n Anzahl der Jahre	Währungseinheit, z. B. EUR – (ohne Einheit) **Beziehungen** **1 Zinsjahr** = 360 Tage **1 Zinsmonat** = 30 Tage

Dreisatz

Bezeichnung und Abbildung	Formeln und Formelumstellung	Formelzeichen	Einheiten

Direkt proportionale Verhältnisse

Grafische Ermittlung

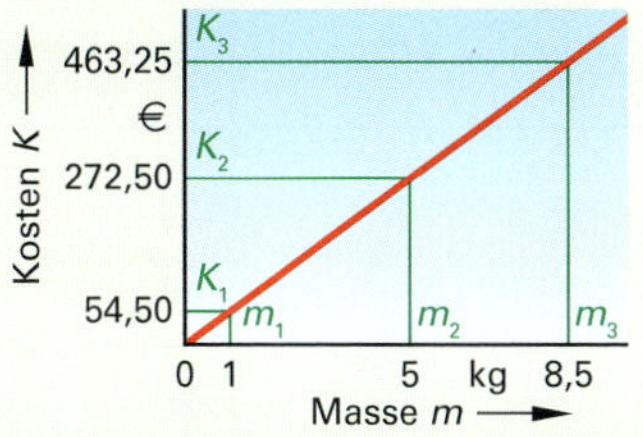

Je mehr vom einen, desto mehr vom anderen.

Direkt proportional

1. *gegeben*: m_3 und K_3
2. *gesucht*: m_1 und K_1 (Zwischenschritt)
3. *gesucht*: m_2 und K_2

Lösung:

Masse	Kosten
1. m_3 = 8,5 kg	K_3 = 463,25 €
2. m_1 = 8,5 kg : 8,5 = 1 kg	K_1 = 463,25 € : 8,5 = 54,50 €
3. $\boldsymbol{m_2}$ = 1 kg · 5 = **5 kg**	$\boldsymbol{K_2}$ = 54,50 € · 5 = **272,50 €**

Formelzeichen		Einheiten
m_1	Masse 1	kg
m_2	Masse 2	kg
m_3	Masse 3	kg
K_1	Kosten 1	€
K_2	Kosten 2	€
K_3	Kosten 3	€

Indirekt proportionale Verhältnisse

Grafische Ermittlung

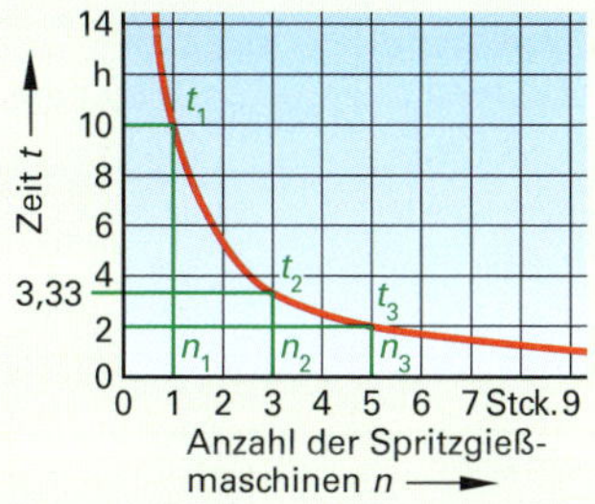

Je mehr vom einen, desto weniger vom anderen.

Indirekt proportional

1. *gegeben*: t_2 und n_2
2. *gesucht*: t_1 und n_1 (Zwischenschritt)
3. *gesucht*: t_3 und n_3

Lösung:

Zeit	Anzahl
1. t_2 = 3,33 h	n_2 = 3 Stück
2. t_1 = 3,33 h · 3 = 9,99 h	n_1 = 3 Stück : 3 = 1 Stück
3. $\boldsymbol{t_3}$ = 9,99 h : 5 = **2 h**	$\boldsymbol{n_3}$ = 1 Stück · 5 = **5 Stück**

Formelzeichen		Einheiten
n_1	Anzahl 1	Stück
n_2	Anzahl 2	Stück
n_3	Anzahl 3	Stück
t_1	Zeit 1	h
t_2	Zeit 2	h
t_3	Zeit 3	h

Verhältnisgleichung

Direkt proportionale Verhältnisse

Grafische Ermittlung

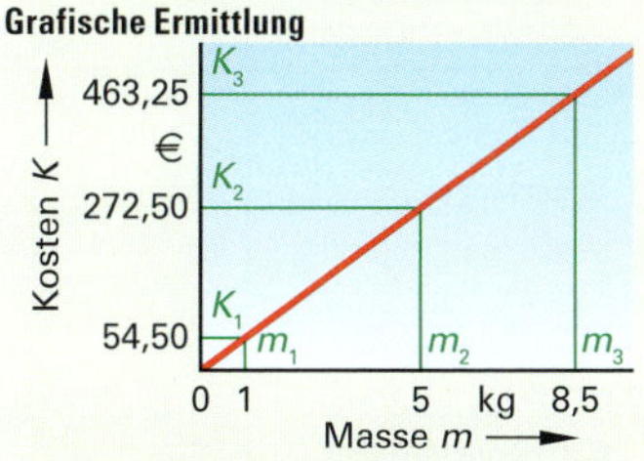

Direkt proportional

$$\frac{K_2}{K_1} = \frac{m_2}{m_1}$$

$$K_1 = \frac{K_2 \cdot m_1}{m_2} \qquad K_2 = \frac{K_1 \cdot m_2}{m_1}$$

$$m_1 = \frac{K_1 \cdot m_2}{K_2} \qquad m_2 = \frac{K_2 \cdot m_1}{K_1}$$

Formelzeichen		Einheiten
m_1	Masse 1	kg
m_2	Masse 2	kg
m_3	Masse 3	kg
K_1	Kosten 1	€
K_2	Kosten 2	€
K_3	Kosten 3	€

Indirekt proportionale Verhältnisse

Grafische Ermittlung

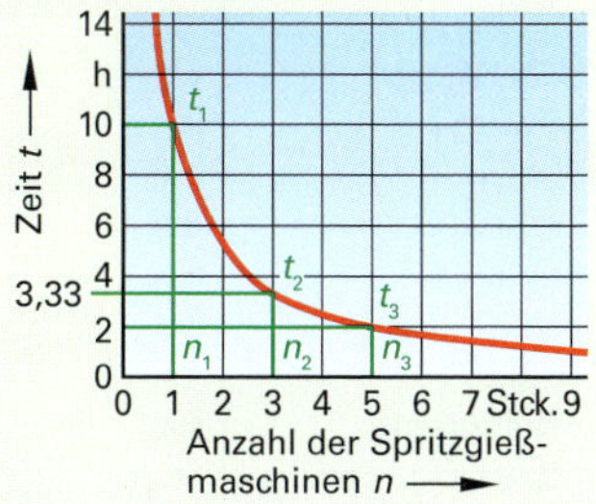

Indirekt proportional

$$\frac{t_2}{t_1} = \frac{n_1}{n_2}$$

$$t_1 = \frac{t_2 \cdot n_2}{n_1} \qquad t_2 = \frac{n_1 \cdot t_1}{n_2}$$

$$n_1 = \frac{t_2 \cdot n_2}{t_1} \qquad n_2 = \frac{n_1 \cdot t_1}{t_2}$$

Formelzeichen		Einheiten
n_1	Anzahl 1	Stück
n_2	Anzahl 2	Stück
n_3	Anzahl 3	Stück
t_1	Zeit 1	h
t_2	Zeit 2	h
t_3	Zeit 3	h

N

Teilung von Längen und Bogenlänge bei gebogenen Werkstücken

Teilung bzw. Trennung von Längen

Bezeichnung und Abbildung	Formeln und Formelumstellung	Formelzeichen	Einheiten
Gleicher Randabstand 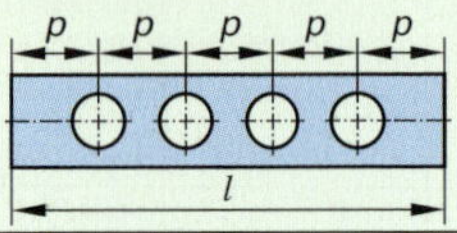	**Teilung** (Randabstand = Teilung) $p = \frac{l}{n+1}$ $l = p \cdot (n+1)$ $n = \frac{l}{p} - 1$	p Teilung l Gesamtlänge n Anzahl der Bohrungen	mm mm – (ohne Einheit)
Ungleicher Randabstand 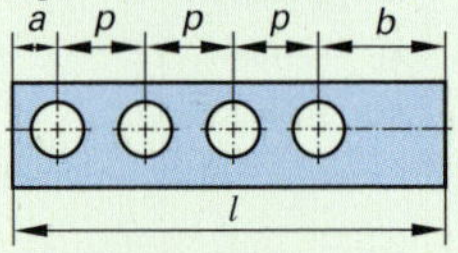	**Teilung** (Randabstand ≠ Teilung) $p = \frac{l-(a+b)}{n-1}$ $l = p \cdot (n-1) + a + b$ $a = l - p \cdot (n-1) - b$ $b = l - p \cdot (n-1) - a$ $n = \frac{l-(a+b)}{p} + 1$	p Teilung l Gesamtlänge n Anzahl der Bohrungen a, b Randabstände	mm mm – (ohne Einheit) mm
Trennung in Teilstücken 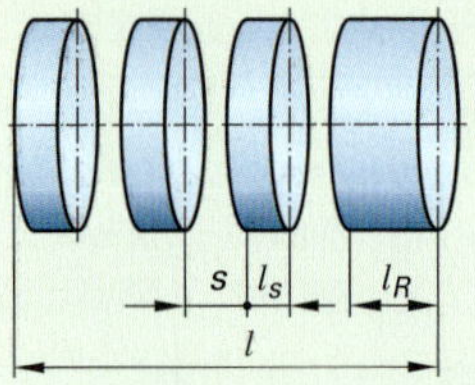	**Anzahl der gleichlangen Teilstücke** (keine Restlänge) $z = \frac{l}{l_s + s}$ $l = z \cdot (l_s + s)$ $l_s = \frac{l}{z} - s$ $s = \frac{l}{z} - l_s$ **Restlänge** $l_R = l - z \cdot (l_s + s)$ $l = l_R + z \cdot (l_s + s)$ $z = \frac{l - l_R}{l_s + s}$ $l_s = \frac{l - l_R}{z} - s$ $s = \frac{l - l_R}{z} - l_s$	z Anzahl der Teilstücke l Gesamtlänge l_s Teillänge s Schnittbreite l_R Restlänge z Anzahl der Teilstücke l Gesamtlänge s Schnittbreite l_s Teillänge	– (ohne Einheit) mm mm mm mm – (ohne Einheit) mm mm mm

Bogenlänge bei gebogenen Werkstücken, gestreckte Länge

Bezeichnung und Abbildung	Formeln und Formelumstellung	Formelzeichen	Einheiten
Vollkreisbogen (Ring) 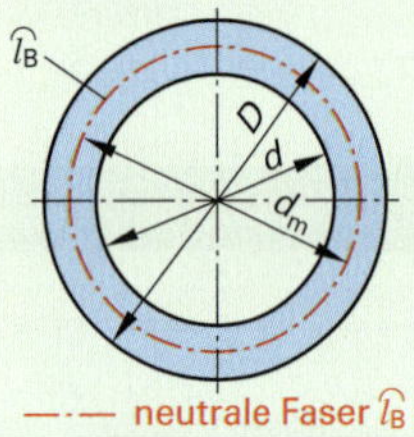	**Bogenlänge** $\widehat{l}_B = d_m \cdot \pi$ $d_m = \frac{\widehat{l}_B}{\pi}$ **Bei symmetrischen Querschnitten (Rohr, Vierkant)** $d_m = \frac{D+d}{2}$ $D = 2 \cdot d_m - d$ $d = 2 \cdot d_m - D$ Weiteres auf **Seite 16**	$\widehat{l}_B$ Bogenlänge d_m mittlerer Durchmesser π Kreiszahl ≅ 3,141592654 D Außendurchmesser d Innendurchmesser	mm mm – (ohne Einheit) mm mm
Teilkreisbogen 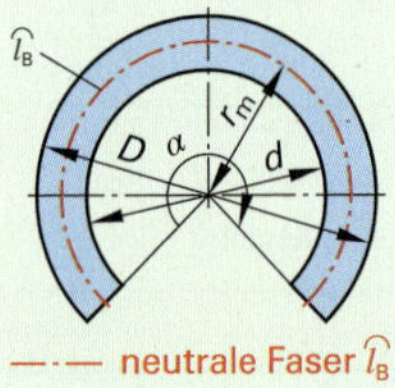	**Bogenlänge** $\widehat{l}_B = \frac{d_m \cdot \pi \cdot \alpha}{360°}$ $d_m = \frac{\widehat{l}_B \cdot 360°}{\pi \cdot \alpha}$ $\alpha = \frac{\widehat{l}_B \cdot 360°}{\pi \cdot d_m}$ $\widehat{l}_B = \frac{r_m \cdot \pi \cdot \alpha}{180°}$ $r_m = \frac{\widehat{l}_B \cdot 180°}{\pi \cdot \alpha}$ $\alpha = \frac{\widehat{l}_B \cdot 180°}{\pi \cdot r_m}$ Weiteres auf **Seite 17**	$\widehat{l}_B$ Bogenlänge d_m mittlerer Durchmesser r_m mittlerer Radius α Mittelpunktswinkel π Kreiszahl ≅ 3,141592654	mm mm mm ° (Grad) – (ohne Einheit)
Zusammengesetzte Länge 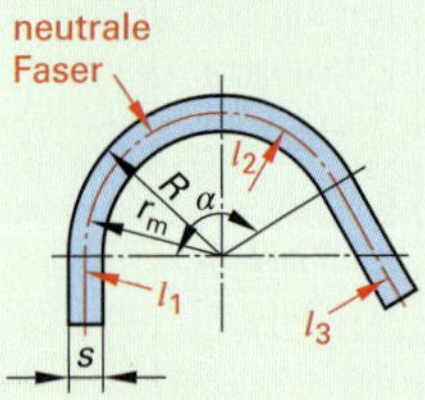	**Gesamtlänge** $L = l_1 + l_2 + ... + l_n$ $l_1 = L - l_2 - ... - l_n$ $l_2 = L - l_1 - ... - l_n$ **Mittlerer Radius** $r_m = R - \frac{s}{2}$ $R = r_m + \frac{s}{2}$ $s = 2 \cdot (R - r_m)$	L Gesamtlänge l_1 Teillänge 1 l_2 Teillänge 2 l_3 Teillänge 2 l_n Teillängen n r_m mittlerer Radius R Radius s Materialstärke α Mittelpunktswinkel	mm mm mm mm mm mm mm mm ° (Grad)

Flächen und Winkelfunktionen bei rechtwinkeligen Dreiecken

Bezeichnung und Abbildung | Formeln und Formelumstellung | Formelzeichen | Einheiten

Satz des Pythagoras

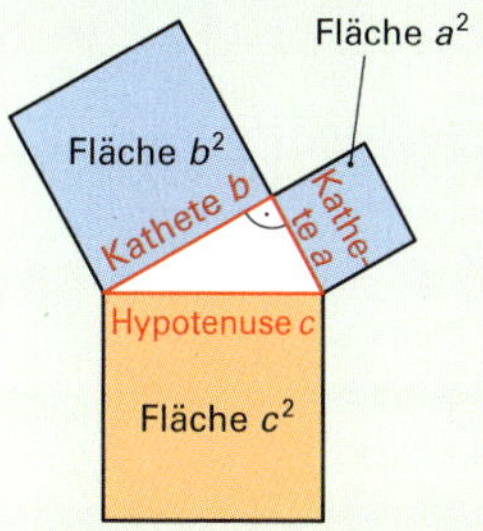

Satz des Pythagoras

$$c^2 = a^2 + b^2$$

Länge der Hypotenuse

$$c = \sqrt{a^2 + b^2}$$

Länge der Katheten

$$a = \sqrt{c^2 - b^2} \qquad b = \sqrt{c^2 - a^2}$$

Formelzeichen		Einheiten
a	Kathete	mm, cm, m
b	Kathete	mm, cm, m
c	Hypotenuse	mm, cm, m
a^2	Fläche über a	mm^2, cm^2, m^2
b^2	Fläche über b	mm^2, cm^2, m^2
c^2	Fläche über c	mm^2, cm^2, m^2

Satz des Euklid (Kathetensatz)

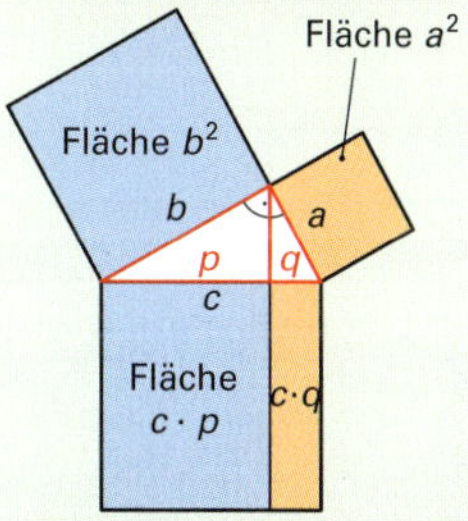

Satz des Euklid

$$a^2 = c \cdot q \qquad a = \sqrt{c \cdot q} \qquad c = \frac{a^2}{q} \qquad q = \frac{a^2}{c}$$

$$b^2 = c \cdot p \qquad b = \sqrt{c \cdot p} \qquad c = \frac{b^2}{p} \qquad p = \frac{b^2}{c}$$

Formelzeichen		Einheiten
a	Kathete	mm, cm, m
b	Kathete	mm, cm, m
c	Hypotenuse	mm, cm, m
a^2	Fläche über a	mm^2, cm^2, m^2
b^2	Fläche über b	mm^2, cm^2, m^2
p	Hypotenusen-abschnitt	mm, cm, m
q	Hypotenusen-abschnitt	mm, cm, m

Höhensatz

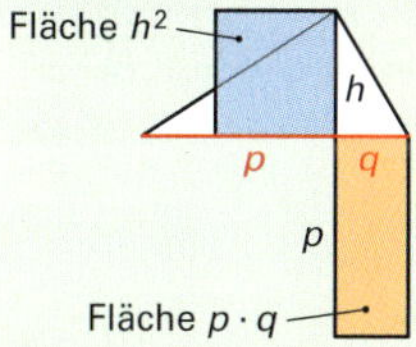

Höhensatz

$$h^2 = p \cdot q \qquad h = \sqrt{p \cdot q} \qquad p = \frac{h^2}{q} \qquad q = \frac{h^2}{p}$$

Formelzeichen		Einheiten
h	Höhe des Dreiecks	mm, cm, m
p	Hypotenusen-abschnitt	mm, cm, m
q	Hypotenusen-abschnitt	mm, cm, m
h^2	Fläche über h	mm^2, cm^2, m^2

Winkelfunktionen im rechtwinkeligen Dreieck

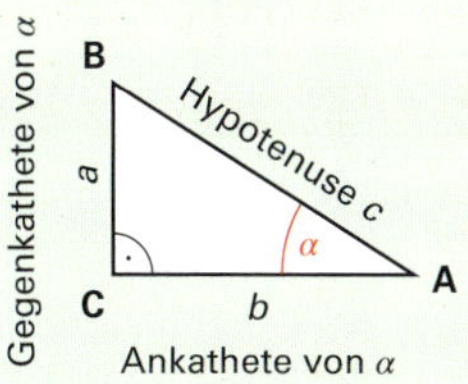

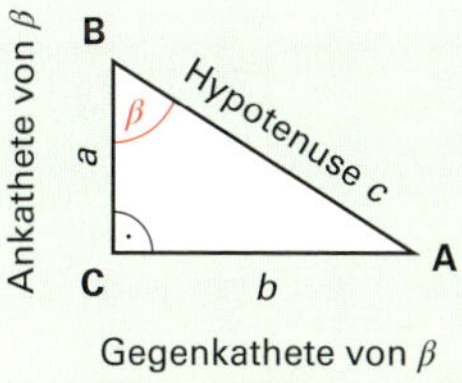

Sinus

$$\text{Sinus} = \frac{\text{Gegenkathete}}{\text{Hypotenuse}}$$

$$\sin\alpha = \frac{a}{c} \qquad a = \sin\alpha \cdot c \qquad c = \frac{a}{\sin\alpha} \qquad \alpha = \arcsin\alpha = \sin^{-1}\alpha$$

Kosinus

$$\text{Kosinus} = \frac{\text{Ankathete}}{\text{Hypotenuse}}$$

$$\cos\alpha = \frac{b}{c} \qquad b = \cos\alpha \cdot c \qquad c = \frac{b}{\cos\alpha} \qquad \alpha = \arccos\alpha = \cos^{-1}\alpha$$

Tangens

$$\text{Tangens} = \frac{\text{Gegenkathete}}{\text{Ankathete}}$$

$$\tan\alpha = \frac{a}{b} \qquad a = \tan\alpha \cdot b \qquad b = \frac{a}{\tan\alpha} \qquad \alpha = \arctan\alpha = \tan^{-1}\alpha$$

Kotangens

$$\text{Kotangens} = \frac{\text{Ankathete}}{\text{Gegenkathete}}$$

$$\cot\alpha = \frac{b}{a} \qquad b = \cot\alpha \cdot a \qquad a = \frac{b}{\cot\alpha} \qquad \alpha = \text{arccot}\,\alpha = \cot^{-1}\alpha$$

Formelzeichen		Einheiten
a	Kathete	mm, cm, m
b	Kathete	mm, cm, m
c	Hypotenuse	mm, cm, m
α	Winkel im Dreieck	° (Grad)
β	Winkel im Dreieck	° (Grad)
sin	Sinus	
cos	Kosinus	
tan	Tangens	
cot	Kotangens	
arcsin	Arcussinus	
arccos	Arcuskosinus	
arctan	Arcustangens	
arccot	Arcus-kotangens	

Sinussatz, Kosinussatz und Strahlensatz in schiefwinkeligen Dreiecken

Bezeichnung und Abbildung	Formeln und Formelumstellung	Formelzeichen	Einheiten

Sinussatz

Sinussatz im schiefwinkeligen Dreieck

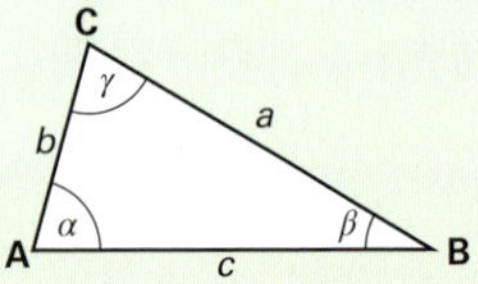

Sinussatz

$$\frac{a}{\sin\alpha} = \frac{b}{\sin\beta} = \frac{c}{\sin\gamma}$$

$$\frac{a}{\sin\alpha} = \frac{b}{\sin\beta}$$

$$a = \frac{b}{\sin\beta}\cdot\sin\alpha \qquad b = \frac{a}{\sin\alpha}\cdot\sin\beta$$

$$\sin\alpha = \frac{a\cdot\sin\beta}{b} \qquad \sin\beta = \frac{b\cdot\sin\alpha}{a}$$

$$\frac{a}{\sin\alpha} = \frac{c}{\sin\gamma}$$

$$a = \frac{c}{\sin\gamma}\cdot\sin\alpha \qquad c = \frac{a}{\sin\alpha}\cdot\sin\gamma$$

$$\sin\alpha = \frac{a\cdot\sin\gamma}{c} \qquad \sin\gamma = \frac{c\cdot\sin\alpha}{a}$$

$$\frac{b}{\sin\beta} = \frac{c}{\sin\gamma}$$

$$b = \frac{c}{\sin\gamma}\cdot\sin\beta \qquad c = \frac{b}{\sin\beta}\cdot\sin\gamma$$

$$\sin\beta = \frac{b\cdot\sin\gamma}{c} \qquad \sin\gamma = \frac{c\cdot\sin\beta}{b}$$

Formelzeichen		Einheiten
a	Kathete	mm, cm, m
b	Kathete	mm, cm, m
c	Hypotenuse	mm, cm, m
α	Winkel im Dreieck	° (Grad)
β	Winkel im Dreieck	° (Grad)
γ	Winkel im Dreieck	° (Grad)
sin	Sinus	

Kosinussatz

Kosinussatz im schiefwinkeligen Dreieck

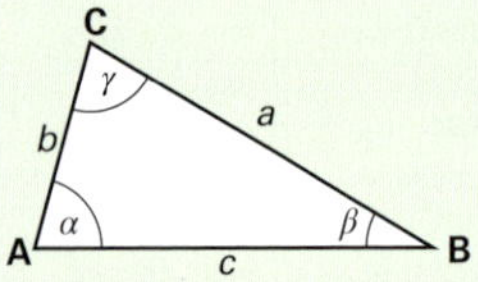

Kosinussatz

$$a^2 = b^2 + c^2 - 2\cdot b\cdot c\cdot\cos\alpha$$

$$b^2 = a^2 + c^2 - 2\cdot a\cdot c\cdot\cos\beta$$

$$c^2 = a^2 + b^2 - 2\cdot a\cdot b\cdot\cos\gamma$$

Seitenberechnungen

$$a = \sqrt{b^2 + c^2 - 2\cdot b\cdot c\cdot\cos\alpha}$$

$$b = \sqrt{a^2 + c^2 - 2\cdot a\cdot c\cdot\cos\beta}$$

$$c = \sqrt{a^2 + b^2 - 2\cdot a\cdot b\cdot\cos\gamma}$$

Winkelberechnungen

$$\cos\alpha = \frac{b^2 + c^2 - a^2}{2\cdot b\cdot c} \qquad \cos\beta = \frac{a^2 + c^2 - b^2}{2\cdot a\cdot c}$$

$$\cos\gamma = \frac{a^2 + b^2 - c^2}{2\cdot a\cdot b}$$

Formelzeichen		Einheiten
a	Kathete	mm, cm, m
b	Kathete	mm, cm, m
c	Hypotenuse	mm, cm, m
a^2	Fläche über a	mm², cm², m²
b^2	Fläche über b	mm², cm², m²
c^2	Fläche über c	mm², cm², m²
α	Winkel im Dreieck	° (Grad)
β	Winkel im Dreieck	° (Grad)
γ	Winkel im Dreieck	° (Grad)
cos	Kosinus	

Strahlensatz für Längenteilungen

Strahlensatz

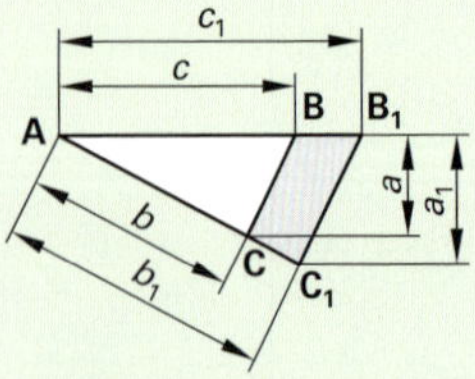

Festlegung:
Beim Punkt A beginnen zwei Strahlen.

Strahlensatz

$$\frac{a}{a_1} = \frac{b}{b_1} = \frac{c}{c_1}$$

$$\frac{a}{b} = \frac{a_1}{b_1} \qquad \frac{a}{c} = \frac{a_1}{c_1} \qquad \frac{b}{c} = \frac{b_1}{c_1}$$

			Formelzeichen		Einheiten
Länge a	$a = \frac{a_1}{b_1}\cdot b$	$a = \frac{a_1}{c_1}\cdot c$	a	Länge	mm, cm, m
Länge b	$b = \frac{b_1}{a_1}\cdot a$	$b = \frac{b_1}{c_1}\cdot c$	b	Länge	mm, cm, m
Länge c	$c = \frac{a}{a_1}\cdot c_1$	$c = \frac{c_1}{b_1}\cdot b$	c	Länge	mm, cm, m
Länge a_1	$a_1 = \frac{a}{b}\cdot b_1$	$a_1 = \frac{a}{c}\cdot c_1$	a_1	Länge	mm, cm, m
Länge b_1	$b_1 = \frac{b}{a}\cdot a_1$	$b_1 = \frac{b}{c}\cdot c_1$	b_1	Länge	mm, cm, m
Länge c_1	$c_1 = \frac{c}{a}\cdot a_1$	$c_1 = \frac{c}{b}\cdot b_1$	c_1	Länge	mm, cm, m

Flächeninhalt

Geradlinig begrenzte Flächen

Bezeichnung und Abbildung	Formeln und Formelumstellung	Formelzeichen	Einheiten
Quadrat 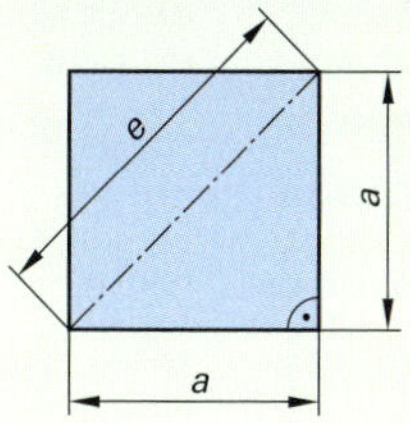	**Fläche**		
	$A = a^2$ $a = \sqrt{A}$	A Fläche	mm^2, cm^2, m^2
	Seitenlänge		
	$a = \sqrt{A}$ $A = a^2$	a Seitenlängen	mm, cm, m
	Eckenmaß		
	$e = \sqrt{2} \cdot a$ $a = \frac{e}{\sqrt{2}}$	e Eckenmaß oder Diagonalenlänge	mm, cm, m
	Umfang		
	$U = 4 \cdot a$ $a = \frac{U}{4}$	U Umfang	mm, cm, m
Rechteck 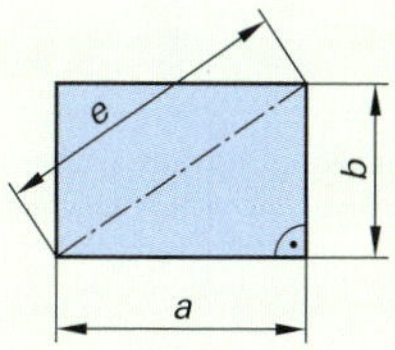	**Fläche**		
	$A = a \cdot b$ $a = \frac{A}{b}$ $b = \frac{A}{a}$	A Fläche	mm^2, cm^2, m^2
	Seitenlänge		
	$a = \frac{A}{b}$ $A = a \cdot b$ $b = \frac{A}{a}$	a Seitenlänge b Seitenlänge	mm, cm, m mm, cm, m
	Eckenmaß		
	$e = \sqrt{a^2 + b^2}$ $a = \sqrt{e^2 - b^2}$ $b = \sqrt{e^2 - a^2}$	e Eckenmaß oder Diagonalenlänge	mm, cm, m
	Umfang		
	$U = 2 \cdot (a + b)$ $a = \frac{U}{2} - b$ $b = \frac{U}{2} - a$	U Umfang	mm, cm, m
Trapez 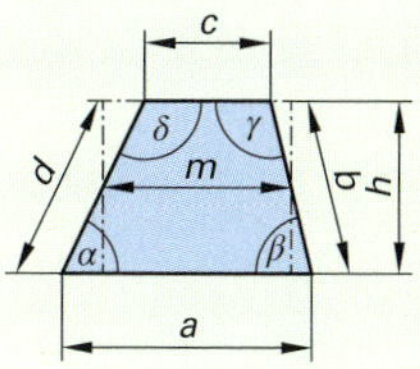	**Fläche**		
	$A = \frac{a + c}{2} \cdot h$ $a = \frac{2 \cdot A}{h} - c$ $c = \frac{2 \cdot A}{h} - a$ $h = \frac{2 \cdot A}{a + c}$	A Fläche a Seitenlänge b Seitenlänge c Seitenlänge d Seitenlänge	mm^2, cm^2, m^2 mm, cm, m mm, cm, m mm, cm, m mm, cm, m
	Mittlere Länge		
	$m = \frac{a + c}{2}$ $a = 2 \cdot m - c$ $c = 2 \cdot m - a$	m mittlere Länge	mm, cm, m
	Höhe		
	$h = d \cdot \sin \alpha$ $d = \frac{h}{\sin \alpha}$ $\sin \alpha = \frac{h}{d}$	h Höhe sin Sinus	mm, cm, m
	Umfang		
	$U = a + b + c + d$ $a = U - b - c - d$ $b = U - a - c - d$ $c = U - a - b - d$ $d = U - a - b - c$	U Umfang	mm, cm, m
	Winkelsumme		
	$\alpha + \delta = \beta + \gamma = 180°$ $\alpha = 180° - \delta$ $\beta = 180° - \gamma$ $\gamma = 180° - \beta$ $\delta = 180° - \alpha$	α Winkel im Trapez β Winkel im Trapez γ Winkel im Trapez δ Winkel im Trapez	° (Grad) ° (Grad) ° (Grad) ° (Grad)

N

Flächeninhalt

Bezeichnung und Abbildung	Formeln und Formelumstellung	Formelzeichen	Einheiten
Geradlinig begrenzte Flächen			
Parallelogramm, Rhomboid 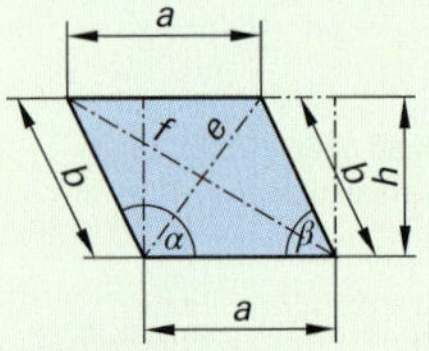 Beim Parallelogramm bzw. Rhomboid sind je zwei gegenüberliegende Seiten gleich lang.	**Fläche** $A = a \cdot h$ $a = \frac{A}{h}$ $h = \frac{A}{a}$ $A = a \cdot b \cdot \sin\alpha$ $a = \frac{A}{b \cdot \sin\alpha}$ $b = \frac{A}{a \cdot \sin\alpha}$ $\sin\alpha = \frac{A}{a \cdot b}$	A Fläche h Höhe über a a Seitenlängen b Seitenlängen sin Sinus α Winkel im Parallelogramm	mm^2, cm^2, m^2 mm, cm, m mm, cm, m mm, cm, m ° (Grad)
	Eckenmaß $e = \sqrt{a^2 - 2 \cdot a \cdot b \cdot \cos\beta + b^2}$ $f = \sqrt{a^2 - 2 \cdot a \cdot b \cdot \cos\alpha + b^2}$	e Diagonalenlänge f Diagonalenlänge cos Kosinus β Winkel im Parallelogramm α Winkel im Parallelogramm a Seitenlängen b Seitenlängen	mm, cm, m mm, cm, m ° (Grad) ° (Grad) mm, cm, m mm, cm, m
	Höhe $h = \frac{A}{a}$ $a = \frac{A}{h}$ $A = a \cdot h$	h Höhe über a A Fläche a Seitenlängen	mm, cm, m mm^2, cm^2, m^2 mm, cm, m
	Umfang $U = 2 \cdot (a + b)$ $a = \frac{U}{2} - b$ $b = \frac{U}{2} - a$	U Umfang a Seitenlängen b Seitenlängen	mm, cm, m mm, cm, m mm, cm, m
Raute, Rhombus Sonderform des Parallelogrammms 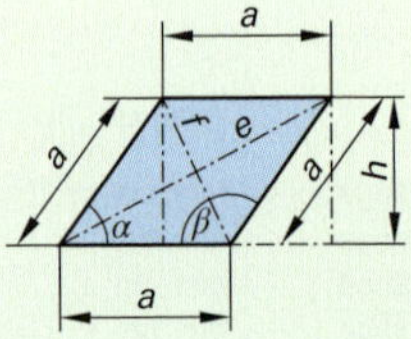 Bei der Raute bzw. Rhombus sind alle vier Seiten gleich lang.	**Fläche** $A = a \cdot h$ $a = \frac{A}{h}$ $h = \frac{A}{a}$	A Fläche h Höhe über a a Seitenlängen	mm^2, cm^2, m^2 mm, cm, m mm, cm, m
	$A = \frac{e \cdot f}{2}$ $e = \frac{2 \cdot A}{f}$ $f = \frac{2 \cdot A}{e}$	e Diagonalenlänge f Diagonalenlänge	mm, cm, m mm, cm, m
	Umfang $U = 4 \cdot a$ $a = \frac{U}{4}$	U Umfang a Seitenlängen	mm, cm, m mm, cm, m
	Eckenmaß $e = 2 \cdot \sqrt{a^2 - \left(\frac{f}{2}\right)^2}$ $a = \sqrt{\left(\frac{e}{2}\right)^2 + \left(\frac{f}{2}\right)^2}$ $f = 2 \cdot \sqrt{a^2 - \left(\frac{e}{2}\right)^2}$	e Diagonalenlänge α Winkel in der Raute β Winkel in der Raute	mm, cm, m ° (Grad) ° (Grad)
Dreieck 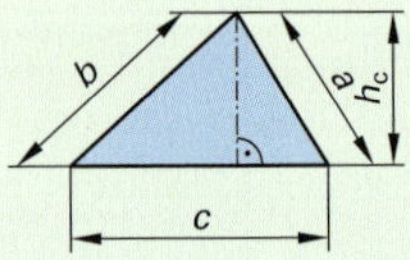	**Fläche** $A = \frac{c \cdot h_c}{2}$ $c = \frac{2 \cdot A}{h_c}$ $h_c = \frac{2 \cdot A}{c}$	A Fläche h_c Höhe über c	mm^2, cm^2, m^2 mm, cm, m
	Seitenlänge $c = \frac{2 \cdot A}{h_c}$ $A = \frac{c \cdot h_c}{2}$ $h_c = \frac{2 \cdot A}{c}$	c Seitenlänge	mm, cm, m
	Höhe $h_c = \frac{2 \cdot A}{c}$ $A = \frac{c \cdot h_c}{2}$ $c = \frac{2 \cdot A}{h_c}$	h_c Höhe über c	mm, cm, m
	Umfang $U = a + b + c$ $a = U - b - c$ $b = U - a - c$ $c = U - a - b$	U Umfang a Seitenlänge b Seitenlänge c Seitenlänge	mm, cm, m mm, cm, m mm, cm, m mm, cm, m

Flächeninhalt

Bezeichnung und Abbildung	Formeln und Formelumstellung	Formelzeichen	Einheiten
Geradlinig begrenzte Flächen			
Dreieck, gleichseitiges	**Fläche** $A = \frac{\sqrt{3}}{4} \cdot a^2$ $\quad a = \sqrt{\frac{4 \cdot A}{\sqrt{3}}}$	A Fläche a Seitenlängen	mm², cm², m² mm, cm, m
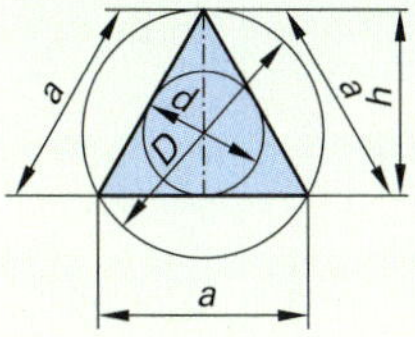	**Höhe** $h = \frac{\sqrt{3}}{2} \cdot a$ $\quad a = \frac{2 \cdot h}{\sqrt{3}}$	h Höhe a Seitenlängen	mm, cm, m mm, cm, m
	Inkreisdurchmesser $d = \frac{\sqrt{3}}{3} \cdot a$ $\quad a = \frac{3 \cdot d}{\sqrt{3}}$	d Inkreisdurchmesser a Seitenlängen	mm, cm, m mm, cm, m
	Umkreisdurchmesser $D = \frac{2}{3} \cdot \sqrt{3} \cdot a$ $\quad a = \frac{3 \cdot D}{2 \cdot \sqrt{3}}$	D Umkreisdurchmesser a Seitenlängen	mm, cm, m mm, cm, m
Vieleck, regelmäßiges	**Fläche** $A = \frac{n \cdot a \cdot r}{2}$ $\quad a = \frac{2 \cdot A}{n \cdot r}$ $\quad n = \frac{2 \cdot A}{a \cdot r}$ $r = \frac{2 \cdot A}{a \cdot n}$	A Fläche a Seitenlängen r Inkreisradius n Eckenzahl	mm², cm², m² mm, cm, m mm, cm, m – (ohne Einheit)
	Seitenlänge $a = 2 \cdot R \cdot \sin\left(\frac{180°}{n}\right)$ $\quad R = \frac{a}{2 \cdot \sin\left(\frac{180°}{n}\right)}$ $\sin\left(\frac{180°}{n}\right) = \frac{a}{2 \cdot R}$	a Seitenlängen R Umkreisradius n Eckenzahl sin Sinus	mm, cm, m mm, cm, m – (ohne Einheit)
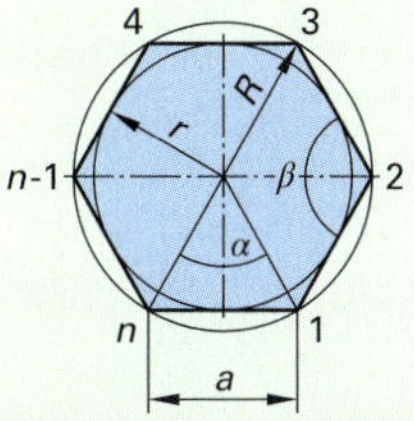	**Inkreisradius** $r = \frac{a}{2 \cdot \tan\left(\frac{180°}{n}\right)}$ $\quad a = 2 \cdot \tan\left(\frac{180°}{n}\right) \cdot r$ $\tan\left(\frac{180°}{n}\right) = \frac{a}{2 \cdot r}$	r Inkreisradius a Seitenlängen n Eckenzahl tan Tangens	mm, cm, m mm, cm, m – (ohne Einheit)
Festlegung: Ein regelmäßiges Vieleck ist ein n-Eck, bei dem alle Seiten gleich lang sind. Die Innen- bzw. Außenwinkel sind alle gleich groß.	**Umkreisradius** $R = \frac{1}{2} \cdot \sqrt{a^2 + 4 \cdot r^2}$ $\quad a = \sqrt{4 \cdot (R^2 - r^2)}$ $r = \sqrt{R^2 - \frac{a^2}{4}}$	R Umkreisradius a Seitenlängen r Inkreisradius	mm, cm, m mm, cm, m mm, cm, m
	Mittelpunktswinkel $\alpha = \frac{360°}{n}$ $\quad n = \frac{360°}{\alpha}$	α Mittelpunktswinkel des Vielecks n Eckenzahl	° (Grad) – (ohne Einheit)
	Eckenwinkel $\beta = 180° - \alpha$ $\quad \alpha = 180° - \beta$	α Mittelpunktswinkel β Eckenwinkel	° (Grad) ° (Grad)
	Umfang $U = n \cdot a$ $\quad a = \frac{U}{n}$ $\quad n = \frac{U}{a}$	U Umfang n Eckenzahl a Seitenlängen	mm, cm, m – (ohne Einheit) mm, cm, m

Flächeninhalt

Bezeichnung und Abbildung	Formeln und Formelumstellung	Formelzeichen	Einheiten
Kreisförmig und bogenförmig begrenzte Flächen			
Kreis	**Fläche**		
	$A = \frac{\pi}{4} \cdot d^2$ $d = \sqrt{\frac{4 \cdot A}{\pi}}$	A Fläche π Kreiszahl $\cong 3{,}141592654$	mm^2, cm^2, m^2 – (ohne Einheit)
	$A = \pi \cdot r^2$ $r = \sqrt{\frac{A}{\pi}}$	d Durchmesser r Radius	mm, cm, m mm, cm, m
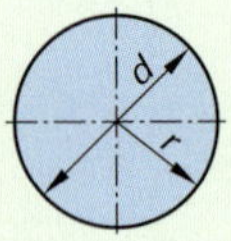	**Durchmesser** $d = 2 \cdot r$ $r = \frac{d}{2}$	d Durchmesser r Radius	mm, cm, m mm, cm, m
	Radius $r = \frac{d}{2}$ $d = 2 \cdot r$		
	Umfang $U = \pi \cdot d$ $d = \frac{U}{\pi}$ $U = 2 \cdot \pi \cdot r$ $r = \frac{U}{2 \cdot \pi}$	U Umfang π Kreiszahl $\cong 3{,}141592654$ d Durchmesser r Radius	mm, cm, m – (ohne Einheit) mm, cm, m mm, cm, m
Ellipse	**Fläche** $A = \pi \cdot a \cdot b$ $a = \frac{A}{\pi \cdot b}$ $b = \frac{A}{\pi \cdot a}$	A Fläche a große Halbachse b kleine Halbachse	mm^2, cm^2, m^2 mm, cm, m mm, cm, m
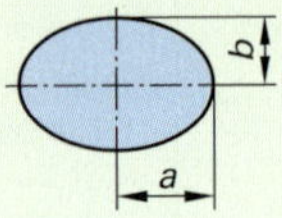	**Umfang** (Näherungsformel) $U \cong \pi \cdot \sqrt{2 \cdot (a^2 + b^2)}$ $a \cong \sqrt{\frac{U^2}{2 \cdot \pi^2} - b^2}$ $b \cong \sqrt{\frac{U^2}{2 \cdot \pi^2} - a^2}$	U Umfang a große Halbachse b kleine Halbachse π Kreiszahl $\cong 3{,}141592654$	mm, cm, m mm, cm, m mm, cm, m – (ohne Einheit)
Kreisring	**Fläche** $A = \pi \cdot d_m \cdot s$ $d_m = \frac{A}{\pi \cdot s}$ $s = \frac{A}{\pi \cdot d_m}$ $A = \frac{\pi}{4} \cdot (D^2 - d^2)$ $D = \sqrt{\frac{4 \cdot A}{\pi} + d^2}$ $d = \sqrt{D^2 - \frac{4 \cdot A}{\pi}}$	A Fläche π Kreiszahl $\cong 3{,}141592654$ d_m mittlerer Durchmesser s Ringbreite, Dicke, Materialstärke D Außendurchmesser d Innendurchmesser	mm^2, cm^2, m^2 – (ohne Einheit) mm, cm, m mm, cm, m mm, cm, m mm, cm, m
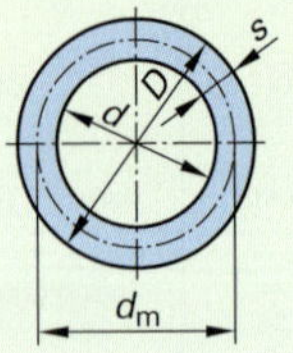	**Ringbreite** $s = \frac{D - d}{2}$ $D = d + 2 \cdot s$ $d = D - 2 \cdot s$	s Ringbreite, Dicke, Materialstärke	mm, cm, m
	Mittlerer Durchmesser Weiteres auf **Seite 10** $d_m = D - s$ $D = d_m + s$ $s = D - d_m$	d_m mittlerer Durchmesser	mm, cm, m
	Außendurchmesser $D = d + 2 \cdot s$ $d = D - 2 \cdot s$ $s = \frac{D - d}{2}$	D Außendurchmesser	mm, cm, m
	Innendurchmesser $d = D - 2 \cdot s$ $D = d + 2 \cdot s$ $s = \frac{D - d}{2}$	d Innendurchmesser	mm, cm, m

Flächeninhalt

Bezeichnung und Abbildung	Formeln und Formelumstellung	Formelzeichen	Einheiten

Kreisförmig und bogenförmig begrenzte Flächen

Kreisringausschnitt

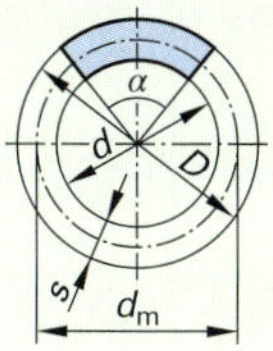

Fläche Weiteres auf **Seite 10**

$$A = \frac{\pi \cdot \alpha}{4 \cdot 360°} \cdot (D^2 - d^2)$$

$$D = \sqrt{d^2 + \frac{4 \cdot A \cdot 360°}{\pi \cdot \alpha}}$$

$$d = \sqrt{D^2 - \frac{4 \cdot A \cdot 360°}{\pi \cdot \alpha}}$$

$$\alpha = \frac{4 \cdot A \cdot 360°}{\pi \cdot (D^2 - d^2)}$$

Mittlerer Durchmesser

$$d_m = D - s \qquad D = d_m + s \qquad s = D - d_m$$

Formelzeichen		Einheiten
A	Fläche	mm^2, cm^2, m^2
π	Kreiszahl ≅ 3,141592654	– (ohne Einheit)
D	Außendurchmesser	mm, cm, m
d	Innendurchmesser	mm, cm, m
α	Mittelpunktswinkel des Kreisringausschnitts	° (Grad)
d_m	mittlerer Durchmesser	mm, cm, m
s	Kreisringbreite, Dicke	mm, cm, m

Kreisausschnitt, Sektor

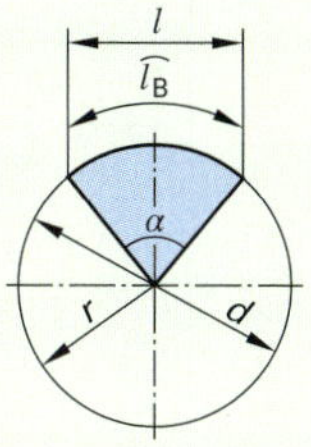

Fläche

$$A = \frac{\pi \cdot d^2 \cdot \alpha}{4 \cdot 360°} \qquad d = \sqrt{\frac{4 \cdot A \cdot 360°}{\pi \cdot \alpha}} \qquad \alpha = \frac{4 \cdot A \cdot 360°}{\pi \cdot d^2}$$

$$A = \frac{\widehat{l}_B \cdot r}{2} \qquad \widehat{l}_B = \frac{2 \cdot A}{r} \qquad r = \frac{2 \cdot A}{\widehat{l}_B}$$

Sehnenlänge

$$l = 2 \cdot r \cdot \sin\frac{\alpha}{2} \qquad r = \frac{l}{2 \cdot \sin\frac{\alpha}{2}} \qquad \sin\frac{\alpha}{2} = \frac{l}{2 \cdot r}$$

Bogenlänge

$$\widehat{l}_B = \frac{\pi \cdot r \cdot \alpha}{180°} \qquad r = \frac{\widehat{l}_B \cdot 180°}{\pi \cdot \alpha} \qquad \alpha = \frac{\widehat{l}_B \cdot 180°}{\pi \cdot r}$$

Formelzeichen		Einheiten
A	Fläche	mm^2, cm^2, m^2
d	Durchmesser	mm, cm, m
α	Mittelpunktswinkel des Kreisausschnitts	° (Grad)
π	Kreiszahl ≅ 3,141592654	– (ohne Einheit)
l	Sehnenlänge	mm, cm, m
sin	Sinus	
$\widehat{l}_B$	Bogenlänge	mm, cm, m
r	Radius	mm, cm, m

Kreisabschnitt, Segment

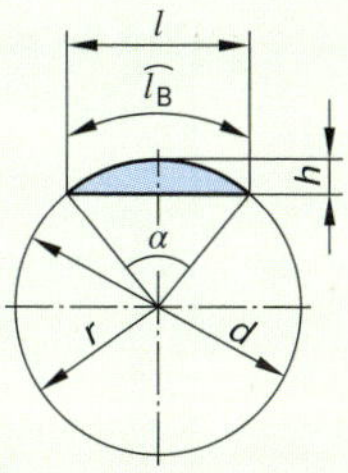

Fläche

$$A = \frac{\pi \cdot d^2 \cdot \alpha}{4 \cdot 360°} - \frac{l \cdot (r - h)}{2}$$

$$d = \sqrt{\frac{720° \cdot (2 \cdot A + l \cdot (r - h))}{\pi \cdot \alpha}}$$

$$A = \frac{\widehat{l}_B \cdot r - l \cdot (r - h)}{2} \qquad \widehat{l}_B = \frac{2 \cdot A + l \cdot (r - h)}{r}$$

Höhe

$$h = r \cdot \left(1 - \cos\frac{\alpha}{2}\right) \qquad r = \frac{h}{\left(1 - \cos\frac{\alpha}{2}\right)}$$

$$\cos\frac{\alpha}{2} = 1 - \frac{h}{r}$$

Sehnenlänge

$$l = 2 \cdot r \cdot \sin\frac{\alpha}{2} \qquad \sin\frac{\alpha}{2} = \frac{l}{2 \cdot r}$$

$$l = 2 \cdot \sqrt{h \cdot (2 \cdot r - h)} \qquad r = \frac{1}{2} \cdot \left(\frac{l^2}{4 \cdot h} + h\right)$$

$$h = r - \sqrt{r^2 - \frac{l^2}{4}}$$

Formelzeichen		Einheiten
A	Fläche	mm^2, cm^2, m^2
π	Kreiszahl ≅ 3,141592654	– (ohne Einheit)
d	Durchmesser	mm, cm, m
α	Mittelpunktswinkel des Kreisabschnitts	° (Grad)
r	Radius	mm, cm, m
l	Sehnenlänge	mm, cm, m
$\widehat{l}_B$	Bogenlänge	mm, cm, m
h	Höhe oder Breite	mm, cm, m
sin	Sinus	
cos	Kosinus	
l	Sehnenlänge	mm, cm, m

N

Volumen, Oberfläche und Mantelfläche

Geometrische Grundkörper

Bezeichnung und Abbildung	Formeln und Formelumstellung	Formelzeichen	Einheiten
Würfel	**Volumen** $V = a^3$ $\quad a = \sqrt[3]{V}$	V Volumen a Seitenlängen	mm^3, cm^3, m^3 mm, cm, m
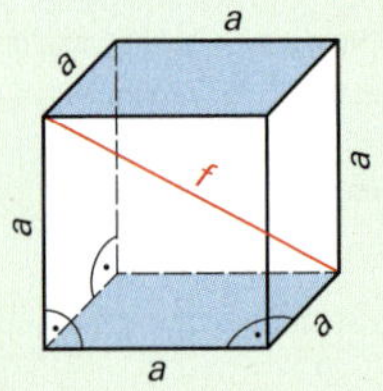	**Raumdiagonale** $f = \sqrt{3} \cdot a$ $\quad a = \frac{f}{\sqrt{3}}$	f Diagonalenlänge	mm, cm, m
	Oberfläche $A_O = 6 \cdot a^2$ $\quad a = \sqrt{\frac{A_O}{6}}$	A_O Oberfläche bzw. Körperfläche	mm^2, cm^2, m^2
	Seitenlängen $a = \sqrt[3]{V}$ $\quad V = a^3$		
Prisma, Quader	**Volumen** $V = a \cdot b \cdot c$ $\quad a = \frac{V}{b \cdot c}$ $b = \frac{V}{a \cdot c}$ $\quad c = \frac{V}{a \cdot b}$	V Volumen a Seitenlänge b Breite c Höhe	mm^3, cm^3, m^3 mm, cm, m mm, cm, m mm, cm, m
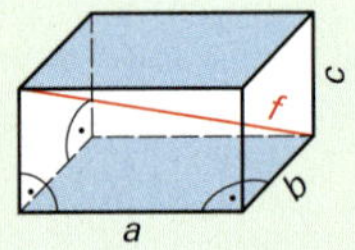	**Raumdiagonale** $f = \sqrt{a^2 + b^2 + c^2}$ $\quad a = \sqrt{f^2 - b^2 - c^2}$ $b = \sqrt{f^2 - a^2 - c^2}$ $c = \sqrt{f^2 - a^2 - b^2}$	f Diagonalenlänge	mm, cm, m
	Oberfläche $A_O = 2 \cdot (a \cdot b + a \cdot c + b \cdot c)$ $\quad a = \frac{A_O - 2 \cdot b \cdot c}{2 \cdot (b + c)}$ $b = \frac{A_O - 2 \cdot a \cdot c}{2 \cdot (a + c)}$ $c = \frac{A_O - 2 \cdot a \cdot b}{2 \cdot (a + b)}$	A_O Oberfläche bzw. Körperfläche	mm^2, cm^2, m^2
Zylinder	**Volumen** $V = \frac{\pi \cdot d^2}{4} \cdot h$ $\quad d = \sqrt{\frac{4 \cdot V}{\pi \cdot h}}$ $\quad h = \frac{4 \cdot V}{\pi \cdot d^2}$	V Volumen d Durchmesser h Höhe π Kreiszahl ≅ 3,141592654	mm^3, cm^3, m^3 mm, cm, m mm, cm, m – (ohne Einheit)
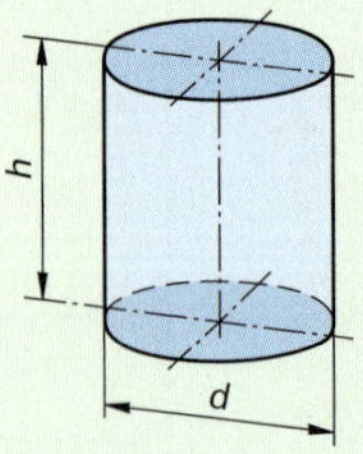	**Oberfläche** $A_O = \pi \cdot d \cdot h + 2 \cdot \frac{\pi \cdot d^2}{4}$ $\quad d = \sqrt{\frac{2 \cdot A_O}{\pi} + h^2} - h$ $h = \frac{A_O}{\pi \cdot d} - \frac{d}{2}$ $A_O = A_M + 2 \cdot \frac{\pi \cdot d^2}{4}$ $\quad d = \sqrt{\frac{2 \cdot (A_O - A_M)}{\pi}}$	A_O Oberfläche bzw. Körperfläche d Durchmesser h Höhe π Kreiszahl ≅ 3,141592654	mm^2, cm^2, m^2 mm, cm, m mm, cm, m – (ohne Einheit)
	Mantelfläche $A_M = \pi \cdot d \cdot h$ $\quad d = \frac{A_M}{\pi \cdot h}$ $\quad h = \frac{A_M}{\pi \cdot d}$	A_M Mantelfläche	mm^2, cm^2, m^2

Volumen, Oberfläche und Mantelfläche

Bezeichnung und Abbildung	Formeln und Formelumstellung	Formelzeichen	Einheiten

Geometrische Grundkörper

Hohlzylinder

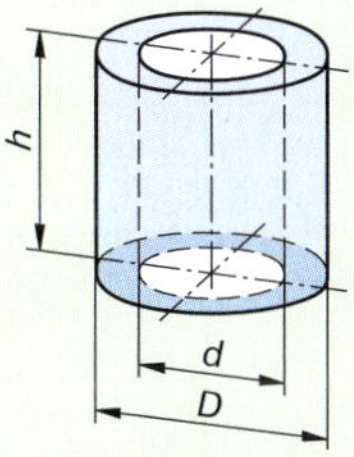

Volumen

$$V = \frac{\pi \cdot h}{4} \cdot (D^2 - d^2)$$

$$D = \sqrt{\frac{4 \cdot V}{\pi \cdot h} + d^2}$$

$$d = \sqrt{D^2 - \frac{4 \cdot V}{\pi \cdot h}}$$

$$h = \frac{4 \cdot V}{\pi \cdot (D^2 - d^2)}$$

Oberfläche

$$A_O = \pi \cdot (D + d) \cdot \left[\frac{1}{2} \cdot (D - d) + h\right]$$

$$h = \frac{A_O}{\pi \cdot (D + d)} - \frac{D - d}{2}$$

$$D = \sqrt{h^2 + \frac{2 \cdot A_O}{\pi} + d^2 - 2 \cdot h \cdot d} - h$$

Formel **nur gültig**, wenn $\boldsymbol{d < h}$

$$d = h - \sqrt{h^2 - \frac{2 \cdot A_O}{\pi} + D^2 + 2 \cdot h \cdot D}$$

Formel **gilt**, wenn $\boldsymbol{d > h}$

$$d = h + \sqrt{h^2 - \frac{2 \cdot A_O}{\pi} + D^2 + 2 \cdot h \cdot D}$$

Formelzeichen		Einheiten
V	Volumen	mm^3, cm^3, m^3
D	Außen-durchmesser	mm, cm, m
d	Innendurchmesser	mm, cm, m
h	Höhe	mm, cm, m
A_0	Oberfläche bzw. Körperfläche (alle Flächen, einschließlich der Innenfläche des Hohlzylinders)	mm^2, cm^2, m^2
π	Kreiszahl ≅ 3,141592654	– (ohne Einheit)

Fass (rotationssymmetrisch)

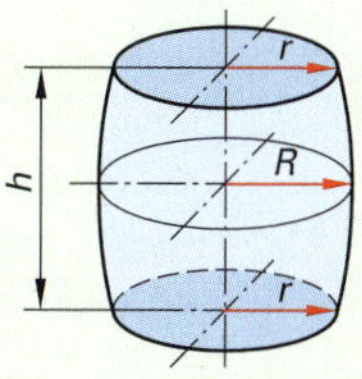

Volumen

$$V = \frac{1}{15} \cdot \pi \cdot h \cdot (8 \cdot R^2 + 4 \cdot R \cdot r + 3 \cdot r^2)$$

$$h = \frac{15 \cdot V}{\pi \cdot (8 \cdot R^2 + 4 \cdot R \cdot r + 3 \cdot r^2)}$$

Formelzeichen		Einheiten
V	Volumen	mm^3, cm^3, m^3
R	Radius der Fass-mitte	mm, cm, m
r	Radius der Grund- und Deckfläche	mm, cm, m
h	Höhe	mm, cm, m
π	Kreiszahl ≅ 3,141592654	– (ohne Einheit)

Kugel

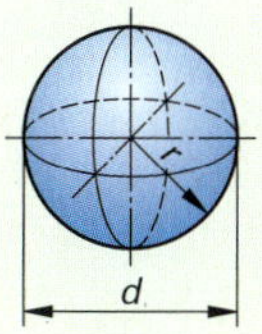

Volumen

$$V = \frac{\pi \cdot d^3}{6} \qquad d = \sqrt[3]{\frac{6 \cdot V}{\pi}}$$

$$V = \frac{4 \cdot \pi \cdot r^3}{3} \qquad r = \sqrt[3]{\frac{3 \cdot V}{4 \cdot \pi}}$$

Oberfläche

$$A_O = \pi \cdot d^2 \qquad d = \sqrt{\frac{A_O}{\pi}}$$

$$A_O = 4 \cdot \pi \cdot r^2 \qquad r = \sqrt{\frac{A_O}{4 \cdot \pi}}$$

Formelzeichen		Einheiten
V	Volumen	mm^3, cm^3, m^3
d	Kugeldurchmesser	mm, cm, m
r	Kugelradius	mm, cm, m
A_0	Oberfläche bzw. Körperfläche	mm^2, cm^2, m^2
π	Kreiszahl ≅ 3,141592654	– (ohne Einheit)

N

Volumen, Oberfläche und Mantelfläche

Bezeichnung und Abbildung	Formeln und Formelumstellung	Formelzeichen	Einheiten
Geometrische Grundkörper			
Kugelabschnitt, Kugelkappe	**Volumen**		
	$V = \frac{\pi \cdot h}{6} \cdot (3 \cdot r_0{}^2 + h^2)$ $\quad r_0 = \sqrt{\frac{2 \cdot V}{\pi \cdot h} - \frac{h^2}{3}}$	V Volumen	mm³, cm³, m³
		h Kappenhöhe	mm, cm, m
	$V = \pi \cdot h^2 \cdot \left(r - \frac{h}{3}\right)$ $\quad r = \frac{V}{\pi \cdot h^2} + \frac{h}{3}$	r_0 Radius der Kappengrundfläche	mm, cm, m
		r Kugelradius	mm, cm, m
	Oberfläche		
	$A_O = \pi \cdot (2 \cdot r_0{}^2 + h^2)$ $\quad r_0 = \sqrt{\frac{A_O}{2 \cdot \pi} - \frac{h^2}{2}}$	A_O Oberfläche bzw. Körperfläche	mm², cm², m²
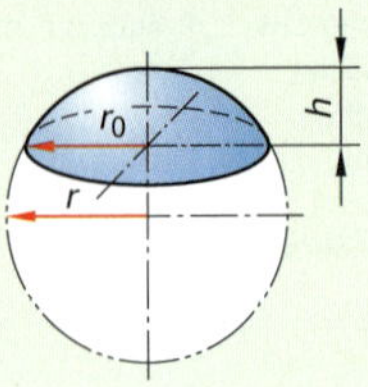	$h = \sqrt{\frac{A_O}{\pi} - 2 \cdot r_0{}^2}$		
	$A_O = \pi \cdot h \cdot (4 \cdot r - h)$ $\quad r = \frac{A_O}{4 \cdot \pi \cdot h} + \frac{h}{4}$	π Kreiszahl ≅ 3,141592654	– (ohne Einheit)
	$h = 2 \cdot r - \sqrt{4 \cdot r^2 - \frac{A_O}{\pi}}$		
	Mantelfläche		
	$A_M = 2 \cdot \pi \cdot r \cdot h$ $\quad r = \frac{A_M}{2 \cdot \pi \cdot h}$	A_M Mantelfläche	mm², cm², m²
		r Kugelradius	mm, cm, m
	$h = \frac{A_M}{2 \cdot \pi \cdot r}$	h Kappenhöhe	mm, cm, m
	Radius Kappengrundfläche		
	$r_0 = \sqrt{h \cdot (2 \cdot r - h)}$ $\quad r = \frac{r_0{}^2 + h^2}{2 \cdot h}$	r_0 Radius der Kappengrundfläche	mm, cm, m
	$h = r - \sqrt{r^2 - r_0{}^2}$		
Kugelschicht, Kugelscheibe, Kugelzone	**Volumen**		
	$V = \frac{\pi}{6} \cdot h \cdot (3 \cdot r_0{}^2 + 3 \cdot r_1{}^2 + h^2)$	V Volumen	mm³, cm³, m³
		h Schichthöhe	mm, cm, m
	$r_0 = \sqrt{\frac{2 \cdot V}{\pi \cdot h} - r_1{}^2 - \frac{h^2}{3}}$	r_0 Radius der Kappengrundfläche	mm, cm, m
	$r_1 = \sqrt{\frac{2 \cdot V}{\pi \cdot h} - r_0{}^2 - \frac{h^2}{3}}$	r_1 Radius der Deckfläche	mm, cm, m
	Oberfläche		
	$A_O = 2 \cdot \pi \cdot r \cdot h + \pi \cdot (r_0{}^2 + r_1{}^2)$	A_O Oberfläche bzw. Körperfläche	mm², cm², m²
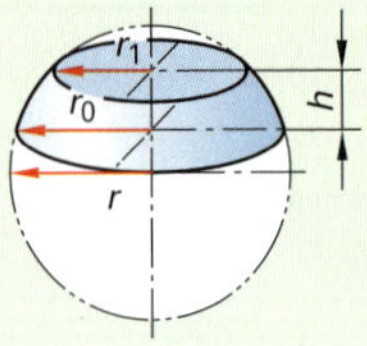	$r = \frac{A_O - \pi \cdot (r_0{}^2 + r_1{}^2)}{2 \cdot \pi \cdot h}$	r Kugelradius	mm, cm, m
	$r_0 = \sqrt{\frac{A_O - 2 \cdot \pi \cdot r \cdot h}{\pi} - r_1{}^2}$		
	$r_1 = \sqrt{\frac{A_O - 2 \cdot \pi \cdot r \cdot h}{\pi} - r_0{}^2}$		
	$h = \frac{A_O - \pi \cdot (r_0{}^2 + r_1{}^2)}{2 \cdot \pi \cdot r}$		
	Mantelfläche		
	$A_M = 2 \cdot \pi \cdot r \cdot h$ $\quad r = \frac{A_M}{2 \cdot \pi \cdot h}$	A_M Mantelfläche	mm², cm², m²
	$h = \frac{A_M}{2 \cdot \pi \cdot r}$	π Kreiszahl ≅ 3,141592654	– (ohne Einheit)

Volumen, Oberfläche und Mantelfläche

Bezeichnung und Abbildung	Formeln und Formelumstellung	Formelzeichen	Einheiten
Geometrische Grundkörper			
Kugelausschnitt 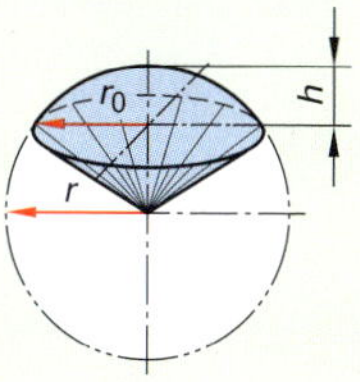	**Volumen** $V = \frac{2}{3} \cdot \pi \cdot r^2 \cdot h$ $r = \sqrt{\frac{3 \cdot V}{2 \cdot \pi \cdot h}}$ $h = \frac{3 \cdot V}{2 \cdot \pi \cdot r^2}$	V Volumen r Kugelradius h Kappenhöhe π Kreiszahl ≅ 3,141592654	mm³, cm³, m³ mm, cm, m mm, cm, m – (ohne Einheit)
	Oberfläche $A_O = \pi \cdot r \cdot (2 \cdot h + r_0)$ $r = \frac{A_O}{\pi \cdot (2 \cdot h + r_0)}$ $r_0 = \frac{A_O}{\pi \cdot r} - 2 \cdot h$ $h = \frac{A_O}{2 \cdot \pi \cdot r} - \frac{r_0}{2}$	A_O Oberfläche bzw. Körperfläche	mm², cm², m²
	Radius Kappengrundfläche $r_0 = \sqrt{h \cdot (2 \cdot r - h)}$ $r = \frac{r_0^2 + h^2}{2 \cdot h}$ $h = r - \sqrt{r^2 - r_0^2}$	r_0 Radius der Kappengrundfläche	mm, cm, m
Kegel 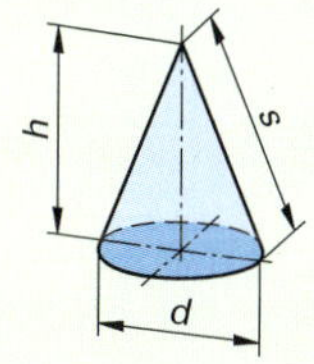	**Volumen** $V = \frac{\pi \cdot d^2}{4} \cdot \frac{h}{3}$ $d = \sqrt{\frac{12 \cdot V}{\pi \cdot h}}$ $h = \frac{12 \cdot V}{\pi \cdot d^2}$	V Volumen d Durchmesser h Höhe	mm³, cm³, m³ mm, cm, m mm, cm, m
	Mantelhöhe $s = \sqrt{h^2 + \frac{d^2}{4}}$ $d = \sqrt{4 \cdot (s^2 - h^2)}$ $h = \sqrt{s^2 - \frac{d^2}{4}}$	s Mantelhöhe	mm, cm, m
	Mantelfläche $A_M = \frac{\pi \cdot d \cdot s}{2}$ $d = \frac{2 \cdot A_M}{\pi \cdot s}$ $s = \frac{2 \cdot A_M}{\pi \cdot d}$	A_M Mantelfläche π Kreiszahl ≅ 3,141592654	mm², cm², m² – (ohne Einheit)
Kegelstumpf 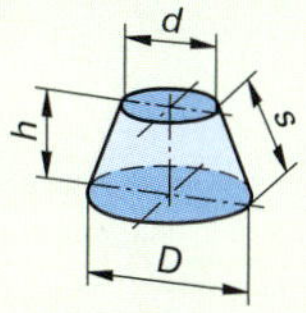	**Volumen** $V = \frac{\pi \cdot h}{12} \cdot (D^2 + d^2 + D \cdot d)$ $h = \frac{12 \cdot V}{\pi \cdot (D^2 + d^2 + D \cdot d)}$ $D = -\frac{d}{2} + \sqrt{\frac{d^2}{4} - d^2 + \frac{12 \cdot V}{\pi \cdot h}}$ $d = -\frac{D}{2} + \sqrt{\frac{D^2}{4} - D^2 + \frac{12 \cdot V}{\pi \cdot h}}$	V Volumen h Höhe D großer Durchmesser d kleiner Durchmesser π Kreiszahl ≅ 3,141592654	mm³, cm³, m³ mm, cm, m mm, cm, m mm, cm, m – (ohne Einheit)
	Mantelhöhe $s = \sqrt{h^2 + \left(\frac{D-d}{2}\right)^2}$ $h = \sqrt{s^2 - \left(\frac{D-d}{2}\right)^2}$	s Mantelhöhe h Höhe D großer Durchmesser d kleiner Durchmesser	mm, cm, m mm, cm, m mm, cm, m mm, cm, m
	Mantelfläche $A_M = \frac{\pi \cdot s}{2} \cdot (D + d)$ $D = \frac{2 \cdot A_M}{\pi \cdot s} - d$ $d = \frac{2 \cdot A_M}{\pi \cdot s} - D$	A_M Mantelfläche s Mantelhöhe D großer Durchmesser d kleiner Durchmesser	mm², cm², m² mm, cm, m mm, cm, m mm, cm, m

N

Volumen, Oberfläche und Mantelfläche

Bezeichnung und Abbildung	Formeln und Formelumstellung	Formelzeichen	Einheiten
Geometrische Grundkörper			
Tetraeder	**Volumen**		
	$V = \frac{\sqrt{2}}{12} \cdot a^3$ $a = \sqrt[3]{\frac{12 \cdot V}{\sqrt{2}}}$	V Volumen a Seitenlängen	mm³, cm³, m³ mm, cm, m
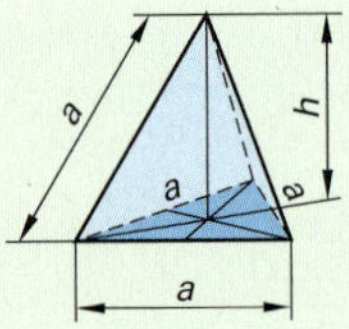 	**Höhe**		
	$h = \frac{a}{3} \cdot \sqrt{6}$ $a = \frac{3 \cdot h}{\sqrt{6}}$	h Höhe	mm, cm, m
	Mantelfläche		
	$A_M = \frac{3}{4} \cdot \sqrt{3} \cdot a^2$ $a = \sqrt{\frac{4 \cdot A_M}{3 \cdot \sqrt{3}}}$	A_M Mantelfläche	mm², cm², m²
	Oberfläche		
	$A_O = \sqrt{3} \cdot a^2$ $a = \sqrt{\frac{A_O}{\sqrt{3}}}$	A_O Oberfläche bzw. Körperfläche	mm², cm², m²
Pyramide	**Volumen**		
	$V = \frac{a \cdot b \cdot h}{3}$ $a = \frac{3 \cdot V}{b \cdot h}$ $h = \frac{3 \cdot V}{a \cdot b}$ $b = \frac{3 \cdot V}{a \cdot h}$	V Volumen a Seitenlänge b Breite h Höhe	mm³, cm³, m³ mm, cm, m mm, cm, m mm, cm, m
	Mantelhöhe		
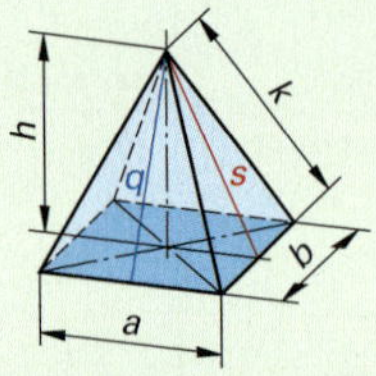 	$s = \sqrt{h^2 + \frac{a^2}{4}}$ $a = \sqrt{4 \cdot (s^2 - h^2)}$ $h = \sqrt{s^2 - \frac{a^2}{4}}$	s Mantelhöhe zu b h Höhe a Seitenlänge	mm, cm, m mm, cm, m mm, cm, m
	Kantenhöhe		
	$k = \sqrt{s^2 + \frac{b^2}{4}}$ $b = \sqrt{4 \cdot (k^2 - s^2)}$ $s = \sqrt{k^2 - \frac{b^2}{4}}$	k Kantenhöhe, Kantenlänge	mm, cm, m
	Oberfläche		
	$A_O = a \cdot q + b \cdot s + a \cdot b$ $q = \frac{A_O - b \cdot s - a \cdot b}{a}$	A_O Oberfläche bzw. Körperfläche q Mantelhöhe zu a	mm², cm², m² mm, cm, m
Pyramidenstumpf	**Volumen**		
	$V = \frac{h}{3} \cdot (A_1 + A_2 + \sqrt{A_1 \cdot A_2})$ $h = \frac{3 \cdot V}{(A_1 + A_2 + \sqrt{A_1 \cdot A_2})}$	V Volumen h Höhe A_1 Grundfläche A_2 Deckfläche	mm³, cm³, m³ mm, cm, m mm², cm², m² mm², cm², m²
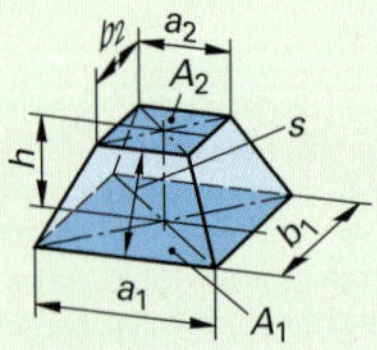 	**Mantelhöhe**		
	$s = \sqrt{h^2 + \frac{a_1 - a_2}{2}}$ $h = \sqrt{s^2 - \frac{a_1 - a_2}{2}}$	s Mantelhöhe zu a_1 h Höhe a_1 Seitenlänge der Grundfläche a_2 Seitenlänge der Deckfläche	mm, cm, m mm, cm, m mm, cm, m mm, cm, m
	Grundfläche		
	$A_1 = a_1 \cdot b_1$ $a_1 = \frac{A_1}{b_1}$ $b_1 = \frac{A_1}{a_1}$	A_1 Grundfläche b_1 Breite der Grundfläche	mm², cm², m² mm, cm, m
	Deckfläche		
	$A_2 = a_2 \cdot b_2$ $a_2 = \frac{A_2}{b_2}$ $b_2 = \frac{A_2}{a_2}$	A_2 Deckfläche b_2 Breite der Deckfläche	mm², cm², m² mm, cm, m

Masse von geometrischen Körpern

Bezeichnung und Abbildung	Formeln und Formelumstellung	Formelzeichen	Einheiten

Masse von festen Stoffen

Bezeichnung und Abbildung	Formeln und Formelumstellung	Formelzeichen	Einheiten
Körperform, allgemein Beispiel: Formteil 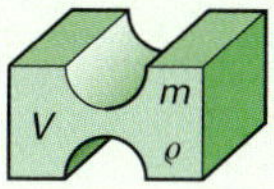	**Masse** $m = V \cdot \varrho$ $V = \frac{m}{\varrho}$ $\varrho = \frac{m}{V}$ **Volumen** $V = \frac{m}{\varrho}$ $m = V \cdot \varrho$ $\varrho = \frac{m}{V}$ **Dichte** $\varrho = \frac{m}{V}$ $m = V \cdot \varrho$ $V = \frac{m}{\varrho}$	m Masse V Volumen ϱ Dichte	mg, g, kg, t mm^3, cm^3, dm^3, m^3 $\frac{mg}{mm^3}, \frac{g}{cm^3}, \frac{kg}{dm^3}, \frac{t}{m^3}$ **Umrechnungen** $1\,\frac{mg}{mm^3} = 1\,\frac{g}{cm^3} = 1\,\frac{kg}{dm^3} = 1\,\frac{t}{m^3}$

Längenbezogene Masse von festen Stoffen

Bezeichnung und Abbildung	Formeln und Formelumstellung	Formelzeichen	Einheiten
Körperform Beispiel: Stab 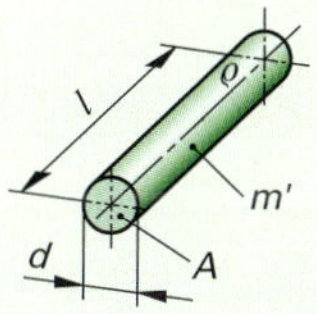	**Längenbezogene Masse** $m' = \frac{m}{l}$ $m = m' \cdot l$ $l = \frac{m}{m'}$ **Volumen** $V = A \cdot l$ $A = \frac{V}{l}$ $l = \frac{V}{A}$ **Dichte** $\varrho = \frac{m'}{A}$ $m' = \varrho \cdot A$ $A = \frac{m'}{\varrho}$ **Masse** $m = m' \cdot l$ $m' = \frac{m}{l}$ $l = \frac{m}{m'}$	m' längenbezogene Masse m Masse l Länge V Volumen A Fläche ϱ Dichte d Durchmesser	kg/m kg m m^3 m^2 kg/m^3 m **Umrechnungen** $1\,\frac{g}{cm^3} = 1\,\frac{kg}{dm^3} = 1\,\frac{t}{m^3} = 1000\,\frac{kg}{m^3}$ $1\,\frac{kg}{m^3} = 0{,}001\,\frac{g}{cm^3}$

Flächenbezogene Masse von festen Stoffen

Bezeichnung und Abbildung	Formeln und Formelumstellung	Formelzeichen	Einheiten
Körperform Beispiel: Platte 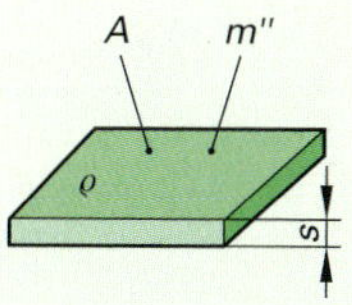	**Flächenbezogene Masse** $m'' = \frac{m}{A}$ $m = m'' \cdot A$ $A = \frac{m}{m''}$ **Volumen** $V = A \cdot s$ $s = \frac{V}{A}$ $A = \frac{V}{s}$ **Dichte** $\varrho = \frac{m''}{s}$ $s = \frac{m''}{\varrho}$ $m'' = \varrho \cdot s$ **Masse** $m = m'' \cdot A$ $A = \frac{m}{m''}$ $m'' = \frac{m}{A}$	m'' flächenbezogene Masse m Masse A Fläche V Volumen s Dicke, Materialstärke, Höhe ϱ Dichte	kg/m^2 kg m^2 m^3 m kg/m^3 **Umrechnungen** $1\,\frac{g}{cm^3} = 1\,\frac{kg}{dm^3} = 1\,\frac{t}{m^3} = 1000\,\frac{kg}{m^3}$ $1\,\frac{kg}{m^3} = 0{,}001\,\frac{g}{cm^3}$

N

Physikalische Größen, Formelzeichen und Einheiten

Größe	Formelzeichen	Einheiten	Einheiten	Beziehungen
Beziehungen zwischen Einheiten				
Länge	l	Mikrometer Millimeter Zentimeter Dezimeter **Meter** Kilometer Zoll (engl. Inch)	µm mm cm dm **m** km "	1 µm = 0,001 mm = 10^{-6} m = 10^{-9} km 1 mm = 1000 µm = 10^{-3} m = 10^{-6} km 1 cm = 10^{4} µm = 10 mm = 0,01 m = 10^{-5} km 1 dm = 10^{5} µm = 100 mm = 0,1 m = 10^{-4} km 1 m = 10^{6} µm = 1000 mm = 100 cm = 10 dm = 0,001 km 1 km = 1000 m = 10^{4} dm = 10^{5} cm = 10^{6} mm = 10^{9} µm 1" = 25,4 mm = 2,54 cm
Masse	m	Mikrogramm Milligramm Gramm **Kilogramm** Tonne Megagramm Unze (engl. Ounce) Pound	µg mg g **kg** t Mg oz lb	1 µg = 0,001 mg = 10^{-6} g = 10^{-9} kg = 10^{-12} t 1 mg = 1000 µg = 0,001 g = 10^{-6} kg = 10^{-9} t 1 g = 10^{6} µg = 1000 mg = 0,001 kg = 10^{-6} t 1 kg = 10^{9} µg = 10^{6} mg = 1000 g = 10^{-3} t 1 t = 1 Mg = 1000 kg = 10^{6} g = 10^{9} mg = 10^{12} µg 1 oz = 28,35 g 1 lb = 453,6 g
Zeit	t (engl. time)	Mikrosekunde Millisekunde **Sekunde** Minute Stunde Tag Jahr	µs ms **s** min h (hour) d (day) a (annum)	1 µs = 0,001 ms = 10^{-6} s = 1,667 · 10^{-8} min = 2,78 · 10^{-10} h 1 ms = 1000 µs = 0,001 s = 1,667 · 10^{-5} min = 2,78 · 10^{-7} h 1 s = 10^{6} µs = 1000 ms = 1/60 min = 1/3600 h 1 min = 6 · 10^{7} µs = 6 · 10^{4} ms = 60 s = 1/60 h 1 h = 3,6 · 10^{9} µs = 3,6 · 10^{6} ms = 3600 s 1 d = 24 h = 1440 min = 86400 s 1 a = 365 d = 8760 h = 525600 min
Temperatur absolute nach Celsius nach Fahrenheit	T ϑ (Theta) t_F	**Kelvin** Grad Celsius Grad Fahrenheit	**K** °C °F	0 K = - 273,15 °C; $T = \vartheta - 273,15$ 0 °C = 273,15 K; $\vartheta = T + 273,15$ 0 °F = −17,8 °C; 0 °C = 32 °F; 0 K = −459,67 °F $t_F = 1,8 \cdot \vartheta + 32$
Stromstärke	I	**Ampere**	**A**	1 A = 1000 mA; 1 A = 1V/1 Ω; 1 A = 1 W/1 V
Stoffmenge	n	**Mol**	**mol**	1 mol = 1000 mmol = 10^{-6} µmol
Lichtstärke	I_v	**Candela**	**cd**	1 cd = 1 lm/1 sr
Fläche Querschnitt	A (engl. area) S (engl. square)	Quadratmikrometer Quadratmillimeter Quadratzentimeter Quadratdezimeter **Quadratmeter** Quadratkilometer	µm² mm² cm² dm² **m²** qm (veraltet) km²	1 µm² = 10^{-6} mm² = 10^{-12} m = 10^{-18} km² 1 mm² = 10^{6} µm² = 10^{-6} m = 10^{-12} km 1 cm² = 10^{8} µm² = 100 mm² = 0,0001 m² = 10^{-10} km 1 dm² = 10^{10} µm² = 10^{4} mm² = 0,01 m² = 10^{-8} km² 1 m² = 10^{12} µm² = 10^{6} mm² = 10^{4} cm² = 100 dm² = 10^{-6} km² 1 km² = 10^{6} m² = 10^{8} dm² = 10^{10} cm² = 10^{12} mm² = 10^{18} µm²
Volumen	V	Kubikmikrometer Kubikmillimeter Kubikzentimeter Kubikdezimeter **Kubikmeter** Kubikkilometer Liter	µm³ mm³ cm³ dm³ **m³** km³ l	1 µm³ = 10^{-9} mm³ = 10^{-18} m² = 10^{-27} km³ 1 mm³ = 10^{9} µm³ = 10^{-9} m³ = 10^{-18} km³ 1 cm³ = 10^{12} µm³ = 1000 mm³ = 10^{-6} m³ = 10^{-15} km³ 1 dm³ = 10^{15} µm³ = 10^{6} mm³ = 0,001 m³ = 10^{-12} km³ 1 m³ = 10^{18} µm³ = 10^{9} mm³ = 10^{6} cm³ = 1000 dm³ = 10^{-9} km³ 1 km³ = 10^{9} m³ = 10^{12} dm³ = 10^{15} cm³ = 10^{18} mm³ = 10^{27} µm³ 1 l = 1 dm³ = 10^{-3} m³; 1000 l = 1 m³
Winkel in der Ebene	α β γ δ	Winkelsekunden Winkelminuten Winkelgrad Radiant	´´ ´ ° rad	1" = 1/60' = 1/3600 ° 1' = 60" = 1/60 ° 1° = 60' = 3600"; 1° = 1° 0' 0"; 50,5 ° = 50° 30' 0" 1 rad = π/180° = 57,3°
Raumwinkel	Ω (Omega)	Steradiant	sr	1 sr = 1 m²/m²
Dichte	ϱ (Rho)	Kilogramm pro Kubikdezimeter	kg/dm³ g/cm³ kg/m³	1 kg/dm³ = 1 g/cm³ = 1000 kg/m³
Längenbezogene Masse	m'	Kilogramm pro Meter	kg/m	1 kg/m = 10 g/cm
Flächenbezogene Masse	m''	Kilogramm pro Quadratmeter	kg/m²	1 kg/m² = 0,1 g /cm²

Physikalische Größen, Formelzeichen und Einheiten

Größe	Formelzeichen	Einheiten	Einheiten	Beziehungen
Beziehungen zwischen Einheiten				
Kraft	F (engl. force)	**Newton** Kilonewton Millinewton	**N** kN mN	$F = m \cdot a$ (Masse · Beschleunigung); 1 N = 1 kg · m/s² 1 kN = 1000 N = 10^6 mN 1 mN = 0,001 N = 10^{-6} kN
Gewichtskraft	F_G G	**Newton** Kilonewton Millinewton	**N** kN mN	$F = m \cdot g$ (Masse · Ortsfaktor) 1 kN = 1000 N = 10^6 mN 1 mN = 0,001 N = 10^{-6} kN
Druck	p (engl. pressure)	**Pascal** Hektopascal **Bar** Millibar	**Pa** hPa **bar** mbar	$p = F/A$ (Kraft durch Fläche); 1 Pa = 1 N/m² 100 Pa = 1 hPa 1 bar = 100000 N/m² = 10^5 Pa = 10 N/cm² = 0,1 N/mm² 1000 mbar = 1 bar
Mechanische Spannung	σ (Sigma) τ (Tau)	Newton pro mm² Megapascal	N/mm² MPa	1 N/mm² = 1 MPa
Drehmoment	M	Newtonmeter Kilonewtonmeter Newtonzentimeter	Nm kNm Ncm	$M = F \cdot s$ (Kraft · Weg) 1 kNm = 1000 Nm 1 Ncm = 0,01 Nm
Impuls	p (engl. propulse)	Kilogramm mal Meter pro Sekunde	kg · m/s	$p = m \cdot v$ (Masse · Geschwindigkeit)
Trägheitsmoment	J	Kilogramm mal Meter zum Quadrat	kg · m²	Widerstand gegenüber Bewegung bzw. Beschleunigung
Flächenmoment	I	Meter hoch 4 Zentimeter hoch 4	m⁴ cm⁴	Widerstand gegenüber Verbiegung bzw. Verdrehung
Axiales Widerstandsmoment	W	Zentimeter hoch 3	cm³	Widerstand gegenüber dem Verbiegen
Polares Widerstandsmoment	W_p	Zentimeter hoch 3	cm³	Widerstand gegenüber dem Verdrehen
Arbeit, Energie	W (engl. work) E	Millijoule **Joule** Kilojoule Megajoule	mJ **J** kJ MJ	1 mJ = 0,001 J = 10^{-6} kJ = 10^{-9} MJ $W = F \cdot s$ (Kraft · Weg); 1 J = 1 Nm = 1000 mJ = 0,001 kJ 1 kJ = 1000 J = 0,001 MJ = 10^6 mJ 1 MJ = 1000 kJ = 10^6 J = 10^9 mJ
Leistung	P (engl. power)	Milliwatt **Watt** Kilowatt Megawatt	mW **W** kW MW	1 mW = 0,001 W = 10^{-6} kW = 10^{-9} MW $P = W/t$ (Arbeit durch Zeit); 1 W = J/s = 1000 mW 1 kW = 1000 W = 0,001 MW = 10^6 mW 1 MW = 1000 kW = 10^6 W = 10^9 mW
Geschwindigkeit	v	Kilometer pro Stunde **Meter pro Sekunde** Meter pro Minute	km/h **m/s** m/min	1 km/h = 0,2778 m/s $v = s/t$ (Weg pro Zeit); 1 m/s = 3,6 km/h 1 m/min = 0,01667 m/s
Beschleunigung, Ortsfaktor	a g	Meter pro Sekunde zum Quadrat	m/s²	$a = v/t$ (Geschwindigkeit durch Zeit) g (Erdbeschleunigung, Fallbeschleunigung) = 9,81 m/s²
Frequenz	f υ (Ny)	Kilohertz Hertz	kHz Hz = 1/s	1 kHz = 1000 Hz = 1000 1/s 1 MHz = 1000 kHz = 10^6 Hz; 1 GHz = 1000 MHz = 10^9 Hz
Drehzahl	n	Umdrehungen pro s Umdrehungen pro min	1/s, s⁻¹ 1/min, min⁻¹	1/s = s⁻¹ = 60 · 1/min = 60/min = 60 min⁻¹ 1/min = min⁻¹ = 1/60 · 1/s = 1/60 s = 1/60 s⁻¹
Wärmemenge	Q	Joule Kilojoule, Megajoule	J kJ, MJ	1 J = 1 Nm 1 kJ = 1000 J; 1 MJ = 10^6 J
Spezifischer Heizwert	H_i	Joule pro Kilogramm	J/kg	1 kJ/kg = 1000 J/kg; 1 MJ/kg = 10^6 J/kg
Elektrische Spannung	U	Volt Kilovolt, Millivolt	V kV, mV	1 V = 1 W/A = 1 Ω · 1 A 1 kV = 1000 V; 1 mV = 0,001 V
Elektrischer Widerstand	R	Ohm Kiloohm; Milliohm	Ω kΩ, mΩ	$R = U/I$ (Spannung durch Stromstärke); 1 Ω = 1 V/1 A 1 kΩ = 1000 Ω; 1 mΩ = 0,001 Ω
Elektrische Arbeit	W	Joule, Wattsekunde Kilowattstunde	J, Ws kWh	$W = P \cdot t$ (Leistung mal Zeit); 1 J = 1 Ws 1 kWh = 1000 Wh = 3,6 MJ = 3600 kJ
Elektrische Leistung	P	Watt Kilowatt, Megawatt	W kW, MW	$P = U \cdot I$ (Spannung mal Stromstärke); 1 W = 1 V · 1 A 1 kW = 1000 Watt; 1 MW = 1000 kW = 10^6 W
Elektrische Scheinleistung	S	Volt mal Ampere	V · A	1 W = 1 V · A
Wirkfaktor (Leistungsfaktor)	$\cos \varphi$	dimensionslos	– (ohne Einheit)	$\cos \varphi = P/S$ $\cos \varphi = P/(U \cdot I)$
Elektrische Ladung	Q	Coulomb	C	1 C = 1 A · s
Elektrische Kapazität	C	Farad	F	1 F = 1 C/V
Feldstärke	E	Volt pro Meter	V/m	1 V/m = 1 N/A · s = 1 N/C
Induktivität	L	Henry	H	1 H = 1 V · s/A

N

Kräftedarstellung, Ersatzkraft, Kräftezerlegung und Gewichtskraft

Bezeichnung und Abbildung	Formeln und Formelumstellung	Formelzeichen	Einheiten
Darstellung von Kräften – Maßstab			
Kraftbetrag 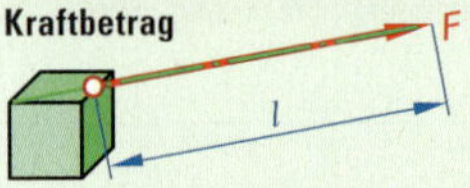 	**Pfeillänge** $l = \frac{F}{M_k}$ $M_k = \frac{F}{l}$ $F = l \cdot M_k$	l Pfeillänge F Kraftbetrag M_k Kräftemaßstab	mm, cm N N/mm, N/cm
Zusammensetzung mehrerer Kräfte			
Gleiche Wirkungslinie und gleicher Angriffspunkt 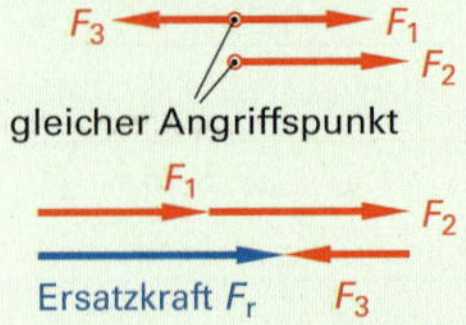 	**Ersatzkraft bei parallelen Einzelkräften** $F_r = F_1 + F_2 + (-F_3) + \ldots F_n$ $F_1 = F_r - F_2 - (-F_3) - \ldots F_n$ $F_2 = F_r - F_1 - (-F_3) - \ldots F_n$ $F_3 = F_1 + F_2 - F_r + \ldots F_n$	F_r Ersatzkraft, resultierende Kraft F_1 Kraft 1 F_2 Kraft 2 F_3 Kraft 3 F_n Kräfte n **Vereinbarung** F nach rechts ⇒ **Vorzeichen +** F nach links ⇒ **Vorzeichen –**	N, mN, kN, MN N, mN, kN, MN N, mN, kN, MN N, mN, kN, MN N, mN, kN, MN
Addition von zwei Kräften mit unterschiedlicher Richtung 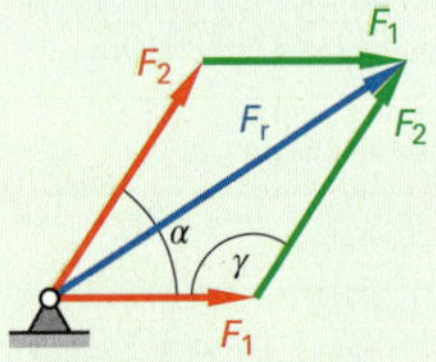 	**Ersatzkraft bei $\alpha = 90°$** (Satz des Pythagoras) $F_r = \sqrt{F_1^2 + F_2^2}$ $F_1 = \sqrt{F_r^2 - F_2^2}$ $F_2 = \sqrt{F_r^2 - F_1^2}$ **Ersatzkraft bei $\alpha \neq 90°$** (Kosinussatz) ($\gamma = 180° - \alpha$) $F_r = \sqrt{F_1^2 + F_2^2 - 2 \cdot F_1 \cdot F_2 \cdot \cos\gamma}$ $\cos\gamma = -\frac{F_r^2 - F_1^2 - F_2^2}{2 \cdot F_1 \cdot F_2}$	F_r Ersatzkraft, resultierende Kraft F_1 Kraft 1 F_2 Kraft 2 F_3 Kraft 3 α Zwischenwinkel γ Zwischenwinkel	N, mN, kN, MN N, mN, kN, MN N, mN, kN, MN N, mN, kN, MN ° (Grad) ° (Grad)
Zerlegung von Kräften			
Zerlegung einer Kraft in zwei Komponenten 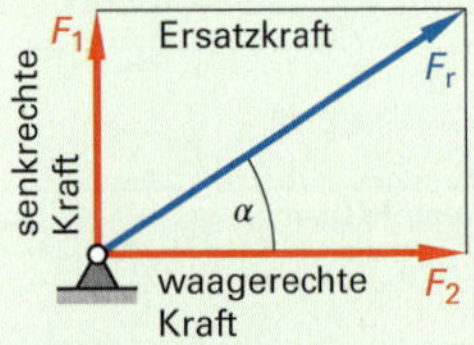 **Bedingung:** Zur eindeutigen Bestimmung des Kräfteparallelogramms müssen F_r und die Richtungen beider Teilkräfte F_1 und F_2 bekannt sein.	**Senkrechte Kraft** $F_1 = \sqrt{F_r^2 - F_2^2}$ $F_r = \sqrt{F_1^2 + F_2^2}$ $F_2 = \sqrt{F_r^2 - F_1^2}$ $F_1 = F_r \cdot \sin\alpha$ $F_r = \frac{F_1}{\sin\alpha}$ $\sin\alpha = \frac{F_1}{F_r}$ **Waagerechte Kraft** $F_2 = \sqrt{F_r^2 - F_1^2}$ $F_r = \sqrt{F_1^2 + F_2^2}$ $F_1 = \sqrt{F_r^2 - F_2^2}$ $F_2 = F_r \cdot \cos\alpha$ $F_r = \frac{F_2}{\cos\alpha}$ $\cos\alpha = \frac{F_2}{F_r}$	F_r Ersatzkraft, resultierende Kraft F_1 Kraft 1 F_2 Kraft 2 α Zwischenwinkel	N, mN, kN, MN N, mN, kN, MN N, mN, kN, MN ° (Grad)
Zerlegung der Seilkraft F_L in Seilkräfte $F_{1/2} = F_1 = F_2$ 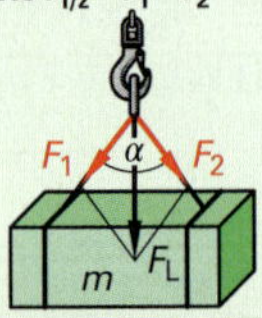 	**Seilkräfte $F_1 = F_2 = F_{1/2}$** $F_L = m \cdot g$ $m = \frac{F_L}{g}$ $g = \frac{F_L}{m}$ $F_{1/2} = \frac{\frac{F_L}{2}}{\cos\frac{\alpha}{2}}$ $F_L = 2 \cdot F_{1/2} \cdot \cos\frac{\alpha}{2}$ $\cos\alpha = 2 \cdot \frac{\frac{F_L}{2}}{F_{1/2}}$	F_L Gewichtskraft der Last m Masse der Last g Ortsfaktor, Fallbeschleunigung Erde: 9,81 m/s² $F_{1/2}$ Seilkraft 1 oder 2 α Zwischenwinkel	N, mN, kN, MN kg, g, t m/s², N/kg N, mN, kN, MN ° (Grad)
Gewichtskraft			
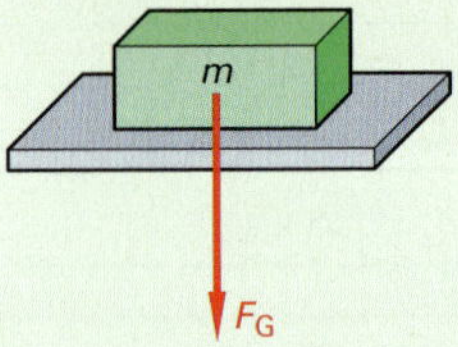 	**Gewichtskraft (ortsabhängig)** $F_G = m \cdot g$ $m = \frac{F_G}{g}$ $g = \frac{F_G}{m}$	F_G Gewichtskraft des Körpers m Körpermasse g Ortsfaktor, Fallbeschleunigung Erde: 9,81 m/s² Mond: 1,6 m/s²	N, mN, kN, MN kg, g, t m/s², N/kg

Kräfte unterteilt in Kraftarten, sowie Reibungsmoment und Reibungsleistung

Bezeichnung und Abbildung	Formeln und Formelumstellung	Formelzeichen	Einheiten
Hangabtriebskraft und Normalkraft			
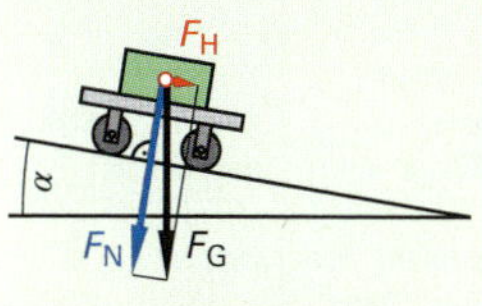	**Hangabtriebskraft** $F_H = F_G \cdot \sin\alpha$ $\quad F_G = \frac{F_H}{\sin\alpha}$ $\quad \sin\alpha = \frac{F_H}{F_G}$ **Normalkraft** $F_N = F_G \cdot \cos\alpha$ $\quad F_G = \frac{F_N}{\cos\alpha}$ $\quad \cos\alpha = \frac{F_N}{F_G}$	F_H Hangabtriebskraft F_G Gewichtskraft α Neigungswinkel sin Sinus F_N Normalkraft cos Kosinus	N, mN, kN, MN N, mN, kN, MN ° (Grad) N, mN, kN, MN
Beschleunigungskraft			
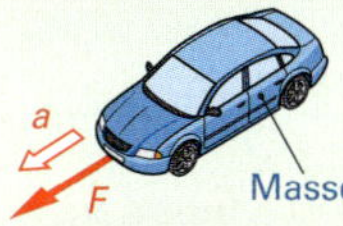	**Beschleunigungskraft** $F = m \cdot a$ $\quad m = \frac{F}{a}$ $\quad a = \frac{F}{m}$	F Beschleunigungskraft m Masse a Beschleunigung	N, mN, kN, MN kg, g, t m/s²
Federkraft (Hookesches Gesetz)			
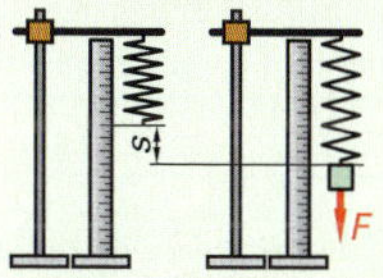	**Federkraft (im elastischen Bereich)** $F = D \cdot s$ $\quad D = \frac{F}{s}$ $\quad s = \frac{F}{D}$	F Federkraft D Federhärte, Federrate, auch R s Federweg	N, mN, kN, MN N/m, N/cm, N/mm mm, cm
Fliehkraft bzw. Zentrifugalkraft			
Schleifscheibe 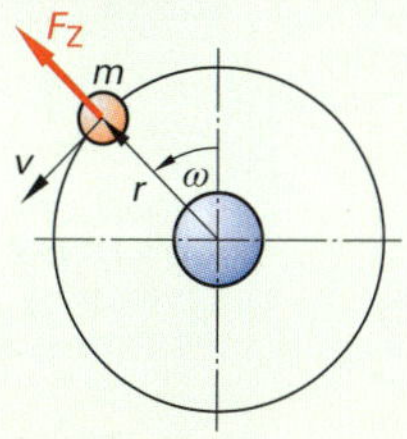	**Fliehkraft bzw. Zentrifugalkraft** $F_z = \frac{m \cdot v^2}{r}$ $\quad m = \frac{F_z \cdot r}{v^2}$ $\quad r = \frac{m \cdot v^2}{F_z}$ $v = \sqrt{\frac{F_z \cdot r}{m}}$ $F_z = m \cdot r \cdot \omega^2$ $\quad m = \frac{F_z}{r \cdot \omega^2}$ $\quad r = \frac{F_z}{m \cdot \omega^2}$ $\omega = \sqrt{\frac{F_z}{m \cdot r}}$	F_z Fliehkraft, Zentrifugalkraft m Körpermasse v Umfangsgeschwindigkeit r Radius, Bahnradius ω Winkel-Geschwindigkeit	N, mN, kN, MN kg, g, t m/s mm, cm, m, km 1/s, 1/min, 1/h
Reibungskraft			
Gleitreibung 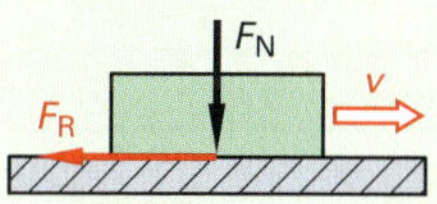 **Rollreibung** 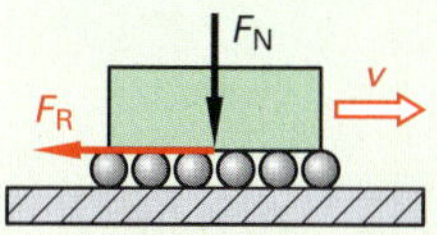	**Reibungskraft bei Haft- und Gleitreibung** $F_R = \mu \cdot F_N$ $\quad \mu = \frac{F_R}{F_N}$ $\quad F_N = \frac{F_R}{\mu}$ **Normalkraft** $F_N = F_G \cdot \cos\alpha$ $\quad F_G = \frac{F_N}{\cos\alpha}$ $\quad \cos\alpha = \frac{F_N}{F_G}$ **Rollreibungskraft** $F_R = \frac{f \cdot F_N}{r}$ $\quad f = \frac{F_R \cdot r}{F_N}$ $\quad F_N = \frac{F_R \cdot r}{f}$ $r = \frac{F_N \cdot f}{F_R}$	F_R Reibungskraft μ Reibungszahl F_N Normalkraft F_G Gewichtskraft α Neigungswinkel cos Kosinus f Rollreibungszahl r Rollenradius v Geschwindigkeit	N, mN, kN, MN – (ohne Einheit) N, mN, kN, MN N, mN, kN, MN ° (Grad) – (ohne Einheit) mm, cm, m m/s, km/h
Reibungsmoment und Reibungsleistung			
Welle im Gleitlager (Bronze) 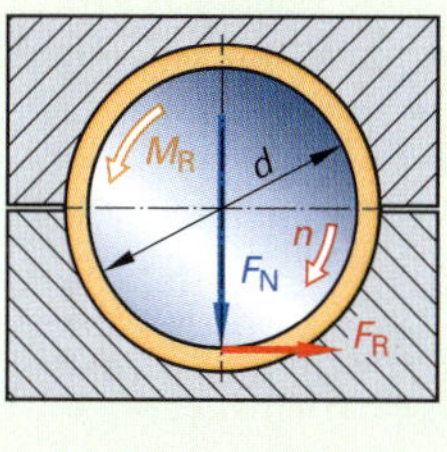	**Reibungsmoment** $M_R = \frac{\mu \cdot F_N \cdot d}{2}$ $\quad \mu = \frac{2 \cdot M_R}{F_N \cdot d}$ $\quad F_N = \frac{2 \cdot M_R}{\mu \cdot d}$ $d = \frac{2 \cdot M_R}{F_N \cdot \mu}$ **Reibungsleistung** $P = \mu \cdot F_N \cdot \pi \cdot d \cdot n$ $\mu = \frac{P}{F_N \cdot \pi \cdot d \cdot n}$ $\quad F_N = \frac{P}{\mu \cdot \pi \cdot d \cdot n}$ $d = \frac{P}{\mu \cdot F_N \cdot \pi \cdot n}$ $\quad n = \frac{P}{\mu \cdot F_N \cdot \pi \cdot d}$	M_R Reibungsmoment μ Reibungszahl F_N Normalkraft d Durchmesser P Reibungsleistung n Drehzahl π Kreiszahl ≅ 3,141592654 F_R Reibungskraft	Nm, Ncm – (ohne Einheit) N, mN, kN, MN mm, cm, m W, kW, MW 1/s, 1/min – (ohne Einheit) N, mN, kN, MN

N

Drehmoment, Hebel, Auflagerkräfte

Bezeichnung und Abbildung | Formeln und Formelumstellung | Formelzeichen | Einheiten

Drehmoment

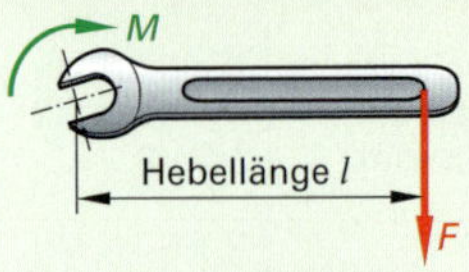

Zahnrad- bzw. Riementrieb

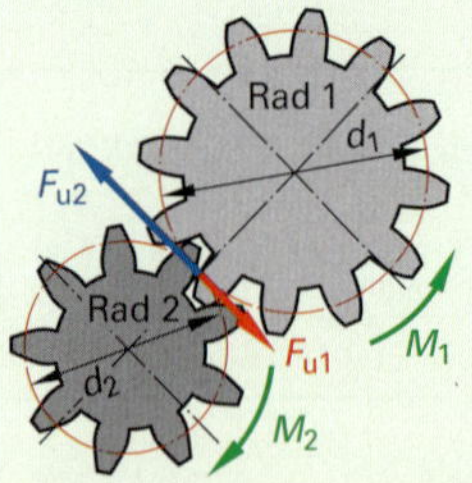

Drehmoment

$$\boxed{M = F \cdot l} \qquad F = \frac{M}{l} \qquad l = \frac{M}{F}$$

Treibendes Rad 1

$$\boxed{M_1 = \frac{F_{u1} \cdot d_1}{2}} \qquad F_{u1} = \frac{2 \cdot M_1}{d_1} \qquad d_1 = \frac{2 \cdot M_1}{F_{u1}}$$

Getriebenes Rad 2

$$\boxed{M_2 = \frac{F_{u2} \cdot d_2}{2}} \qquad F_{u2} = \frac{2 \cdot M_2}{d_2} \qquad d_2 = \frac{2 \cdot M_2}{F_{u2}}$$

Übersetzung

$$\boxed{M_2 = i \cdot M_1} \qquad i = \frac{M_2}{M_1} \qquad M_1 = \frac{M_2}{i}$$

Weiteres zu Zahn- und Riementrieb auf den **Seiten 73 und 74**

Formelzeichen		Einheiten
M	Drehmoment	Nm, Ncm
F	Hebelkraft	N, mN, kN, MN
l	Hebellänge	mm, cm, m
M_1	Drehmoment treibendes Rad	Nm, Ncm
M_2	Drehmoment getriebenes Rad	Nm, Ncm
F_{u1}	Umfangskraft treibendes Rad	N, mN, kN, MN
F_{u2}	Umfangskraft getriebenes Rad	N, mN, kN, MN
d_1	Durchmesser treibendes Rad	mm, cm, m
d_2	Durchmesser getriebenes Rad	mm, cm, m
i	Übersetzung	– (ohne Einheit)

Einseitiger und zweiseitiger Hebel

Einseitiger Hebel

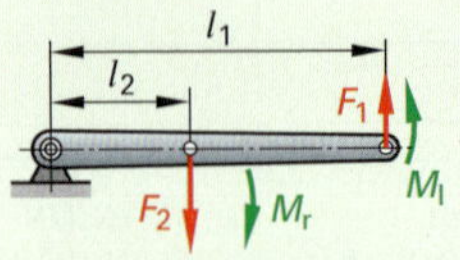

Zweiseitiger Hebel

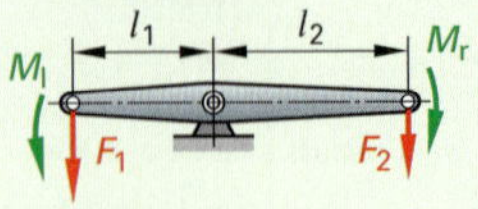

Winkelhebel

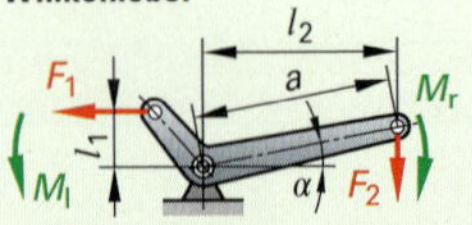

Gleichgewichtsbedingung

$$\boxed{\sum M_{links} = \sum M_{rechts}}$$

$$\boxed{\sum M_l = \sum M_r}$$

Bei 2 Kräften

$$\boxed{F_1 \cdot l_1 = F_2 \cdot l_2} \qquad F_1 = \frac{F_2 \cdot l_2}{l_1} \qquad l_1 = \frac{F_2 \cdot l_2}{F_1}$$

$$F_2 = \frac{F_1 \cdot l_1}{l_2} \qquad l_2 = \frac{F_1 \cdot l_1}{F_2}$$

Länge des Winkelhebels

$$\boxed{l_2 = a \cdot \cos\alpha} \qquad a = \frac{l_2}{\cos\alpha} \qquad \cos\alpha = \frac{l_2}{a}$$

Formelzeichen		Einheiten
$\sum M_l$	Summe aller linksdrehenden Momente	Nm, Ncm
$\sum M_r$	Summe aller rechtsdrehenden Momente	Nm, Ncm
F_1	Kraft 1	N, mN, kN, MN
F_2	Kraft 2	N, mN, kN, MN
l_1	Länge 1	mm, cm, m
l_2	Länge 2	mm, cm, m
a	wirksame Hebellänge	mm, cm, m
α	Winkel des Hebels	° (Grad)

Auflagerkräfte

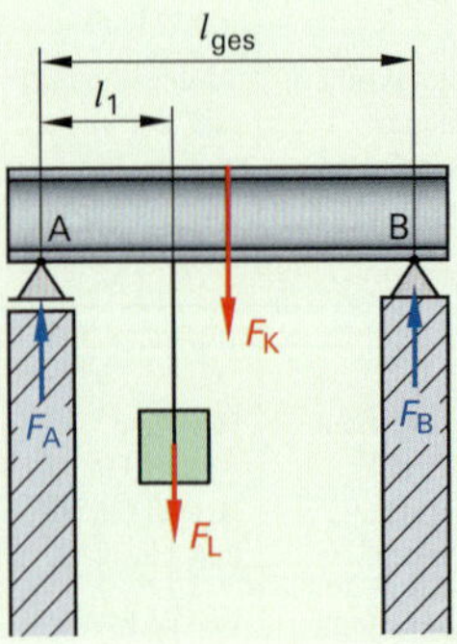

Gleichgewichtsbedingungen

$$\boxed{1.\ \sum M = 0} \qquad \boxed{2.\ \sum F = 0} \qquad \boxed{\sum M_{links} = \sum M_{rechts}}$$

Bei 2 Kräften und 2 Auflagern

$$1.\ \boxed{F_B \cdot l_{ges} = F_L \cdot l_1 + F_K \cdot \frac{l_{ges}}{2}}$$

$$F_B = \frac{F_L \cdot l_1 + F_K \cdot \frac{l_{ges}}{2}}{l_{ges}} \qquad l_{ges} = \frac{F_L \cdot l_1}{F_B - \frac{F_K}{2}}$$

$$F_L = \frac{F_B \cdot l_{ges} - F_K \cdot \frac{l_{ges}}{2}}{l_1} \qquad l_1 = \frac{F_B \cdot l_{ges} - F_K \cdot \frac{l_{ges}}{2}}{F_L}$$

$$F_K = \frac{F_B \cdot l_{ges} - F_L \cdot l_1}{\frac{l_{ges}}{2}}$$

$$2.\ \boxed{F_A - F_L - F_K + F_B = 0}$$

$$F_A = F_L + F_K - F_B \qquad F_L = F_A - F_K + F_B$$

$$F_K = F_A - F_L + F_B \qquad F_B = F_L + F_K - F_A$$

Formelzeichen		Einheiten
$\sum M_l$	Summe aller linksdrehenden Momente	Nm, Ncm
$\sum M_r$	Summe aller rechtsdrehenden Momente	Nm, Ncm
M	Drehmoment	Nm, Ncm
F	Kraft	N, mN, kN, MN
F_A	Auflagerkraft *A*	N, mN, kN, MN
F_B	Auflagerkraft *B*	N, mN, kN, MN
F_L	Gewichtskraft Last	N, mN, kN, MN
F_K	Gewichtskraft Kran	N, mN, kN, MN
l_1	Teillänge	mm, cm, dm, m
l_{ges}	Gesamtlänge	mm, cm, dm, m

Vereinbarungen

F nach rechts ⇒ **Vorzeichen +**

F nach links ⇒ **Vorzeichen –**

Mechanische Arbeit und Energie

Bezeichnung und Abbildung	Formeln und Formelumstellung	Formelzeichen	Einheiten
Mechanische Arbeit, Hubarbeit, Reibungsarbeit W (engl. *work*)			
Last mit einem Kran anheben 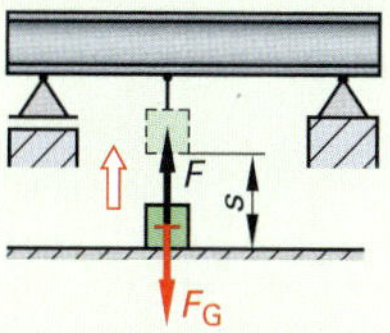	**Mechanische Arbeit** $W = F \cdot s$ $\quad F = \frac{W}{s}$ $\quad s = \frac{W}{F}$ **Hubarbeit** $W = F_G \cdot s$ $\quad F_G = \frac{W}{s}$ $\quad s = \frac{W}{F_G}$	W Arbeit s Weg F Kraft in Wegrichtung F_G Gewichtskraft	Nm, J, kJ, MJ mm, cm, m, km N, mN, kN, MN N, mN, kN, MN
Stahlklotz verschieben 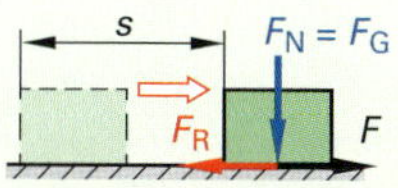	**Reibungsarbeit** $W = F_R \cdot s$ $W = \mu \cdot F_N \cdot s$ $\quad \mu = \frac{W}{F_N \cdot s}$ $\quad F_N = \frac{W}{\mu \cdot s}$ $s = \frac{W}{F_N \cdot \mu}$	F_R Reibungskraft F_N Normalkraft μ Reibungszahl	N, mN, kN, MN N, mN, kN, MN – (ohne Einheit)
Potenzielle Energie in Form von Lageenergie und Spannenergie			
Körper in höherer Lage 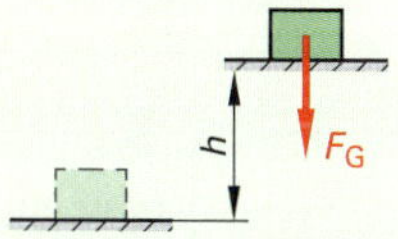	**Potenzielle Energie in Form von Lageenergie** $W_{pot} = m \cdot g \cdot h$ $\quad m = \frac{W_{pot}}{g \cdot h}$ $\quad g = \frac{W_{pot}}{m \cdot h}$ $h = \frac{W_{pot}}{m \cdot g}$	W_{pot} potenzielle Energie, Lageenergie g Ortsfaktor h Höhe m Masse	Nm, J, kJ, MJ m/s², N/kg mm, cm, m, km kg, g, t
Spiralfeder zusammendrücken 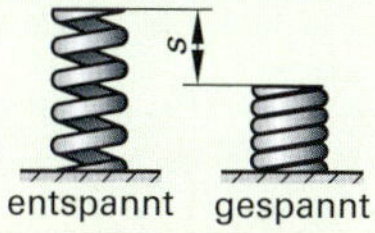	**Potenzielle Energie in Form von Spannenergie** $W_{pot} = \frac{D \cdot s^2}{2}$ $\quad D = \frac{W_{pot} \cdot 2}{s^2}$ $\quad s = \sqrt{\frac{W_{pot} \cdot 2}{D}}$	W_{pot} potenzielle Energie, Spannenergie D Federrate (auch R) s Federweg	Nm, J, kJ, MJ N/mm, N/m mm, cm
Kinetische Energie in Form von Bewegungsenergie bei geradliniger und kreisförmiger Bewegung			
Fahrender Gabelstapler 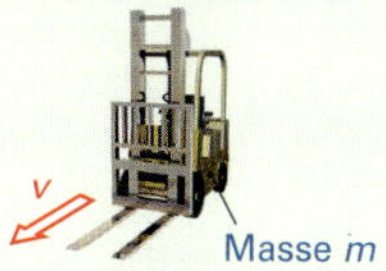	**Kinetische Energie in Form von Bewegungsenergie bei geradliniger Bewegung** $W_{kin} = \frac{m \cdot v^2}{2}$ $\quad m = \frac{W_{kin} \cdot 2}{v^2}$ $\quad v = \sqrt{\frac{W_{kin} \cdot 2}{m}}$	W_{kin} kinetische Energie m Masse v Geschwindigkeit	Nm, J, kJ, MJ kg, g, t m/s, km/h
Schleifscheibe 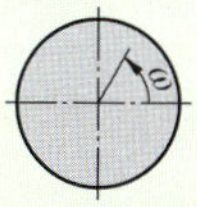	**Kinetische Energie in Form von Bewegungsenergie bei kreisförmiger Bewegung** $W_{kin} = \frac{J \cdot \omega^2}{2}$ $\quad J = \frac{W_{kin} \cdot 2}{\omega^2}$ $\quad \omega = \sqrt{\frac{W_{kin} \cdot 2}{J}}$	W_{kin} kinetische Energie J Massenträgheitsmoment ω Winkelgeschwindigkeit	Nm, J, kJ, MJ kg · m² 1/s
Arbeit mit einfachen Maschinen verrichten			
Last mit fester Rolle anheben 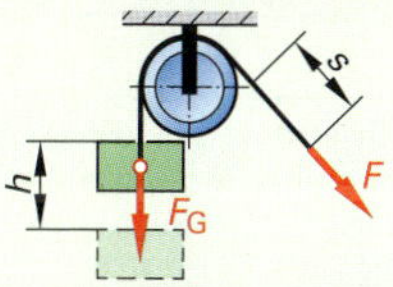	**Feste Rolle** $F = F_G$ $\quad s = h$ $W = F_G \cdot h$ $\quad F_G = \frac{W}{h}$ $\quad h = \frac{W}{F_G}$	F Kraft F_G Gewichtskraft s Weg h Höhe W Arbeit, Energie	N, mN, kN, MN N, mN, kN, MN mm, cm, m mm, cm, m Nm, J, kJ, MJ
Last mit loser Rolle anheben 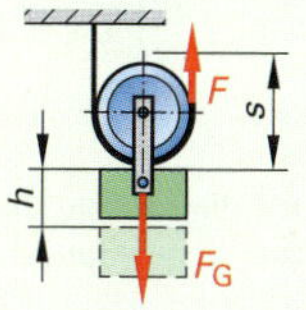	**Lose Rolle** $F = \frac{F_G}{2}$ $\quad F_G = 2 \cdot F$ $s = 2 \cdot h$ $\quad h = \frac{s}{2}$ $W = F_G \cdot h$ $\quad F_G = \frac{W}{h}$ $\quad h = \frac{W}{F_G}$	F Kraft F_G Gewichtskraft s Weg h Höhe W Arbeit, Energie	N, mN, kN, MN N, mN, kN, MN mm, cm, m mm, cm, m Nm, J, kJ, MJ

N

Leistung, mechanische Arbeit und Wirkungsgrad

Arbeit mit einfachen Maschinen verrichten

Bezeichnung und Abbildung	Formeln und Formelumstellung	Formelzeichen	Einheiten
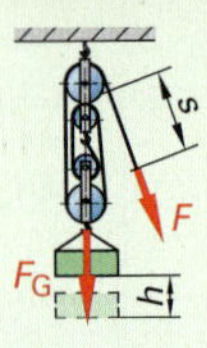	**Flaschenzug** $F = \frac{F_G}{n}$ $\quad F_G = F \cdot n \quad n = \frac{F_G}{F}$ $s = n \cdot h$ $\quad n = \frac{s}{h} \quad h = \frac{s}{n}$ $W = F_G \cdot h$ $\quad F_G = \frac{W}{h} \quad h = \frac{W}{F_G}$	F Kraft	N, mN, kN, MN
		n Rollenzahl	– (ohne Einheit)
		F_G Gewichtskraft	N, mN, kN, MN
		s Weg	mm, cm, m
		h Höhe	mm, cm, m
		W Arbeit, Energie	Nm, J, kJ, MJ
Treibkeil 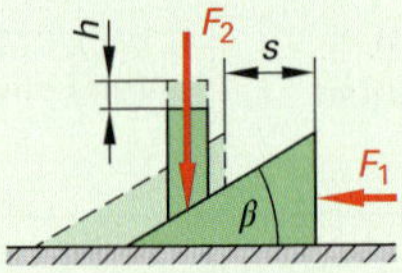	**Keil (reibungsfreier Zustand)** $F_1 \cdot s = F_2 \cdot h$ $\quad F_1 = \frac{F_2 \cdot h}{s} \quad s = \frac{F_2 \cdot h}{F_1}$ $F_2 = \frac{F_1 \cdot s}{h} \quad h = \frac{F_1 \cdot s}{F_2}$ $F_1 = F_2 \cdot \tan\beta$ $\quad F_2 = \frac{F_1}{\tan\beta} \quad \tan\beta = \frac{F_1}{F_2}$ $h = s \cdot \tan\beta$ $\quad s = \frac{h}{\tan\beta} \quad \tan\beta = \frac{h}{s}$ $W = F_G \cdot h$ $\quad F_G = \frac{W}{h} \quad h = \frac{W}{F_G}$	F_1, F_2 Kräfte	N, mN, kN, MN
		h Höhe	mm, cm, m
		s Weg	mm, cm, m
		F_G Gewichtskraft	N, mN, kN, MN
		β Keilwinkel	° (Grad)
		W Arbeit, Energie	Nm, J, kJ, MJ
		tan Tangens	

Mechanische Leistungen *P* (engl. *power*) bei geradliniger Bewegung

Bezeichnung und Abbildung	Formeln und Formelumstellung	Formelzeichen	Einheiten
Last mit einem Kran anheben 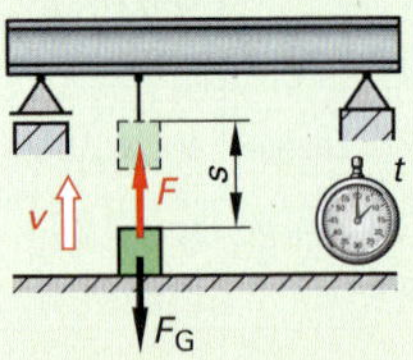	**Leistung** $P = \frac{W}{t}$ $\quad W = P \cdot t \quad t = \frac{W}{P}$ $P = \frac{F \cdot s}{t}$ $\quad F = \frac{P \cdot t}{s} \quad s = \frac{P \cdot t}{F}$ $t = \frac{F \cdot s}{P}$ $P = F \cdot v$ $\quad F = \frac{P}{v} \quad v = \frac{P}{F}$	P Leistung	J/s, W, mW, kW
		W Arbeit	Nm, J, kJ, MJ
		t Zeit	s, ms, min, h
		F Kraft in Wegrichtung	N, mN, kN, MN
		F_G Gewichtskraft	N, mN, kN, MN
		s Weg	mm, cm, m, km
		v Geschwindigkeit	m/s, km/h

Mechanische Leistungen *P* bei kreisförmiger bzw. geradliniger Bewegung

Bezeichnung und Abbildung	Formeln und Formelumstellung	Formelzeichen	Einheiten
Riementrieb 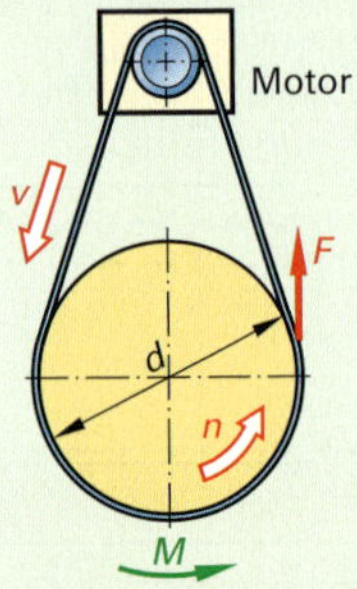	**Leistung** $P = F \cdot v$ $\quad F = \frac{P}{v} \quad v = \frac{P}{F}$ $P = F \cdot d \cdot \pi \cdot n$ $\quad F = \frac{P}{d \cdot \pi \cdot n} \quad d = \frac{P}{F \cdot \pi \cdot n}$ $n = \frac{P}{F \cdot d \cdot \pi}$ $P = M \cdot 2 \cdot \pi \cdot n$ $\quad M = \frac{P}{2 \cdot \pi \cdot n} \quad n = \frac{P}{M \cdot 2 \cdot \pi}$ $P = M \cdot \omega$ $\quad M = \frac{P}{\omega} \quad \omega = \frac{P}{M}$	P Leistung	J/s, W, mW, kW
		F Umfangskraft	N, mN, kN, MN
		v Geschwindigkeit	m/s, km/h
		d Durchmesser	mm, cm, m
		n Drehzahl	1/s, 1/min
		M Drehmoment	Nm, J, kJ
		ω Winkelgeschwindigkeit	1/s, 1/min
		π Kreiszahl $\cong$ 3,141592654	– (ohne Einheit)
		9550 $\cong 1000 \cdot 60/(2 \cdot \pi)$	– (ohne Einheit)
	Zahlenwertgleichung Hierfür die festgelegten nebenstehenden Einheiten verwenden. $P = \frac{M \cdot n}{9550}$ $\quad M = \frac{P \cdot 9550}{n} \quad n = \frac{P \cdot 9550}{M}$	**Zahlenwertgleichung**	
		M Drehmoment	Nm
		n Drehzahl	1/min
		P Leistung	kW

Wirkungsgrad η (griech. Eta)

Bezeichnung und Abbildung	Formeln und Formelumstellung	Formelzeichen	Einheiten
Wirkungsgrad eines Motors chemische Energie aus Kraftstoff P_{zu} (P_1) 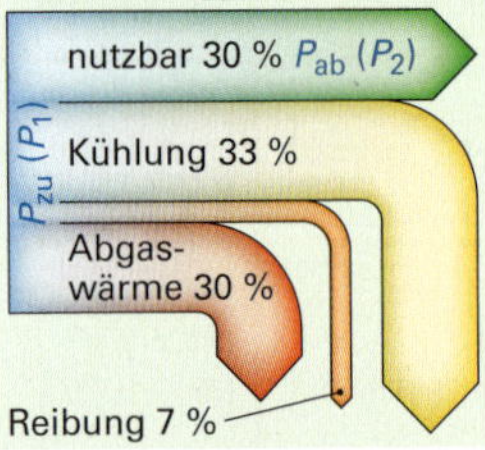	**Wirkungsgrad** $\eta < 1$ $\eta = \frac{P_{ab}}{P_{zu}}$ $\quad P_{ab} = \eta \cdot P_{zu} \quad P_{zu} = \frac{P_{ab}}{\eta}$ $\eta = \frac{P_2}{P_1}$ $\quad P_2 = \eta \cdot P_1 \quad P_1 = \frac{P_2}{\eta}$ $\eta = \frac{W_2}{W_1}$ $\quad W_2 = \eta \cdot W_1 \quad W_1 = \frac{W_2}{\eta}$ $\eta_{ges} = \eta_1 \cdot \eta_2 \cdot \eta_3 \cdot \ldots$ $\quad \eta_1 = \frac{\eta_{ges}}{\eta_2 \cdot \eta_3 \cdot \ldots} \quad \eta_2 = \frac{\eta_{ges}}{\eta_1 \cdot \eta_3 \cdot \ldots}$	η Wirkungsgrad	– (ohne Einheit)
		η_1, η_2 Teilwirkungsgrade	– (ohne Einheit)
		P_{zu} zugeführte Leistung	J/s, W, mW, kW
		P_1 zugeführte Leistung	J/s, W, mW, kW
		P_{ab} abgegebene Leistung	J/s, W, mW, kW
		P_2 abgegebene Leistung	J/s, W, mW, kW
		W_1 zugeführte Arbeit	Nm, J, kJ, MJ
		W_2 abgegebene Arbeit	Nm, J, kJ, MJ

Geschwindigkeiten und Beschleunigungen bei verschiedenen Bewegungsarten

Bezeichnung und Abbildung	Formeln und Formelumstellung	Formelzeichen	Einheiten

Gleichförmig geradlinige Bewegung

Weg-Zeit-Diagramm

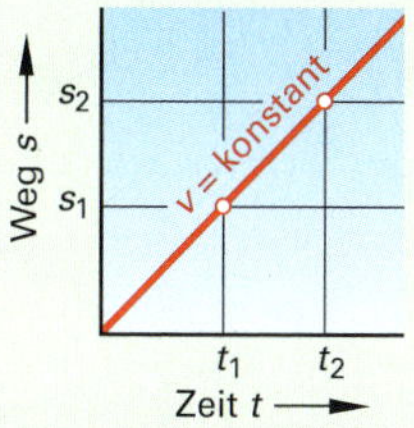

Förderband mit Formteilen

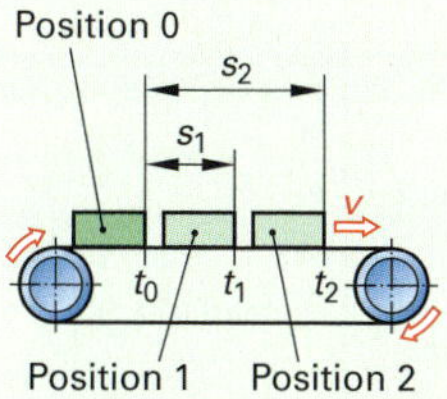

Geschwindigkeit (v = konstant)

$v = \frac{s}{t}$	$s = v \cdot t$	$t = \frac{s}{v}$
$v_1 = \frac{s_1}{t_1}$	$s_1 = v_1 \cdot t_1$	$t_1 = \frac{s_1}{v_1}$
$v_2 = \frac{s_2}{t_2}$	$s_2 = v_2 \cdot t_2$	$t_2 = \frac{s_2}{v_2}$

Weg

$s = v \cdot t$	$v = \frac{s}{t}$	$t = \frac{s}{v}$
$s_1 = v_1 \cdot t_1$	$v_1 = \frac{s_1}{t_1}$	$t_1 = \frac{s_1}{v_1}$
$s_2 = v_2 \cdot t_2$	$v_2 = \frac{s_2}{t_2}$	$t_2 = \frac{s_2}{v_2}$

Zeit

$t = \frac{s}{v}$	$s = v \cdot t$	$v = \frac{s}{t}$
$t_1 = \frac{s_1}{v_1}$	$s_1 = v_1 \cdot t_1$	$v_1 = \frac{s_1}{t_1}$
$t_2 = \frac{s_2}{v_2}$	$s_2 = v_2 \cdot t_2$	$v_2 = \frac{s_2}{t_2}$

Beschleunigung

$a = 0$

Formelzeichen		Einheiten
v	Geschwindigkeit	$\frac{m}{s}$, $\frac{m}{min}$, $\frac{km}{h}$
v_1, v_2	Geschwindigkeit 1 und 2	$\frac{m}{s}$, $\frac{m}{min}$, $\frac{km}{h}$
s	Weg	m, km
s_1, s_2	Weg 1 und 2	m, km
t	Zeit	s, min, h
t_1, t_2	Zeit 1 und 2	s, min, h
a	Beschleunigung	m/s^2

Umrechnungen

$1\,\frac{m}{s} = 60\,\frac{m}{min} = 3{,}6\,\frac{km}{h}$

$1\,\frac{km}{h} = 16{,}67\,\frac{m}{min} = 0{,}2778\,\frac{m}{s}$

Gleichförmig beschleunigte Bewegung

Weg-Zeit-Diagramm

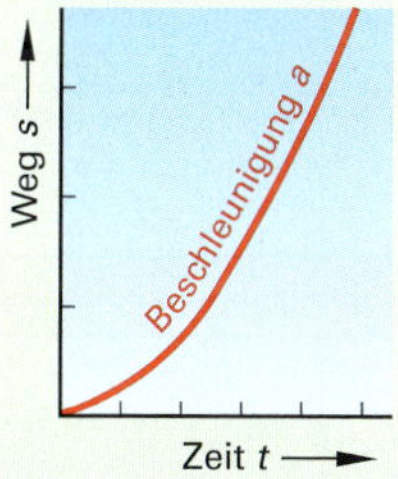

Beschleunigung durch Anfahren

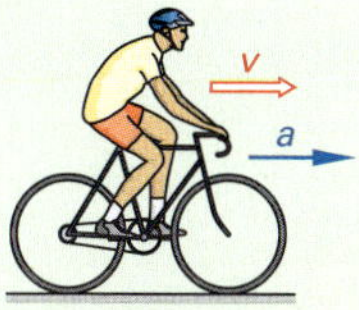

Beschleunigung durch Bremsen (Verzögerung)

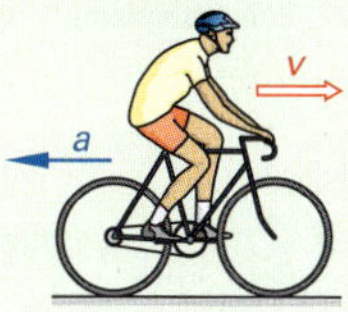

Geschwindigkeit

$v = a \cdot t$	$a = \frac{v}{t}$	$t = \frac{v}{a}$
$v = \sqrt{2 \cdot a \cdot s}$	$a = \frac{v^2}{2 \cdot s}$	$s = \frac{v^2}{2 \cdot a}$

Weg

$s = \frac{v \cdot t}{2}$	$v = \frac{2 \cdot s}{t}$	$t = \frac{2 \cdot s}{v}$
$s = \frac{a \cdot t^2}{2}$	$t = \sqrt{\frac{2 \cdot s}{a}}$	$a = \frac{2 \cdot s}{t^2}$
$s = \frac{v^2}{2 \cdot a}$	$v = \sqrt{2 \cdot a \cdot s}$	$a = \frac{v^2}{2 \cdot s}$

Beschleunigung durch Anfahren bzw. Bremsen

$a = \frac{2 \cdot s}{t^2}$	$s = \frac{a \cdot t^2}{2}$	$t = \sqrt{\frac{2 \cdot s}{a}}$
$a = \frac{v^2}{2 \cdot s}$	$s = \frac{v^2}{2 \cdot a}$	$v = \sqrt{2 \cdot a \cdot s}$

Formelzeichen		Einheiten
v	Endgeschwindigkeit bei Beschleunigung bzw. Anfangsgeschwindigkeit bei Verzögerung (Bremsen)	$\frac{m}{s}$, $\frac{m}{min}$, $\frac{km}{h}$
a	Beschleunigung durch Anfahren bzw. Bremsen	$\frac{m}{s^2}$
t	Beschleunigungszeit bzw. Bremszeit	s, min, h
s	Beschleunigungsweg bzw. Bremsweg	m, km

Umrechnungen

$1\,\frac{m}{s} = 60\,\frac{m}{min} = 3{,}6\,\frac{km}{h}$

$1\,\frac{km}{h} = 16{,}67\,\frac{m}{min} = 0{,}278\,\frac{m}{s}$

N

Geschwindigkeiten an Maschinen

Bezeichnung und Abbildung | Formeln und Formelumstellung | Formelzeichen | Einheiten

Kreisförmige Bewegung

Schleifscheibe (v = konstant)

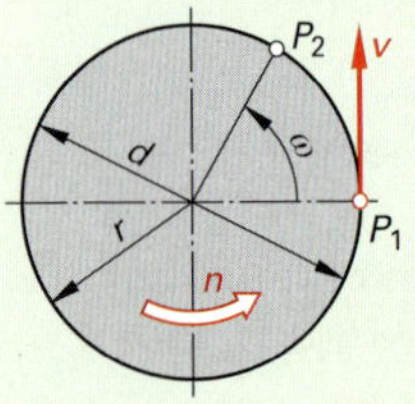

Scherwalzen

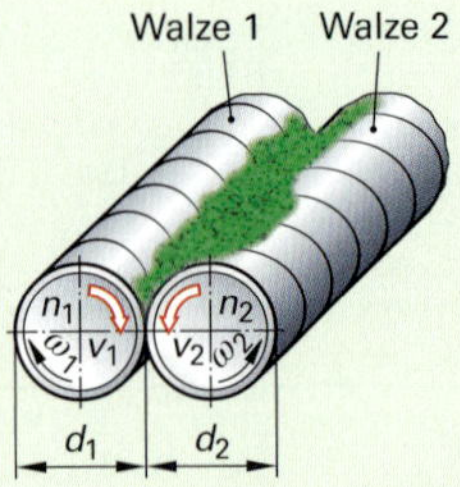

Geschwindigkeit

$v = \omega \cdot \frac{d}{2}$	$\omega = \frac{2 \cdot v}{d}$	$d = \frac{2 \cdot v}{\omega}$
$v_1 = \omega_1 \cdot \frac{d_1}{2}$	$\omega_1 = \frac{2 \cdot v_1}{d_1}$	$d_1 = \frac{2 \cdot v_1}{\omega_1}$
$v_2 = \omega_2 \cdot \frac{d_2}{2}$	$\omega_2 = \frac{2 \cdot v_2}{d_2}$	$d_2 = \frac{2 \cdot v_2}{\omega_2}$
$v = \pi \cdot d \cdot n$	$n = \frac{v}{\pi \cdot d}$	$d = \frac{v}{\pi \cdot n}$
$v_1 = \pi \cdot d_1 \cdot n_1$	$n_1 = \frac{v_1}{\pi \cdot d_1}$	$d_1 = \frac{v_1}{\pi \cdot n_1}$
$v_2 = \pi \cdot d_2 \cdot n_2$	$n_2 = \frac{v_2}{\pi \cdot d_2}$	$d_2 = \frac{v_2}{\pi \cdot n_2}$

Winkelgeschwindigkeit

$\omega = 2 \cdot \pi \cdot n$	$n = \frac{\omega}{2 \cdot \pi}$
$\omega_1 = 2 \cdot \pi \cdot n_1$	$n_1 = \frac{\omega_1}{2 \cdot \pi}$
$\omega_2 = 2 \cdot \pi \cdot n_2$	$n_2 = \frac{\omega_2}{2 \cdot \pi}$

Drehzahl

$n = \frac{v}{\pi \cdot d}$	$v = \pi \cdot d \cdot n$	$d = \frac{v}{\pi \cdot n}$
$n_1 = \frac{v_1}{\pi \cdot d_1}$	$v_1 = \pi \cdot d_1 \cdot n_1$	$d_1 = \frac{v_1}{\pi \cdot n_1}$
$n_2 = \frac{v_2}{\pi \cdot d_2}$	$v_2 = \pi \cdot d_2 \cdot n_2$	$d_2 = \frac{v_2}{\pi \cdot n_2}$
$n = \frac{\omega}{2 \cdot \pi}$	$\omega = 2 \cdot \pi \cdot n$	
$n_1 = \frac{\omega_1}{2 \cdot \pi}$	$\omega_1 = 2 \cdot \pi \cdot n_1$	
$n_2 = \frac{\omega}{2 \cdot \pi}$	$\omega_2 = 2 \cdot \pi \cdot n_2$	

Formelzeichen		Einheiten
v	Umfangsgeschwindigkeit	$\frac{m}{s}$, $\frac{m}{min}$
v_1	Umfangsgeschwindigkeit 1	$\frac{m}{s}$, $\frac{m}{min}$
v_2	Umfangsgeschwindigkeit 2	$\frac{m}{s}$, $\frac{m}{min}$
ω	Winkelgeschwindigkeit	$\frac{1}{s}$, $\frac{1}{min}$
ω_1	Winkelgeschwindigkeit 1	$\frac{1}{s}$, $\frac{1}{min}$
ω_2	Winkelgeschwindigkeit 2	$\frac{1}{s}$, $\frac{1}{min}$
n	Drehzahl	$\frac{1}{s}$, $\frac{1}{min}$
n_1	Drehzahl 1	$\frac{1}{s}$, $\frac{1}{min}$
n_2	Drehzahl 2	$\frac{1}{s}$, $\frac{1}{min}$
d	Durchmesser	m
d_1	Durchmesser 1	m
d_2	Durchmesser 2	m
r	Radius	m
π	Kreiszahl ≅ 3,141592654	– (ohne Einheit)
P_1	Zeitpunkt 1	– (ohne Einheit)
P_2	Zeitpunkt 2	– (ohne Einheit)

Umrechnungen

$$\frac{\mathbf{1}}{\mathbf{min}} = \frac{1}{60\,s} = 0{,}0167\,\frac{1}{s}$$

Vorschubgeschwindigkeit und Schnittgeschwindigkeit

Bohren

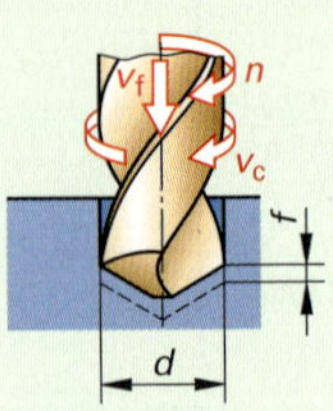

Drehen

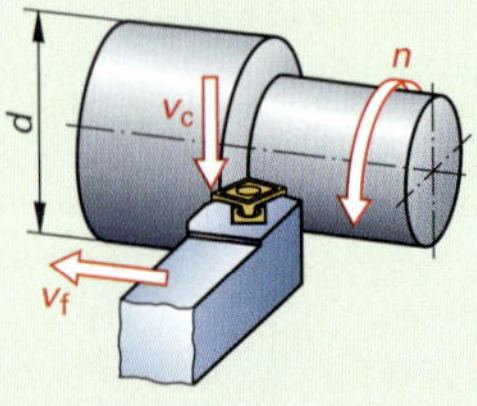

Vorschubgeschwindigkeit

$v_f = n \cdot f$	$n = \frac{v_f}{f}$	$f = \frac{v_f}{n}$

Schnittgeschwindigkeit

$v_c = \pi \cdot d \cdot n$	$n = \frac{v_c}{\pi \cdot d}$	$d = \frac{v_c}{\pi \cdot n}$

Drehzahl

$n = \frac{v_c}{\pi \cdot d}$	$v_c = \pi \cdot d \cdot n$	$d = \frac{v_c}{\pi \cdot n}$

Umfangsgeschwindigkeit

$v = \pi \cdot d \cdot n$	$n = \frac{v}{\pi \cdot d}$	$d = \frac{v}{\pi \cdot n}$

Formelzeichen		Einheiten
v_f	Vorschubgeschwindigkeit	$\frac{mm}{min}$
n	Drehzahl	$\frac{1}{min}$
f	Vorschub	mm
v_c	Schnittgeschwindigkeit	$\frac{m}{min}$
π	Kreiszahl ≅ 3,141592654	– (ohne Einheit)
d	Durchmesser	m
v	Umfangsgeschwindigkeit	$\frac{m}{min}$

Schreibweisen

$$\frac{\mathbf{1}}{\mathbf{s}} = 1/s = s^{-1}$$

$$\frac{\mathbf{1}}{\mathbf{min}} = min^{-1}$$

$$\frac{\mathbf{1}}{\mathbf{min}} = \frac{1}{60\,s} = 0{,}0167\,\frac{1}{s}$$

Geschwindigkeiten an Maschinen

Bezeichnung und Abbildung	Formeln und Formelumstellung	Formelzeichen	Einheiten
Vorschubgeschwindigkeit und Schnittgeschwindigkeit			
Fräsen Umfangs-Planfräsen 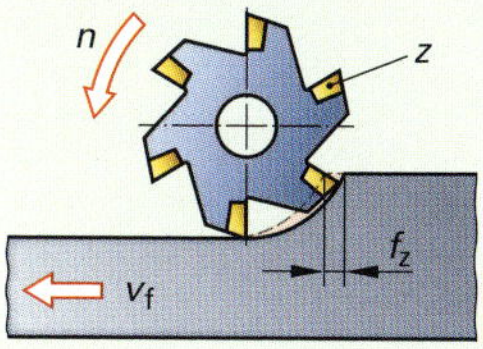	**Vorschubgeschwindigkeit** $v_f = n \cdot f_z \cdot z$ $n = \frac{v_f}{f_z \cdot z}$ $f_z = \frac{v_f}{n \cdot z}$ $z = \frac{v_f}{n \cdot f_z}$	v_f Vorschubgeschwindigkeit n Drehzahl f_z Vorschub je Schneide z Anzahl der Schneiden	mm/min 1/min mm – (ohne Einheit)
	Schnittgeschwindigkeit $v_c = \pi \cdot d \cdot n$ $n = \frac{v_c}{\pi \cdot d}$ $d = \frac{v_c}{\pi \cdot n}$	v_c Schnittgeschwindigkeit π Kreiszahl $\cong 3{,}141592654$ d Durchmesser n Drehzahl	m/min – (ohne Einheit) m 1/min
Durchmesser des Fräsers 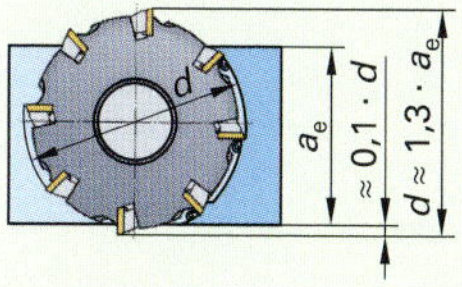	**Durchmesser des Fräsers** $d = \frac{v_c}{\pi \cdot n}$ $n = \frac{v_c}{\pi \cdot d}$ $v_c = \pi \cdot d \cdot n$		
	Drehzahl $n = \frac{v_f}{f_z \cdot z}$ $v_f = n \cdot f_z \cdot z$ $f_z = \frac{v_f}{n \cdot z}$ $z = \frac{v_f}{n \cdot f_z}$	n Drehzahl v_f Vorschubgeschwindigkeit f_z Vorschub je Schneide z Anzahl der Schneiden	1/min mm/min mm – (ohne Einheit)
Fräsersortiment 	**Zeitspanungsvolumen** (Zeitspanvolumen) In einer bestimmten Zeit abgetragenes Volumen in Form von Spänen. $Q = a_e \cdot a_p \cdot v_f$ $v_f = \frac{Q}{a_e \cdot a_p}$ $a_e = \frac{Q}{a_p \cdot v_f}$ $a_p = \frac{Q}{a_e \cdot v_f}$	Q Zeitspanungsvolumen a_e Schnittbreite a_p Schnitttiefe v_f Vorschubgeschwindigkeit	mm^3/min mm mm mm/min
	Spanfläche $A_{Sp} = a_e \cdot a_p$ $a_e = \frac{A_{Sp}}{a_p}$ $a_p = \frac{A_{Sp}}{a_e}$	A_{Sp} Spanfläche a_e Schnittbreite a_p Schnitttiefe	mm^2 mm mm **Umrechnungen** $\frac{\mathbf{1}}{\mathbf{min}} = \frac{1}{60\,s}$ $= 0{,}0167 \frac{1}{s}$
Gewindetrieb 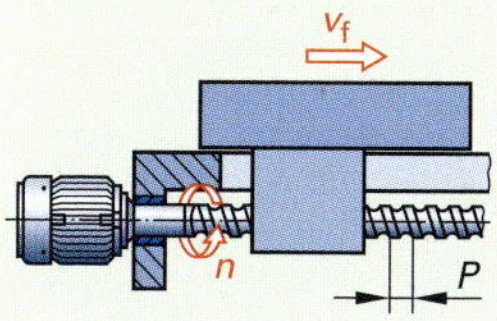	**Vorschubgeschwindigkeit** $v_f = n \cdot P$ $n = \frac{v_f}{P}$ $P = \frac{v_f}{n}$	v_f Vorschubgeschwindigkeit n Drehzahl	mm/min 1/min
	Gewindesteigung $P = \frac{v_f}{n}$ $n = \frac{v_f}{P}$ $v_f = n \cdot P$	P Gewindesteigung	mm

N

Geschwindigkeiten an Maschinen

Bezeichnung und Abbildung	Formeln und Formelumstellung	Formelzeichen	Einheiten
Vorschubgeschwindigkeit und Schnittgeschwindigkeit			
Zahnstangentrieb Prinzip 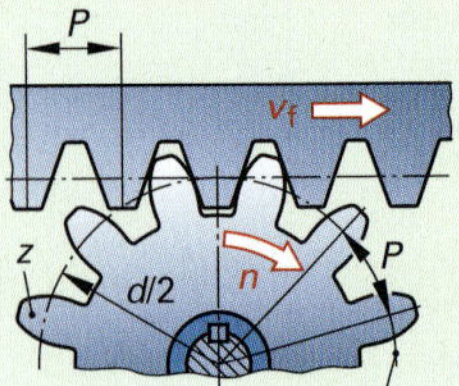 Teilkreis-linie	**Vorschubgeschwindigkeit** $v_f = n \cdot z \cdot P$ $\quad n = \frac{v_f}{z \cdot P}$ $\quad z = \frac{v_f}{n \cdot P}$ $\quad P = \frac{v_f}{n \cdot z}$	v_f Vorschub-geschwindigkeit n Drehzahl des Zahnrades P Teilung z Zähnezahl des Zahnrades	mm/min 1/min mm – (ohne Einheit)
	$v_f = \pi \cdot d \cdot n$ $\quad n = \frac{v_f}{\pi \cdot d}$ $\quad d = \frac{v_f}{\pi \cdot n}$		
	Teilung $P = \frac{\pi \cdot d}{z}$ $\quad z = \frac{\pi \cdot d}{P}$ $\quad d = \frac{P \cdot z}{\pi}$	d Teilkreisdurchmesser des Zahnrades P Teilung π Kreiszahl ≙ 3,141592654 m Modul	mm mm – (ohne Einheit) mm
	$P = \pi \cdot m$ $\quad m = \frac{P}{\pi}$		
Zahnstangentrieb Teil einer Maschine 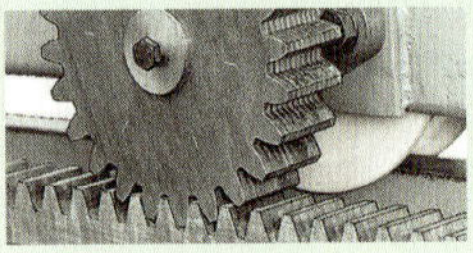	**Zähnezahl** $z = \frac{\pi \cdot d}{P}$ $\quad P = \frac{\pi \cdot d}{z}$ $\quad d = \frac{P \cdot z}{\pi}$	z Zähnezahl des Zahnrades d Teilkreisdurchmesser des Zahnrades P Teilung	– (ohne Einheit) mm mm
	Zahnstangenweg bei einer Zahnradumdrehung $s = \pi \cdot z \cdot m$ $\quad z = \frac{s}{\pi \cdot m}$ $\quad m = \frac{s}{\pi \cdot z}$	s Zahnstangenweg bei einer Umdrehung	mm **Schreibweisen** $\frac{1}{s} = s^{-1}$ $\quad \frac{1}{min} = min^{-1}$ **Umrechnungen** $\frac{1}{min} = \frac{1}{60\,s} = 0{,}0167\,\frac{1}{s}$
Mittlere Geschwindigkeit bei Kurbelantrieben			
Kurbeltrieb 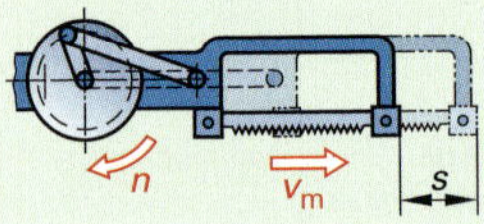	**Mittlere Geschwindigkeit** $v_m = 2 \cdot s \cdot n$ $\quad n = \frac{v_m}{2 \cdot s}$ $\quad s = \frac{v_m}{2 \cdot n}$	v_m mittlere Geschwindigkeit n Umdrehungen der Schwungscheibe (eine Umdrehung = ein Doppelhub)	mm/min 1/min mm
	Hublänge $s = \frac{v_m}{2 \cdot n}$ $\quad n = \frac{v_m}{2 \cdot s}$ $\quad v_m = 2 \cdot s \cdot n$	s Hublänge = Kurbelkreis-durchmesser	mm

Druck, Flächendruck, Unterdruck, Überdruck, Relativdruck und Differenzdruck in Gasen

Bezeichnung und Abbildung	Formeln und Formelumstellung	Formelzeichen	Einheiten

Flächendruck

Druck senkrecht auf eine Fläche

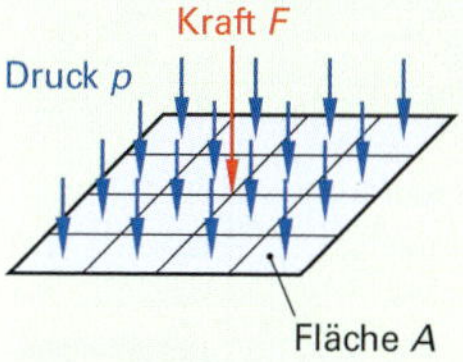

Druck

$$p = \frac{F}{A} \qquad F = p \cdot A \qquad A = \frac{F}{p}$$

Kraft

$$F = p \cdot A \qquad p = \frac{F}{A} \qquad A = \frac{F}{p}$$

Fläche

$$A = \frac{F}{p} \qquad F = p \cdot A \qquad p = \frac{F}{A}$$

Druck auf eine quadratische Fläche

$$p = \frac{F}{a^2} \qquad F = p \cdot a^2 \qquad a = \sqrt{\frac{F}{p}}$$

Flächenpresse
Buchpresse

Druck auf eine rechteckige Fläche

$$p = \frac{F}{a \cdot b} \qquad F = p \cdot a \cdot b \qquad a = \frac{F}{p \cdot b} \qquad b = \frac{F}{p \cdot a}$$

Druck auf eine kreisförmige Fläche

$$p = \frac{4 \cdot F}{\pi \cdot d^2} \qquad F = \frac{\pi \cdot p \cdot d^2}{4} \qquad d = \sqrt{\frac{4 \cdot F}{\pi \cdot p}}$$

Druck auf eine gleichseitige dreieckige Fläche

$$p = \frac{4 \cdot F}{\sqrt{3} \cdot a^2} \qquad F = \frac{\sqrt{3} \cdot p \cdot a^2}{4} \qquad a = \sqrt{\frac{4 \cdot F}{\sqrt{3} \cdot p}}$$

Formelzeichen		Einheiten
p	Druck	N/m², Pa
F	Kraft	N
A	Fläche	m²
a	Seitenlängen eines Quadrats oder gleichseitigen Dreiecks	m
a, b	Seitenlängen eines Rechtecks	m
π	Kreiszahl ≅ 3,141592654	– (ohne Einheit)
d	Kreisdurchmesser	m

Beziehungen

1 Pa
= 1 N/m²
= 0,0001 N/cm²
= 0,000001 N/mm²
$= 1 \frac{kg}{m \cdot s^2}$
= 1 J/m
= 0,00001 bar

1 N/cm²
= 0,1 bar
= 10000 Pa

1 bar
= 100000 Pa
= 1000 hPa
= 100 kPa
= 1000 mbar
= 0,1 N/mm²
= 10 N/cm²
= 100000 N/m²

Unterdruck, Überdruck, Relativdruck und Differenzdruck in Gasen

Luftdruckarten

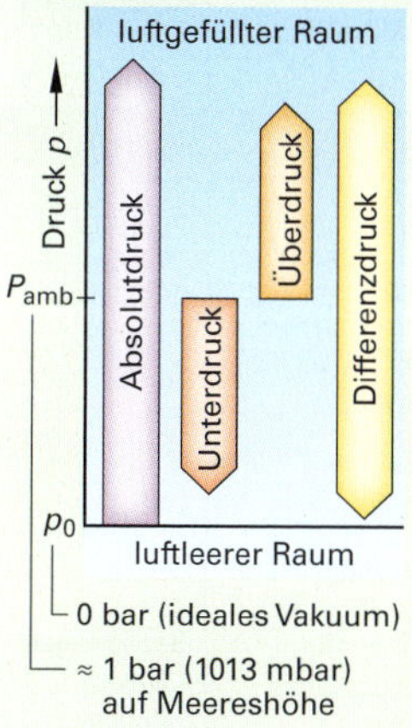

Unterdruck
Bedingung:

$$p_{abs} < p_{amb} \qquad p_{amb} > p_{abs}$$

Überdruck
Bedingung:

$$p_{abs} > p_{amb} \qquad p_{amb} < p_{abs}$$

Relativdruck

$$p_e = p_{abs} - p_{amb} \qquad p_{abs} = p_e + p_{amb} \qquad p_{amb} = p_{abs} - p_e$$

Differenzdruck

$$\Delta p = p_2 - p_1 \qquad p_1 = p_2 - \Delta p \qquad p_2 = \Delta p + p_1$$

Formelzeichen		Einheiten
p_{abs}	Absolutdruck	bar, Pa
p_{amb}	Atmosphärendruck	bar, Pa
p_e	Relativdruck	bar, Pa
Δp	Differenzdruck	bar, Pa
p_1	Anfangsdruck	bar, Pa
p_2	Enddruck	bar, Pa

1 bar
= 100 kPa

1 Pa
= 1 N/m²

100 Pa
= 1 mbar

N

Auftriebskraft, Kolbenkraft, Schweredruck und Kolbendruck

Bezeichnung und Abbildung	Formeln und Formelumstellung	Formelzeichen	Einheiten

Schweredruck und Auftriebskraft in Flüssigkeiten

Bezeichnung und Abbildung	Formeln und Formelumstellung	Formelzeichen	Einheiten
Schweredruck Beispiel: Wasser im Behälter 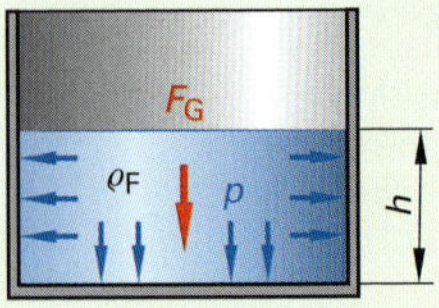 	**Schweredruck** $\boxed{p = \varrho_F \cdot g \cdot h}$ $\quad \varrho_F = \frac{p}{g \cdot h}$ $\quad g = \frac{p}{\varrho_F \cdot h}$ $h = \frac{p}{\varrho_F \cdot g}$ **Flüssigkeitstiefe** $\boxed{h = \frac{p}{\varrho_F \cdot g}}$ $\quad \varrho_F = \frac{p}{g \cdot h}$ $\quad g = \frac{p}{\varrho_F \cdot h}$ $p = \varrho_F \cdot g \cdot h$ **Gewichtskraft (ortsabhängig)** $\boxed{F_G = m \cdot g}$ $\quad m = \frac{F_G}{g}$ $\quad g = \frac{F_G}{m}$	p Schweredruck ϱ_F Dichte der Flüssigkeit g Ortsfaktor, Fallbeschleunigung, Erdbeschleunigung Erde: 9,81 m/s² h Höhe bzw. Tiefe F_G Gewichtskraft der Flüssigkeit m Masse der Flüssigkeit	N/m², Pa kg/m³ m/s² m N kg **Beziehungen** **1 Pa** = 1 N/m² $= 1 \frac{kg}{m \cdot s^2}$ = 0,00001 bar = 0,01 mbar
Auftriebskraft Beispiel: Körper schwimmt 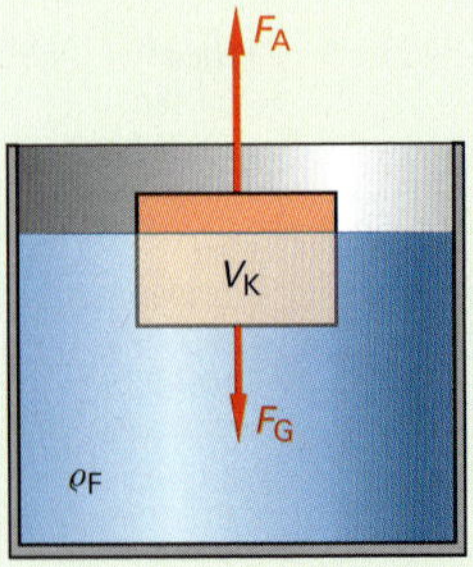 	**Auftriebskraft** $\boxed{F_A = \varrho_F \cdot g \cdot V_K}$ $\quad \varrho_F = \frac{F_A}{g \cdot V_K}$ $\quad g = \frac{F_A}{\varrho_F \cdot V_K}$ $V_K = \frac{F_A}{\varrho_F \cdot g}$ **Gewichtskraft (ortsabhängig)** $\boxed{F_G = m \cdot g}$ $\quad m = \frac{F_G}{g}$ $\quad g = \frac{F_G}{m}$ **Körper schwimmt** Ein Teil des Körpers ragt aus der Flüssigkeit. $\boxed{F_A > F_G}$ $\quad F_G < F_A$ **Körper schwebt** Der Körper ragt nicht aus der Flüssigkeit und berührt nicht den Boden. $\boxed{F_A = F_G}$ $\quad F_G = F_A$ **Körper sinkt** Der Körper geht unter bis zum Boden. $\boxed{F_A < F_G}$ $\quad F_G > F_A$	F_A Auftriebskraft ϱ_F Dichte der Flüssigkeit g Ortsfaktor, Fallbeschleunigung, Erdbeschleunigung Erde: 9,81 m/s² V_K Volumen des Körpers F_G Gewichtskraft m Masse des Körpers	N kg/m³ m/s² m³ N kg **Beziehungen** **1 N** $= 1 \frac{kg \cdot m}{s^2}$ = 1 J/m **Umrechnungen** **1 g/cm³** = 1000 kg/m³ **1 cm³** = 1 ml $= 10^{-6}$ m³

Kolbendruck, Überdruck auf die Kolbenfläche

Bezeichnung und Abbildung	Formeln und Formelumstellung	Formelzeichen	Einheiten
Kolbendruck und Kolbenkraft 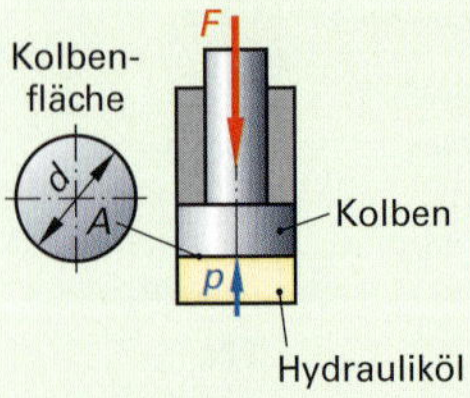 	**Kolbendruck** $\boxed{p = \frac{F}{A}}$ $\quad F = p \cdot A$ $\quad A = \frac{F}{p}$ $\boxed{p = \frac{4 \cdot F}{\pi \cdot d^2}}$ $\quad F = \frac{\pi \cdot p \cdot d^2}{4}$ $\quad d = \sqrt{\frac{4 \cdot F}{\pi \cdot p}}$ **Kolbenkraft** $\boxed{F = p \cdot A}$ $\quad p = \frac{F}{A}$ $\quad A = \frac{F}{p}$ $\boxed{F = \frac{\pi \cdot p \cdot d^2}{4}}$ $\quad p = \frac{4 \cdot F}{\pi \cdot d^2}$ $\quad d = \sqrt{\frac{4 \cdot F}{\pi \cdot p}}$	p Kolbendruck, Flüssigkeitsdruck, Überdruck auf die Kolbenfläche F Kolbenkraft A Kolbenfläche d Kolbendurchmesser	N/cm², bar N cm² cm **Beziehungen** **1 N/cm²** = 0,1 bar

Druckübersetzung mit hydraulischer Presse

Bezeichnung und Abbildung	Formeln und Formelumstellung	Formelzeichen	Einheiten
Druckübersetzung			
Hydraulische Presse Prinzip	**Kolbendruck**		
	$p = \frac{F_1}{A_1} = \frac{F_2}{A_2}$	p Kolbendruck, Flüssigkeitsdruck	$\frac{N}{cm^2}$, $\frac{N}{m^2}$, bar, Pa
	$p = \frac{F_1}{A_1}$ $F_1 = p \cdot A_1$ $A_1 = \frac{F_1}{p}$	A_1 Kolbenfläche 1	cm^2, m^2
	$p = \frac{F_2}{A_2}$ $F_2 = p \cdot A_2$ $A_2 = \frac{F_2}{p}$	A_2 Kolbenfläche 2	cm^2, m^2
	$F_1 = \frac{F_2 \cdot A_1}{A_2}$ $F_2 = \frac{F_1 \cdot A_2}{A_1}$ $A_1 = \frac{F_1 \cdot A_2}{F_2}$ $A_2 = \frac{F_2 \cdot A_1}{F_1}$	F_1 Kolbenkraft 1	N
		F_2 Kolbenkraft 2	N
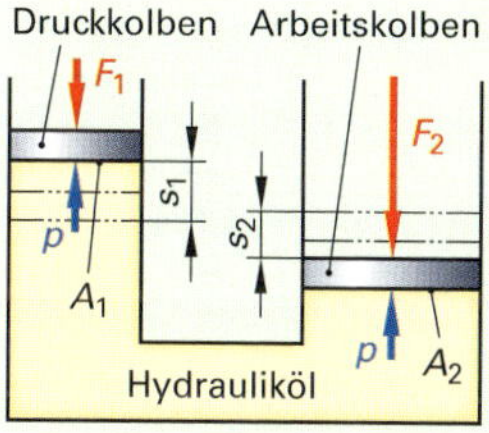	**Hydraulisches Übersetzungsverhältnis**		
	$i = \frac{F_1}{F_2} = \frac{A_1}{A_2} = \frac{s_2}{s_1} = \frac{d_1^2}{d_2^2}$	i hydraulisches Übersetzungsverhältnis	– (ohne Einheit)
	$i = \frac{F_1}{F_2}$ $F_1 = i \cdot F_2$ $F_2 = \frac{F_1}{i}$		
	$i = \frac{A_1}{A_2}$ $A_1 = i \cdot A_2$ $A_2 = \frac{A_1}{i}$		
	$i = \frac{s_2}{s_1}$ $s_1 = \frac{s_2}{i}$ $s_2 = i \cdot s_1$	F_1 Kolbenkraft 1	N
	$i = \frac{d_1^2}{d_2^2}$ $d_1 = \sqrt{i \cdot d_2^2}$ $d_2 = \sqrt{\frac{d_1^2}{i}}$	F_2 Kolbenkraft 2	N
	$F_1 = \frac{F_2 \cdot A_1}{A_2}$ $F_2 = \frac{F_1 \cdot A_2}{A_1}$ $A_1 = \frac{F_1 \cdot A_2}{F_2}$ $A_2 = \frac{F_2 \cdot A_1}{F_1}$	A_1 Kolbenfläche 1	cm^2, m^2
Hydraulische Presse Industriemaschine		A_2 Kolbenfläche 2	cm^2, m^2
	$F_1 = \frac{F_2 \cdot s_2}{s_1}$ $F_2 = \frac{F_1 \cdot s_1}{s_2}$ $s_1 = \frac{F_2 \cdot s_2}{F_1}$ $s_2 = \frac{F_1 \cdot s_1}{F_2}$	s_1 Kolbenweg 1	cm, m
		s_2 Kolbenweg 2	cm, m
	$F_1 = \frac{F_2 \cdot d_1^2}{d_2^2}$ $F_2 = \frac{F_1 \cdot d_2^2}{d_1^2}$ $d_1 = \sqrt{\frac{F_1 \cdot d_2^2}{F_2}}$ $d_2 = \sqrt{\frac{F_2 \cdot d_1^2}{F_1}}$	d_1 Kolbendurchmesser 1	cm, m
		d_2 Kolbendurchmesser 2	cm, m
	$A_1 = \frac{A_2 \cdot s_2}{s_1}$ $A_2 = \frac{A_1 \cdot s_1}{s_2}$ $s_1 = \frac{A_2 \cdot s_2}{A_1}$ $s_2 = \frac{A_1 \cdot s_1}{A_2}$		**Beziehungen** $1\,\frac{N}{cm^2}$ = 0,1 bar = 10000 Pa
	$A_1 = \frac{A_2 \cdot d_1^2}{d_2^2}$ $A_2 = \frac{A_1 \cdot d_2^2}{d_1^2}$ $d_1 = \sqrt{\frac{A_1 \cdot d_2^2}{A_2}}$ $d_2 = \sqrt{\frac{A_2 \cdot d_1^2}{A_1}}$		
	$F_1 = \frac{F_2 \cdot d_1^2}{d_2^2}$ $F_2 = \frac{F_1 \cdot d_2^2}{d_1^2}$ $d_1 = \sqrt{\frac{F_1 \cdot d_2^2}{F_2}}$ $d_2 = \sqrt{\frac{F_2 \cdot d_1^2}{F_1}}$		**Umrechnungen** $1\,\frac{N}{cm^2}$ = 10000 $\frac{N}{m^2}$; **1 bar** = 10 $\frac{N}{cm^2}$
	$s_1 = \frac{s_2 \cdot d_2^2}{d_1^2}$ $s_2 = \frac{s_1 \cdot d_1^2}{d_2^2}$ $d_1 = \sqrt{\frac{s_2 \cdot d_2^2}{s_1}}$ $d_2 = \sqrt{\frac{s_1 \cdot d_1^2}{s_2}}$		**1 Pa** = 0,0001 $\frac{N}{cm^2}$ = 1 $\frac{N}{m^2}$

N

Druckübersetzung, Volumenstrom, Durchflussgeschwindigkeit, Gase bei beliebigen Drücken und Volumen

Bezeichnung und Abbildung	Formeln und Formelumstellung	Formelzeichen	Einheiten

Druckübersetzung

Hydraulischer Druckübersetzer

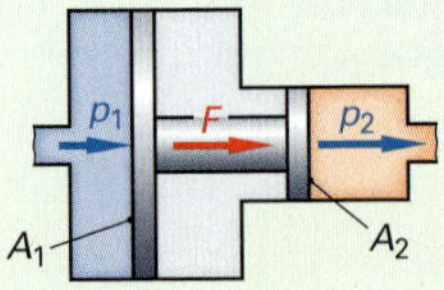

Übersetzungsverhältnis

$$\boxed{p_1 = \frac{p_2 \cdot A_2}{A_1 \cdot \eta}} \qquad p_2 = \frac{p_1 \cdot A_1 \cdot \eta}{A_2} \qquad A_1 = \frac{p_2 \cdot A_2}{p_1 \cdot \eta}$$

$$A_2 = \frac{p_1 \cdot A_1 \cdot \eta}{p_2} \qquad \eta = \frac{p_2 \cdot A_2}{p_1 \cdot A_1}$$

Wirkungsgrad

$$\boxed{\eta = \frac{p_2 \cdot A_2}{p_1 \cdot A_1}} \qquad p_1 = \frac{p_2 \cdot A_2}{A_1 \cdot \eta} \qquad p_2 = \frac{p_1 \cdot A_1 \cdot \eta}{A_2}$$

$$A_1 = \frac{p_2 \cdot A_2}{p_1 \cdot \eta} \qquad A_2 = \frac{p_1 \cdot A_1 \cdot \eta}{P_2}$$

Formelzeichen		Einheiten
p_1	Druck 1	$\frac{N}{cm^2}$, $\frac{N}{m^2}$, bar, Pa
p_2	Druck 2	$\frac{N}{cm^2}$, $\frac{N}{m^2}$, bar, Pa
A_1	Kolbenfläche 1	cm^2, m^2
A_2	Kolbenfläche 2	cm^2, m^2
F	Kraft	N
η	Wirkungsgrad	– (ohne Einheit)

Beziehungen
$1 \frac{N}{cm^2}$ = 0,1 bar = 10000 Pa

Volumenstrom und Durchflussgeschwindigkeit

Rohrleitungssystem

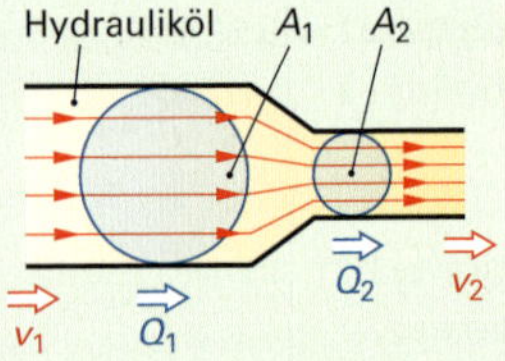

Volumenstrom
Bedingung:

$$\boxed{Q_1 = Q_2} \qquad Q = \text{konstant}$$

$$\boxed{Q_1 = A_1 \cdot v_1} \qquad A_1 = \frac{Q_1}{v_1} \qquad v_1 = \frac{Q_1}{A_1}$$

$$\boxed{Q_2 = A_2 \cdot v_2} \qquad A_2 = \frac{Q_2}{v_2} \qquad v_2 = \frac{Q_2}{A_2}$$

Durchflussgeschwindigkeit

$$\boxed{v_1 = \frac{v_2 \cdot A_2}{A_1}} \qquad v_2 = \frac{v_1 \cdot A_1}{A_2}$$

$$A_1 = \frac{v_2 \cdot A_2}{v_1} \qquad A_2 = \frac{v_1 \cdot A_1}{v_2}$$

$$\boxed{v_2 = \frac{v_1 \cdot A_1}{A_2}} \qquad v_1 = \frac{v_2 \cdot A_2}{A_1}$$

$$A_1 = \frac{v_2 \cdot A_2}{v_1} \qquad A_2 = \frac{v_1 \cdot A_1}{v_2}$$

Querschnittsfläche

$$\boxed{A_1 \cdot v_1 = A_2 \cdot v_2} \qquad A_1 = \frac{v_2 \cdot A_2}{v_1} \qquad A_2 = \frac{v_1 \cdot A_1}{v_2}$$

$$v_1 = \frac{v_2 \cdot A_2}{A_1} \qquad v_2 = \frac{v_1 \cdot A_1}{A_2}$$

Formelzeichen		Einheiten
Q_1	Volumenstrom 1	$\frac{l}{min}$
Q_2	Volumenstrom 2	$\frac{l}{min}$
v_1	Durchflussgeschwindigkeit 1	$\frac{m}{s}$
v_2	Durchflussgeschwindigkeit 2	$\frac{m}{s}$
A_1	Querschnittsfläche 1	mm^2, cm^2
A_2	Querschnittsfläche 2	mm^2, cm^2

Umrechnungen
$1 \frac{cm^3}{s} = 0{,}06 \frac{dm^3}{min}$

Beziehungen
$1 \frac{dm^3}{min} = 1 \frac{l}{min}$

Gase bei beliebigen Drücken und Volumen – Gesetz von Boyle-Mariotte

Gesetz von Boyle-Mariotte

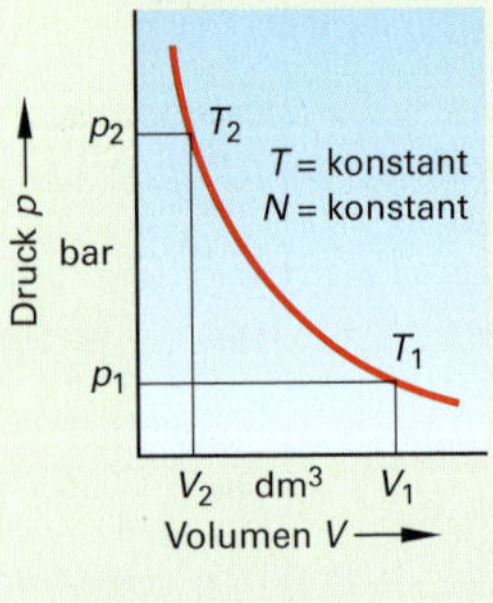

Gase verdichten bei konstanter Temperatur
Bedingungen:

$$\boxed{T_1 = T_2} \qquad T = \text{konstant} \qquad N = \text{konstant}$$

$$\boxed{p_1 \cdot V_1 = p_2 \cdot V_2} \qquad p_1 = \frac{p_2 \cdot V_2}{V_1}$$

$$p_2 = \frac{p_1 \cdot V_1}{V_2}$$

$$V_1 = \frac{p_2 \cdot V_2}{p_1}$$

$$V_2 = \frac{p_1 \cdot V_1}{p_2}$$

Formelzeichen		Einheiten
p_1	Gasdruck 1 (vor der Verdichtung)	bar, Pa
p_2	Gasdruck 2 (nach der Verdichtung)	bar, Pa
V_1	Volumen 1 (vor der Verdichtung)	l, dm^3, m^3
V_2	Volumen 2 (nach der Verdichtung)	l, dm^3, m^3
T	Temperatur	K
T_1	Temperatur 1	K
T_2	Temperatur 2	K
N	Teilchenzahl	– (ohne Einheit)

Grenzspannung, zulässige Spannung, Gestaltfestigkeit

Grenzspannung, zulässige Spannung

Bezeichnung und Abbildung	Formeln und Formelumstellung	Formelzeichen	Einheiten
Spannungs-Dehnungs-Diagramm 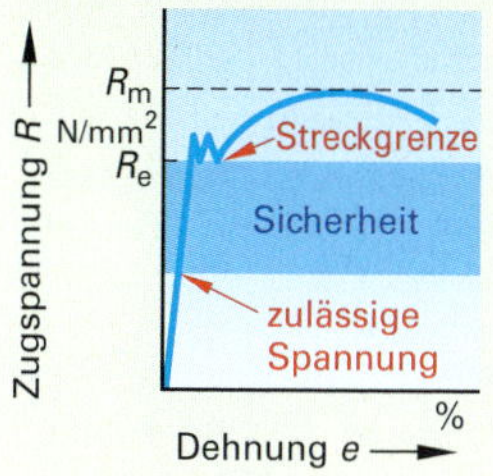	**Zulässige Spannung** $\sigma_{zul} = \frac{\sigma_{grenz}}{\nu}$ $\sigma_{grenz} = \sigma_{zul} \cdot \nu$ $\nu = \frac{\sigma_{grenz}}{\sigma_{zul}}$	σ_{zul} zulässige Spannung σ_{grenz} Grenzspannung ν Sicherheitszahl	N/mm², MPa N/mm², MPa – (ohne Einheit) **Umrechnung** $1\,\frac{\mathbf{N}}{\mathbf{mm^2}}$ = 1 MPa

Gestaltfestigkeit

Bezeichnung und Abbildung	Formeln und Formelumstellung	Formelzeichen	Einheiten
Spannungsverlauf im Zugstab 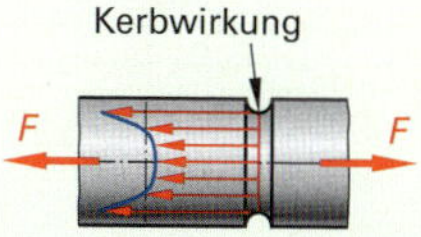	**Gestaltfestigkeit** $\sigma_G = \frac{\sigma_{grenz} \cdot b_1 \cdot b_2}{\beta_k}$ $\sigma_{grenz} = \frac{\sigma_G \cdot \beta_k}{b_1 \cdot b_2}$ $b_1 = \frac{\sigma_G \cdot \beta_k}{\sigma_{grenz} \cdot b_2}$ $b_2 = \frac{\sigma_G \cdot \beta_k}{\sigma_{grenz} \cdot b_1}$ $\beta_k = \frac{\sigma_{grenz} \cdot b_1 \cdot b_2}{\sigma_G}$ Hinweis: Werte für b_1, b_2 und β_k im **Tabellenbuch Kunststofftechnik**	σ_G Gestaltfestigkeit σ_{grenz} Grenzspannung b_1 Oberflächenbeiwert b_2 Größenbeiwert β_k Kerbwirkungszahl F Zugkraft	N/mm², MPa N/mm², MPa – (ohne Einheit) – (ohne Einheit) – (ohne Einheit) N

Beanspruchung auf Zug bei Metallen und Kunststoffen

Beanspruchung auf Zug bei Metallen

Bezeichnung und Abbildung	Formeln und Formelumstellung	Formelzeichen	Einheiten
Zugstab (Rundprobe) 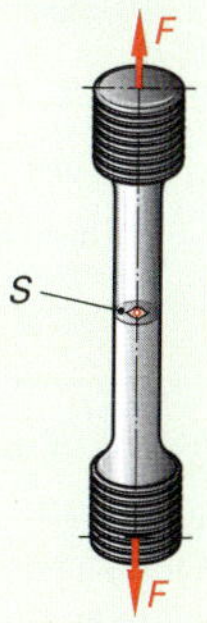	**Zugspannung** $R = \frac{F}{S}$ $F = R \cdot S$ $S = \frac{F}{R}$ **Zulässige Zugspannung** $\sigma_{zzul} = \frac{R_e}{\nu}$ $R_e = \sigma_{zzul} \cdot \nu$ $\nu = \frac{R_e}{\sigma_{zzul}}$ **Zulässige Zugspannung** bei Werkstoffen ohne ausgeprägte Streckgrenze $\sigma_{zzul} = \frac{R_{p0,2}}{\nu}$ $R_{p0,2} = \sigma_{zzul} \cdot \nu$ $\nu = \frac{R_{p0,2}}{\sigma_{zzul}}$	R Zugspannung F Zugkraft S Querschnittsfläche σ_{zzul} zulässige Zugspannung R_e Streckgrenze ν Sicherheitszahl gegen Fließen $R_{p0,2}$ 0,2%-Dehngrenze	N/mm², MPa N mm² N/mm², MPa N/mm², MPa – (ohne Einheit) N/mm², MPa

Beanspruchung auf Zug bei Kunststoffen

Bezeichnung und Abbildung	Formeln und Formelumstellung	Formelzeichen	Einheiten
Zugstab (Flachprobe) 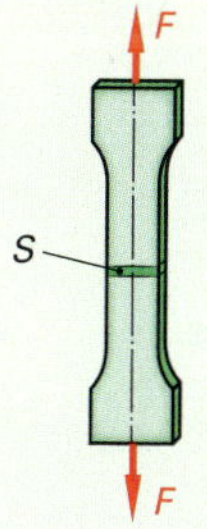	**Zugspannung** $\sigma_z = \frac{F}{S}$ $F = \sigma_z \cdot S$ $S = \frac{F}{\sigma_z}$ **Maximalkraft** $F_M = \sigma_m \cdot S$ $\sigma_m = \frac{F_M}{S}$ $S = \frac{F_M}{\sigma_m}$	σ_z Zugspannung F Zugkraft S Querschnittsfläche F_M Maximalkraft σ_m Zugfestigkeit	N/mm², MPa N mm² N N/mm², MPa

N

E- Modul, Beanspruchung auf Druck und Flächenpressung bei Metallen und Kunststoffen

Bezeichnung und Abbildung	Formeln und Formelumstellung	Formelzeichen	Einheiten
E-Modul			
Spannungs-Dehnungs-Diagramme	**E- Modul – Metalle**		
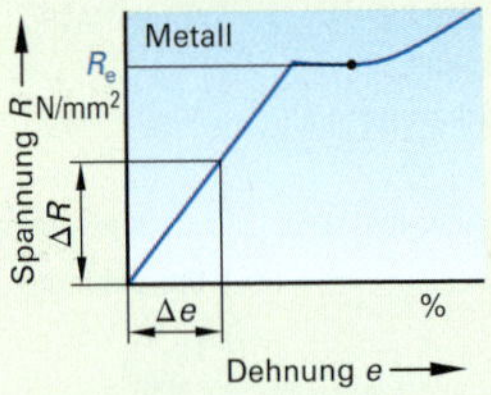	$E = \frac{\Delta R}{\Delta e}$ $\Delta R = E \cdot \Delta e$ $\Delta e = \frac{\Delta R}{E}$	E Elastizitätsmodul	N/mm², MPa
		ΔR Spannungsänderung bei Metallen	N/mm², MPa
		Δe Dehnungsänderung bei Metallen	%
		R_e Streckgrenze	N/mm², MPa
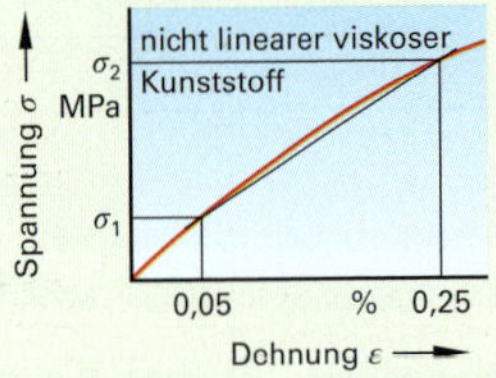	**E-Modul – Kunststoffe** $E = \frac{\Delta\sigma}{\Delta\varepsilon}$ $\Delta\sigma = E \cdot \Delta\varepsilon$ $\Delta\varepsilon = \frac{\Delta\sigma}{E}$	$\Delta\sigma$ Spannungsänderung bei Kunststoffen	N/mm², MPa
		$\Delta\varepsilon$ Dehnungsänderung bei Kunststoffen	%
Beanspruchung auf Druck			
Druckspannung	**Druckspannung** $\sigma_d = \frac{F}{S}$ $F = \sigma_d \cdot S$ $S = \frac{F}{\sigma_d}$	σ_d Druckspannung	N/mm², MPa
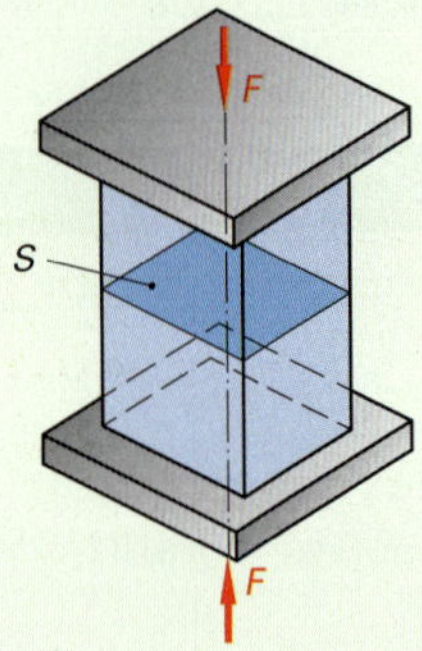		F Kraft	N
		S Querschnittsfläche	mm²
	Zulässige Druckspannung $\sigma_{dzul} = \frac{\sigma_{dF}}{\nu}$ $\sigma_{dF} = \sigma_{dzul} \cdot \nu$ $\nu = \frac{\sigma_{dF}}{\sigma_{dzul}}$	σ_{dzul} zulässige Druckspannung	N/mm²
		σ_{dF} Quetschgrenze	N/mm²
		ν Sicherheitszahl	– (ohne Einheit)
Beanspruchung auf Flächenpressung			
Flächenpressung	**Flächenpressung** $p = \frac{F}{A}$ $F = p \cdot A$ $A = \frac{F}{p}$	p Flächenpressung	N/mm²
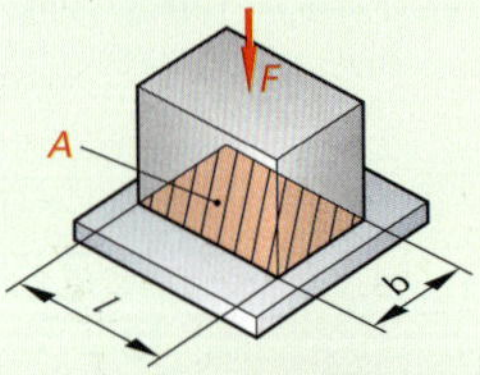		F Kraft	N
		A Berührungsfläche, projizierte Fläche	mm²
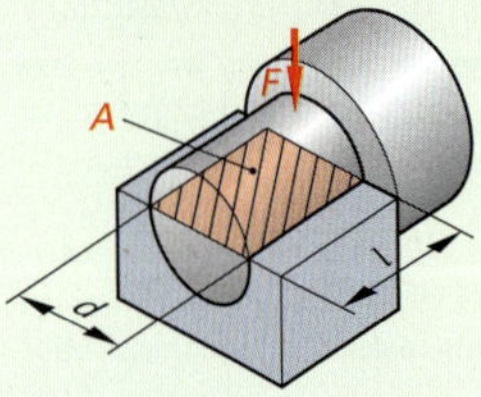	**Erforderliche Berührungsfläche** $A_{erf} = \frac{F}{p_{zul}}$ $F = A_{erf} \cdot p_{zul}$ $p_{zul} = \frac{F}{A_{erf}}$	A_{erf} erforderliche Berührungsfläche	mm²
		p_{zul} zulässige Flächenpressung	N/mm²

Knickung, Abscherung und Scherschneiden

Bezeichnung und Abbildung	Formeln und Formelumstellung	Formelzeichen	Einheiten

Beanspruchung auf Knickung

Freie Knicklänge und Belastungsfall nach *Euler*

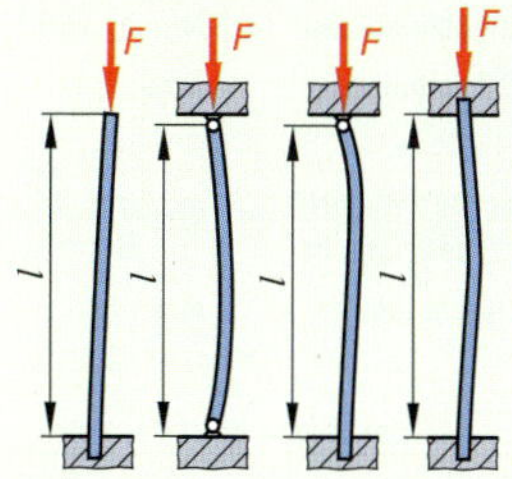

Belastungsfall I II III IV

Knickkraft

$$F_k = \frac{E \cdot I \cdot \pi^2}{l_k^2 \cdot \nu}$$

$$E = \frac{F_k \cdot l_k^2 \cdot \nu}{I \cdot \pi^2}$$

$$I = \frac{F_k \cdot l_k^2 \cdot \nu}{E \cdot \pi^2}$$

$$l_k = \sqrt{\frac{E \cdot I \cdot \pi^2}{F_k \cdot \nu}}$$

$$\nu = \frac{E \cdot I \cdot \pi^2}{F_k \cdot l_k^2}$$

Formelzeichen		Einheiten
F_k	Knickkraft	N
E	Elastizitätsmodul	N/mm^2
I	Flächenmoment 2. Grades	mm^4
l_k	freie Knicklänge	mm
l	Länge	mm
ν	Sicherheitszahl	– (ohne Einheit)

Freie Knicklänge und Belastungsfall nach Euler

I	II	III	IV
$l_k = 2 \cdot l$	$l_k = l$	$l_k = 0{,}7 \cdot l$	$l_k = 0{,}5 \cdot l$

Beanspruchung auf Abscherung

Ein- und zweischnittige Verbindung

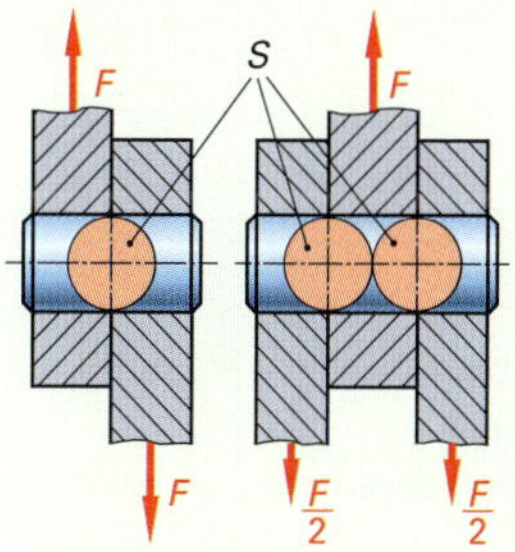

einschnittig **zweischnittig**

Scherspannung

$$\tau_a = \frac{F}{S}$$

$$F = \tau_a \cdot S$$

$$S = \frac{F}{\tau_a}$$

Zulässige Scherspannung

$$\tau_{azul} = \frac{\tau_{aB}}{\nu}$$

$$\tau_{aB} = \tau_{azul} \cdot \nu$$

$$\nu = \frac{\tau_{aB}}{\tau_{azul}}$$

Zulässige Scherkraft

$$F_{zul} = S \cdot \tau_{aBzul}$$

$$S = \frac{F_{zul}}{\tau_{aBzul}}$$

$$\tau_{aBzul} = \frac{F_{zul}}{S}$$

Formelzeichen		Einheiten
τ_a	Scherspannung	N/mm^2
F	Scherkraft	N
S	Querschnittsfläche	mm^2
τ_{azul}	zulässige Scherspannung	N/mm^2
τ_{aBzul}	zulässige Scherfestigkeit	N/mm^2
τ_{aB}	Scherfestigkeit	N/mm^2
ν	Sicherheitszahl	– (ohne Einheit)
F_{zul}	zulässige Scherkraft	N

Scherschneiden

Scherschneiden

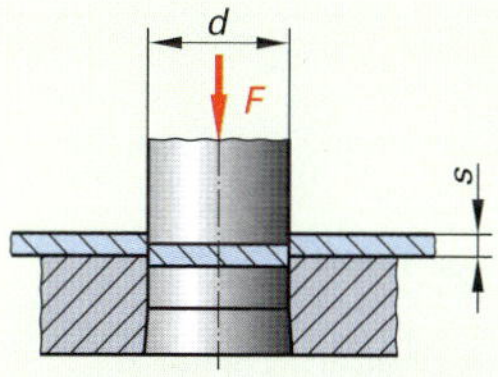

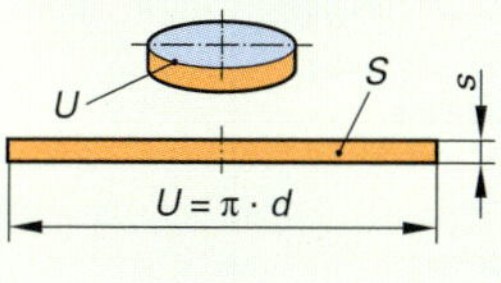

Maximale Scherfestigkeit

$$\tau_{aBmax} \approx 0{,}8 \cdot R_m$$

$$R_m = \frac{\tau_{aBmax}}{0{,}8}$$

Minimale Schneidkraft

$$F = S \cdot \tau_{aBmax}$$

$$S = \frac{F}{\tau_{aBmax}}$$

$$\tau_{aBmax} = \frac{F}{S}$$

Scherfläche

$$S = U \cdot s$$

$$U = \frac{S}{s} \qquad s = \frac{S}{U}$$

$$S = \pi \cdot d \cdot s$$

$$d = \frac{S}{\pi \cdot s} \qquad s = \frac{S}{\pi \cdot d}$$

Formelzeichen		Einheiten
τ_{aBmax}	maximale Scherfestigkeit	N/mm^2
R_m	Zugfestigkeit	N/mm^2
F	Scherkraft	N
S	Scherfläche	mm^2
U	Umfang	mm
s	Materialdicke	mm
d	Durchmesser	mm

N

Biegespannung, Biegemoment und Durchbiegung

Bezeichnung und Abbildung	Formeln und Formelumstellung	Formelzeichen	Einheiten
Beanspruchung auf Biegung			
Biegebeanspruchung 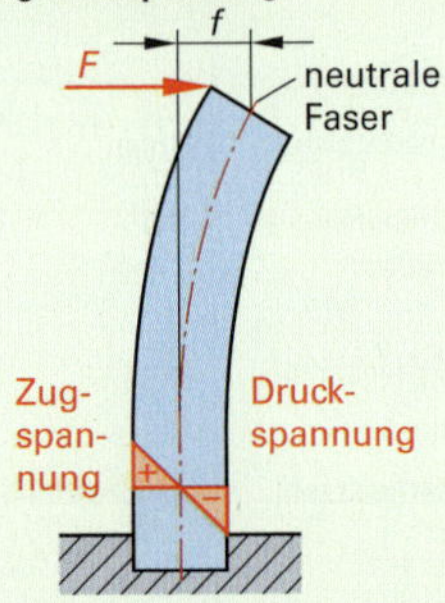	**Biegespannung** $\sigma_B = \frac{M_b}{W}$ $M_b = \sigma_B \cdot W$ $W = \frac{M_b}{\sigma_B}$	σ_B Biegespannung M_b Biegemoment W axiales Widerstandsmoment f Durchbiegung	N/mm^2, N/m^2 Nmm, Nm mm^3, m^3 mm, m
Belastungsfälle beim Biegen, Biegemoment, Durchbiegung			
Träger mit Einzelkraft, einseitig eingespannt 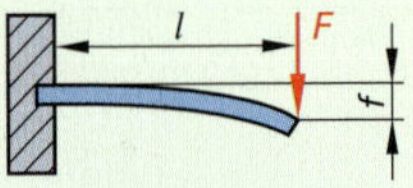 Verlauf des Biegemomentes 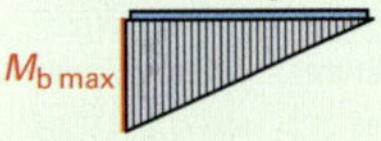	**Biegemoment** $M_b = F \cdot l$ $F = \frac{M_b}{l}$ $l = \frac{M_b}{F}$ **Durchbiegung** $f = \frac{F \cdot l^3}{3 \cdot E \cdot I}$ $F = \frac{3 \cdot f \cdot E \cdot I}{l^3}$ $l = \sqrt[3]{\frac{3 \cdot f \cdot E \cdot I}{F}}$ $E = \frac{F \cdot l^3}{3 \cdot f \cdot I}$ $I = \frac{F \cdot l^3}{3 \cdot f \cdot E}$	M_b Biegemoment F Biegekraft l Einspannlänge f Durchbiegung E Elastizitätsmodul I Flächenmoment 2. Grades	Nmm, Nm N mm, m mm, m N/mm^2, N/m^2 mm^4, m^4
Träger mit Einzelkraft, auf 2 Stützen aufliegend 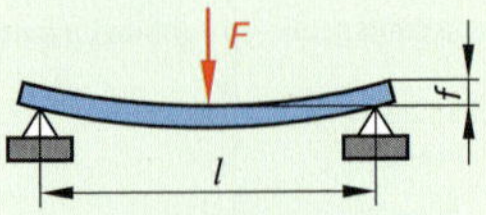 Verlauf des Biegemomentes 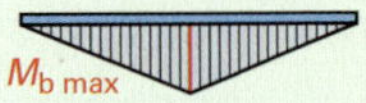	**Biegemoment** $M_b = \frac{F \cdot l}{4}$ $F = \frac{4 \cdot M_b}{l}$ $l = \frac{4 \cdot M_b}{F}$ **Durchbiegung** $f = \frac{F \cdot l^3}{48 \cdot E \cdot I}$ $F = \frac{48 \cdot f \cdot E \cdot I}{l^3}$ $l = \sqrt[3]{\frac{48 \cdot f \cdot E \cdot I}{F}}$ $E = \frac{F \cdot l^3}{48 \cdot f \cdot I}$ $I = \frac{F \cdot l^3}{48 \cdot f \cdot E}$	M_b Biegemoment F Biegekraft l Lagerabstand f Durchbiegung E Elastizitätsmodul I Flächenmoment 2. Grades	Nmm, Nm N mm, m mm, m N/mm^2, N/m^2 mm^4, m^4
Träger mit Einzelkraft, doppelseitig eingespannt 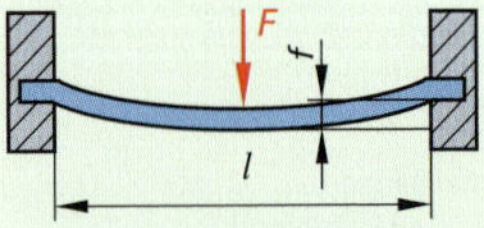 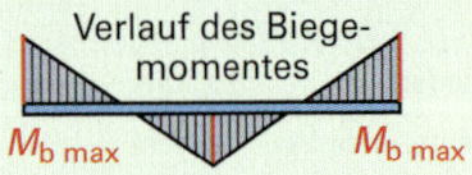	**Biegemoment** $M_b = \frac{F \cdot l}{8}$ $F = \frac{8 \cdot M_b}{l}$ $l = \frac{8 \cdot M_b}{F}$ **Durchbiegung** $f = \frac{F \cdot l^3}{192 \cdot E \cdot I}$ $F = \frac{192 \cdot f \cdot E \cdot I}{l^3}$ $l = \sqrt[3]{\frac{192 \cdot f \cdot E \cdot I}{F}}$ $E = \frac{F \cdot l^3}{192 \cdot f \cdot I}$ $I = \frac{F \cdot l^3}{192 \cdot f \cdot E}$	M_b Biegemoment F Biegekraft l Einspannlänge f Durchbiegung E Elastizitätsmodul I Flächenmoment 2. Grades	Nmm, Nm N mm, m mm, m N/mm^2, N/m^2 mm^4, m^4

Biegemoment, Durchbiegung und Torsionsspannung

Bezeichnung und Abbildung	Formeln und Formelumstellung	Formelzeichen	Einheiten
Belastungsfälle beim Biegen, Biegemoment, Durchbiegung			
Träger mit Streckenlast, einseitig eingespannt	**Biegemoment** $M_b = \frac{F \cdot l}{2}$ $F = \frac{2 \cdot M_b}{l}$ $l = \frac{2 \cdot M_b}{F}$	M_b Biegemoment F Biegekraft l Einspannlänge	Nmm, Nm N mm, m
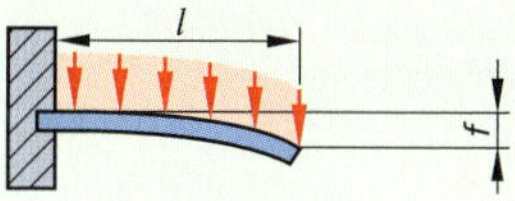	**Durchbiegung** $f = \frac{F \cdot l^3}{8 \cdot E \cdot I}$ $F = \frac{8 \cdot f \cdot E \cdot I}{l^3}$ $l = \sqrt[3]{\frac{8 \cdot f \cdot E \cdot I}{F}}$ $E = \frac{F \cdot l^3}{8 \cdot f \cdot I}$ $I = \frac{F \cdot l^3}{8 \cdot f \cdot E}$	f Durchbiegung E Elastizitätsmodul I Flächenmoment 2. Grades	mm, m N/mm^2, N/m^2 mm^4, m^4
Träger mit Streckenkraft, auf 2 Stützen aufliegend	**Biegemoment** $M_b = \frac{F \cdot l}{8}$ $F = \frac{8 \cdot M_b}{l}$ $l = \frac{8 \cdot M_b}{F}$	M_b Biegemoment F Biegekraft l Lagerabstand	Nmm, Nm N mm, m
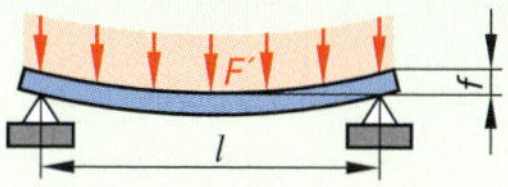	**Durchbiegung** $f = \frac{5 \cdot F \cdot l^3}{384 \cdot E \cdot I}$ $F = \frac{384 \cdot f \cdot E \cdot I}{5 \cdot l^3}$ $l = \sqrt[3]{\frac{384 \cdot f \cdot E \cdot I}{5 \cdot F}}$ $E = \frac{5 \cdot F \cdot l^3}{384 \cdot f \cdot I}$ $I = \frac{5 \cdot F \cdot l^3}{384 \cdot f \cdot E}$	f Durchbiegung E Elastizitätsmodul I Flächenmoment 2. Grades	mm, m N/mm^2, N/m^2 mm^4, m^4
Träger mit Streckenkraft, doppelseitig eingespannt	**Biegemoment** $M_b = \frac{F \cdot l}{12}$ $F = \frac{12 \cdot M_b}{l}$ $l = \frac{12 \cdot M_b}{F}$	M_b Biegemoment F Biegekraft l Einspannlänge	Nmm, Nm N mm, m
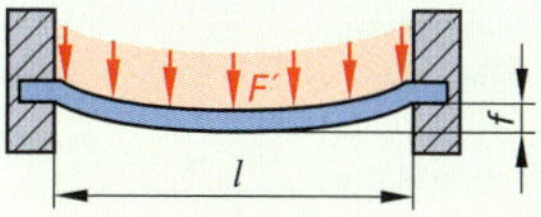	**Durchbiegung** $f = \frac{F \cdot l^3}{384 \cdot E \cdot I}$ $F = \frac{384 \cdot f \cdot E \cdot I}{l^3}$ $l = \sqrt[3]{\frac{384 \cdot f \cdot E \cdot I}{F}}$ $E = \frac{F \cdot l^3}{384 \cdot f \cdot I}$ $I = \frac{F \cdot l^3}{384 \cdot f \cdot E}$	f Durchbiegung E Elastizitätsmodul I Flächenmoment 2. Grades	mm, m N/mm^2, N/m^2 mm^4, m^4
Beanspruchung auf Torsion (Verdrehung)			
Drehstab 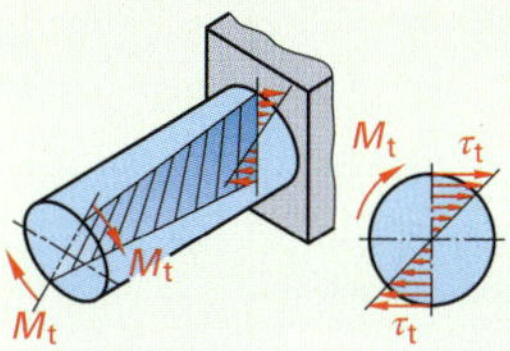	**Torsionsspannung** $\tau_t = \frac{M_t}{W_p}$ $M_t = \tau_t \cdot W_p$ $W_p = \frac{M_t}{\tau_t}$	τ_t Tosionsspannung M_t Torsionsmoment W_p polares Widerstandsmoment	N/mm^2, N/m^2 Nmm, Nm mm^3, m^3

N

Flächenmomente und Widerstandsmomente für Rundstab, Rohr und quadratischem Vierkantstab

Bezeichnung und Abbildung	Formeln und Formelumstellung	Formelzeichen	Einheiten
Flächenmoment 2. Grades, axiales Widerstandsmoment und polares Widerstandsmoment			
Rundstab	**Flächenmoment 2. Grades** $I = \frac{\pi \cdot d^4}{64}$ $\quad d = \sqrt[4]{\frac{I \cdot 64}{\pi}}$	I Flächenmoment 2. Grades	cm^4
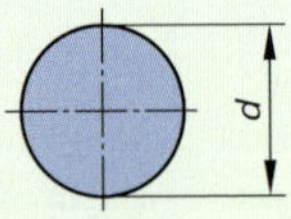	**Axiales Widerstandsmoment** $W = \frac{\pi \cdot d^3}{32}$ $\quad d = \sqrt[3]{\frac{W \cdot 32}{\pi}}$	W axiales Widerstandsmoment	cm^3
	Polares Widerstandsmoment $W_p = \frac{\pi \cdot d^3}{16}$ $\quad d = \sqrt[3]{\frac{W_p \cdot 16}{\pi}}$	W_p polares Widerstandsmoment	cm^3
		d Durchmesser	mm, cm
		π Kreiszahl $\cong 3{,}141592654$	– (ohne Einheit)
Rohr	**Flächenmoment 2. Grades** $I = \frac{\pi \cdot (D^4 - d^4)}{64}$ $\quad D = \sqrt[4]{\frac{I \cdot 64}{\pi} + d^4}$ $d = \sqrt[4]{D^4 - \frac{I \cdot 64}{\pi}}$	I Flächenmoment 2. Grades	cm^4
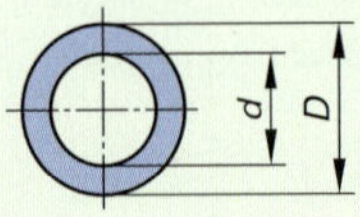	**Axiales Widerstandsmoment** $W = \frac{\pi \cdot (D^4 - d^4)}{32 \cdot D}$ $\quad d = \sqrt[4]{D^4 - \frac{W \cdot 32 \cdot D}{\pi}}$	W axiales Widerstandsmoment	cm^3
		W_p polares Widerstandsmoment	cm^3
	Polares Widerstandsmoment $W_p = \frac{\pi \cdot (D^4 - d^4)}{16 \cdot D}$ $\quad d = \sqrt[4]{D^4 - \frac{W_p \cdot 16 \cdot D}{\pi}}$	d Durchmesser, innen	mm, cm, m
		D Durchmesser, außen	mm, cm, m
		π Kreiszahl $\cong 3{,}141592654$	– (ohne Einheit)
Vierkant	**Flächenmoment 2. Grades** $I_x = I_z = \frac{h^4}{12}$ $\quad h = \sqrt[4]{12 \cdot I_x}$	I_x Flächenmoment 2. Grades bzgl. x-Achse	cm^4
	$h = \sqrt[4]{12 \cdot I_z}$	I_z Flächenmoment 2. Grades bzgl. z-Achse	cm^4
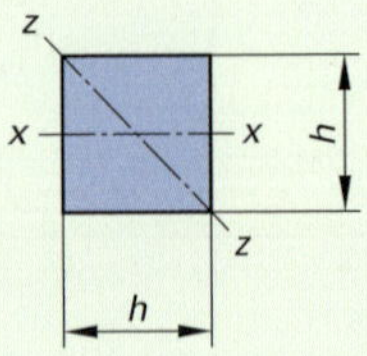	**Axiales Widerstandsmoment** $W_x = \frac{h^3}{6}$ $\quad h = \sqrt[3]{6 \cdot W_x}$	W_x axiales Widerstandsmoment bzgl. x-Achse	cm^3
	$W_z = \frac{\sqrt{2} \cdot h^3}{12}$ $\quad h = \sqrt[3]{\frac{12 \cdot W_z}{\sqrt{2}}}$	W_z axiales Widerstandsmoment bzgl. z-Achse	cm^3
	Polares Widerstandsmoment $W_p = 0{,}208 \cdot h^3$ $\quad h = \sqrt[3]{\frac{W_p}{0{,}208}}$	W_p polares Widerstandsmoment	cm^3
		h Höhe	mm, cm

Flächenmomente und Widerstandsmomente für Sechskant und Rechteckquerschnitt

Bezeichnung und Abbildung	Formeln und Formelumstellung	Formelzeichen	Einheiten
Flächenmoment 2. Grades, axiales Widerstandsmoment und polares Widerstandsmoment			
Sechskant	**Flächenmoment 2. Grades**		
	$I_x = I_y = \frac{5 \cdot \sqrt{3} \cdot s^4}{144}$ $s = \sqrt[4]{\frac{144 \cdot I_x}{5 \cdot \sqrt{3}}}$ $s = \sqrt[4]{\frac{144 \cdot I_y}{5 \cdot \sqrt{3}}}$	I_x Flächenmoment 2. Grades bzgl. x-Achse	cm^4
		I_y Flächenmoment 2. Grades bzgl. y-Achse	cm^4
	Axiales Widerstandsmoment		
	$W_x = \frac{5 \cdot s^3}{48}$ $s = \sqrt[3]{\frac{48 \cdot W_x}{5}}$	W_x axiales Widerstandsmoment bzgl. x-Achse	cm^3
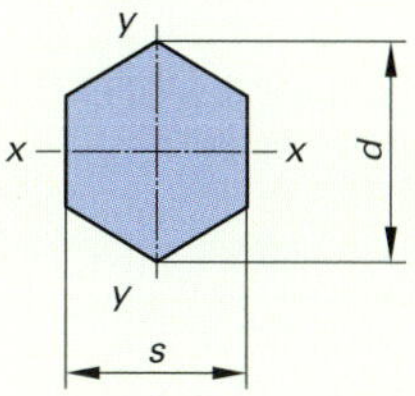	$W_x = \frac{5 \cdot \sqrt{3} \cdot d^3}{128}$ $d = \sqrt[3]{\frac{128 \cdot W_x}{5 \cdot \sqrt{3}}}$		
	$W_y = \frac{5 \cdot s^3}{24 \cdot \sqrt{3}}$ $s = \sqrt[3]{\frac{24 \cdot \sqrt{3} \cdot W_y}{5}}$	W_y axiales Widerstandsmoment bzgl. y-Achse	cm^3
	$W_y = \frac{5 \cdot d^3}{64}$ $d = \sqrt[3]{\frac{64 \cdot W_y}{5}}$		
	Polares Widerstandsmoment		
	$W_p = 0{,}188 \cdot s^3$ $s = \sqrt[3]{\frac{W_p}{0{,}188}}$	W_p polares Widerstandsmoment	cm^3
	$W_p = 0{,}123 \cdot d^3$ $d = \sqrt[3]{\frac{W_p}{0{,}123}}$	s Schlüsselweite d Eckenmaß	mm, cm mm, cm
Rechteckquerschnitt	**Flächenmoment 2. Grades**		
	$I_x = \frac{b \cdot h^3}{12}$ $b = \frac{I_x \cdot 12}{h^3}$ $h = \sqrt[3]{\frac{I_x \cdot 12}{b}}$	I_x Flächenmoment 2. Grades bzgl. x-Achse	cm^4
	$I_y = \frac{h \cdot b^3}{12}$ $h = \frac{I_y \cdot 12}{b^3}$ $b = \sqrt[3]{\frac{I_y \cdot 12}{h}}$	I_y Flächenmoment 2. Grades bzgl. y-Achse	cm^4
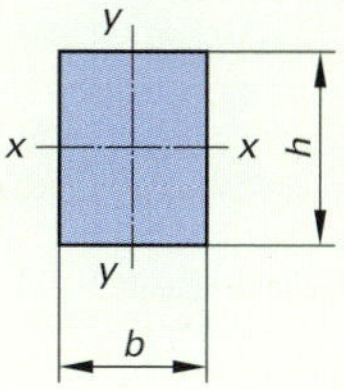	**Axiales Widerstandsmoment**		
	$W_x = \frac{b \cdot h^2}{6}$ $b = \frac{W_x \cdot 6}{h^2}$ $h = \sqrt{\frac{W_x \cdot 6}{b}}$	W_x axiales Widerstandsmoment bzgl. x-Achse	cm^3
	$W_y = \frac{h \cdot b^2}{6}$ $h = \frac{W_y \cdot 6}{b^2}$ $b = \sqrt{\frac{W_y \cdot 6}{h}}$	W_y axiales Widerstandsmoment bzgl. y-Achse	cm^3
		W_p polares Widerstandsmoment	cm^3
	Polares Widerstandsmoment		
	$W_p = \eta \cdot b^2 \cdot h$ $\eta = \frac{W_p}{b^2 \cdot h}$ $b = \sqrt{\frac{W_p}{\eta \cdot h}}$	b Breite h Höhe	mm, cm mm, cm
	$h = \frac{W_p}{\eta \cdot b^2}$	η Beiwert für polare Widerstandsmomente **(Tabellenbuch Kunststofftechnik)**	– (ohne Einheit)

N

Flächenmomente und Widerstandsmomente für Vierkantrohre und ovale Stäbe

Bezeichnung und Abbildung	Formeln und Formelumstellung	Formelzeichen	Einheiten
Flächenmoment 2. Grades, axiales Widerstandsmoment und polares Widerstandsmoment			
Rechteckiges Hohlprofil 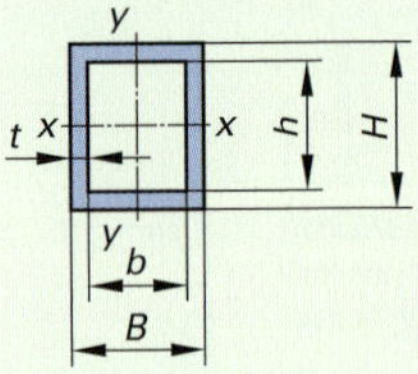 	**Flächenmoment 2. Grades** $I_x = \frac{B \cdot H^3 - b \cdot h^3}{12}$ $B = \frac{I_x \cdot 12 + b \cdot h^3}{H^3}$ $H = \sqrt[3]{\frac{I_x \cdot 12 + b \cdot h^3}{B}}$ $b = \frac{B \cdot H^3 - I_x \cdot 12}{h^3}$ $h = \sqrt[3]{\frac{B \cdot H^3 - I_x \cdot 12}{b}}$ $I_y = \frac{H \cdot B^3 - h \cdot b^3}{12}$ $H = \frac{I_y \cdot 12 + h \cdot b^3}{B^3}$ $B = \sqrt[3]{\frac{I_y \cdot 12 + h \cdot b^3}{H}}$ $h = \frac{H \cdot B^3 - I_y \cdot 12}{b^3}$ $b = \sqrt[3]{\frac{H \cdot B^3 - I_y \cdot 12}{h}}$ **Axiales Widerstandsmoment** $W_x = \frac{B \cdot H^3 - b \cdot h^3}{6 \cdot H}$ $B = \frac{W_x \cdot 6 \cdot H + b \cdot h^3}{H^3}$ $b = \frac{B \cdot H^3 - W_x \cdot 6 \cdot H}{h^3}$ $h = \sqrt[3]{\frac{B \cdot H^3 - W_x \cdot 6 \cdot H}{b}}$ $W_y = \frac{H \cdot B^3 - h \cdot b^3}{6 \cdot B}$ $H = \frac{W_y \cdot 6 \cdot B + h \cdot b^3}{B^3}$ $h = \frac{H \cdot B^3 - W_y \cdot 6 \cdot B}{b^3}$ $b = \sqrt[3]{\frac{H \cdot B^3 - W_y \cdot 6 \cdot B}{h}}$ **Polares Widerstandsmoment** $W_p = \frac{t \cdot (H + h) \cdot (B + b)}{2}$ $t = \frac{W_p \cdot 2}{(H + h) \cdot (B + b)}$ $H = \frac{W_p \cdot 2}{t \cdot (B + b)} - h$ $h = \frac{W_p \cdot 2}{t \cdot (B + b)} - H$ $B = \frac{W_p \cdot 2}{t \cdot (H + h)} - b$ $b = \frac{W_p \cdot 2}{t \cdot (H + h)} - B$	I_x Flächenmoment 2. Grades bzgl. x-Achse I_y Flächenmoment 2. Grades bzgl. y-Achse W_x axiales Widerstandsmoment bzgl. x-Achse W_y axiales Widerstandsmoment bzgl. y-Achse W_p polares Widerstandsmoment b, B Breite h, H Höhe t Wanddicke	cm^4 cm^4 cm^3 cm^3 cm^3 mm, cm mm, cm mm, cm
Quadratisches Hohlprofil 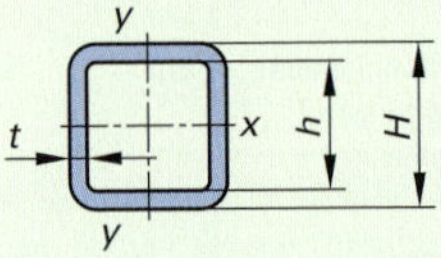 	**Flächenmoment 2. Grades** $I_x = I_y = \frac{H^4 - h^4}{12}$ $H = \sqrt[4]{I_x \cdot 12 + h^4}$ $h = \sqrt[4]{H^4 - I_x \cdot 12}$ **Axiales Widerstandsmoment** $W_x = W_y = \frac{H^4 - h^4}{6 \cdot H}$ $h = \sqrt[4]{H^4 - W_x \cdot 6 \cdot H}$ **Polares Widerstandsmoment** $W_p = \frac{t \cdot (H + h)^2}{2}$ $t = \frac{W_p \cdot 2}{(H + h)^2}$ $H = \sqrt{\frac{W_p \cdot 2}{t}} - h$ $h = \sqrt{\frac{W_p \cdot 2}{t}} - H$	I_x Flächenmoment 2. Grades bzgl. x-Achse I_y Flächenmoment 2. Grades bzgl. y-Achse W_x axiales Widerstandsmoment bzgl. x-Achse W_y axiales Widerstandsmoment bzgl. y-Achse W_p polares Widerstandsmoment h, H Höhe t Wanddicke	cm^4 cm^4 cm^3 cm^3 cm^3 mm, cm mm, cm
Ovaler Stab 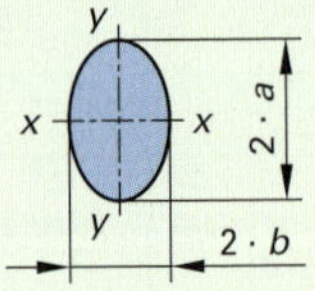 	**Flächenmoment 2. Grades** $I_x = \frac{\pi}{4} \cdot b \cdot a^3$ $b = \frac{I_x \cdot 4}{a^3 \cdot \pi}$ $a = \sqrt[3]{\frac{I_x \cdot 4}{b \cdot \pi}}$ $I_y = \frac{\pi}{4} \cdot a \cdot b^3$ $a = \frac{I_y \cdot 4}{b^3 \cdot \pi}$ $b = \sqrt[3]{\frac{I_x \cdot 4}{a \cdot \pi}}$ **Axiales Widerstandsmoment** $W_x = \frac{\pi}{4} \cdot b \cdot a^2$ $b = \frac{W_x \cdot 4}{a^2 \cdot \pi}$ $a = \sqrt{\frac{W_x \cdot 4}{b \cdot \pi}}$ $W_y = \frac{\pi}{4} \cdot a \cdot b^2$ $a = \frac{W_y \cdot 4}{b^2 \cdot \pi}$ $b = \sqrt{\frac{W_y \cdot 4}{a \cdot \pi}}$	I_x Flächenmoment 2. Grades bzgl. x-Achse I_y Flächenmoment 2. Grades bzgl. y-Achse W_x axiales Widerstandsmoment bzgl. x-Achse W_y axiales Widerstandsmoment bzgl. y-Achse a halbe Höhe b halbe Breite	cm^4 cm^4 cm^3 cm^3 mm, cm mm, cm

Temperaturskalen, thermische Ausdehnungen und Schwindung nach dem Entformen

Bezeichnung und Abbildung	Formeln und Formelumstellung	Formelzeichen	Einheiten
Temperaturskalen			
Temperaturskalen 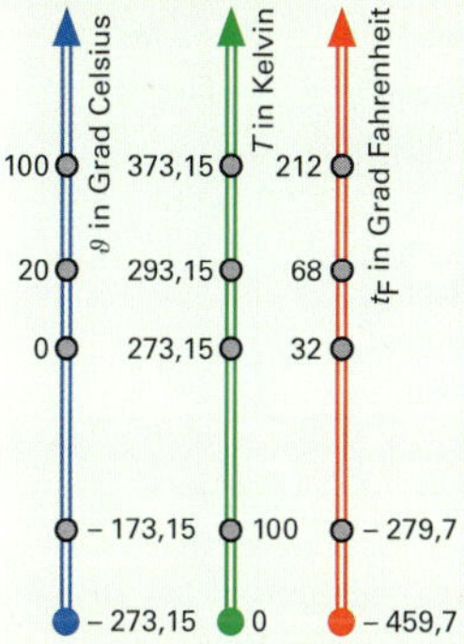	**Temperatur nach Celsius** $\boxed{\vartheta = T - 273{,}15}$ $T = \vartheta + 273{,}15$	ϑ Temperatur nach Celsius	°C
	Temperatur nach Kelvin $\boxed{T = \vartheta + 273{,}15}$ $\vartheta = T - 273{,}15$	T Temperatur nach Kelvin	K
	Temperatur nach Fahrenheit $\boxed{t_F = \vartheta \cdot 1{,}8 + 32}$ $\vartheta = \frac{t_F - 32}{1{,}8}$	t_F Temperatur nach Fahrenheit	°F
Thermische Längenausdehnung			
Längenausdehnung 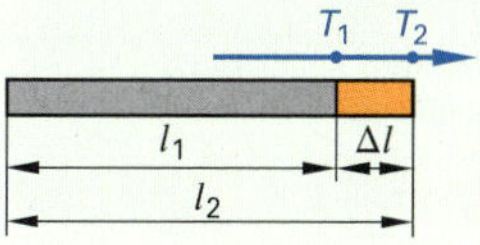	**Längenausdehnung** $\boxed{\Delta l = \alpha_l \cdot l_1 \cdot \Delta T}$ $\alpha_l = \frac{\Delta l}{l_1 \cdot \Delta T}$ $l_1 = \frac{\Delta l}{\alpha_l \cdot \Delta T}$ $\Delta T = \frac{\Delta l}{\alpha_l \cdot l_1}$	Δl Längenausdehnung l_1 Anfangslänge l_2 Endlänge α_l Längenausdehnungskoeffizient	mm, cm, m mm, cm, m mm, cm, m 1/K, 1/°C
	Temperaturdifferenz / Temperaturänderung $\boxed{\Delta T = T_2 - T_1}$ $T_2 = \Delta T + T_1$ $T_1 = T_2 - \Delta T$ $\boxed{\Delta\vartheta = \vartheta_2 - \vartheta_1}$ $\vartheta_2 = \Delta\vartheta + \vartheta_1$ $\vartheta_1 = \vartheta_2 - \Delta\vartheta$ $\boxed{\Delta T = \vartheta\Delta}$	ΔT Temperaturänderung T_1 Temperatur 1 T_2 Temperatur 2 $\Delta\vartheta$ Temperaturänderung ϑ_1 Temperatur 1 ϑ_2 Temperatur 2	K K K °C °C °C
Thermische Volumenausdehnung			
Volumenausdehnung 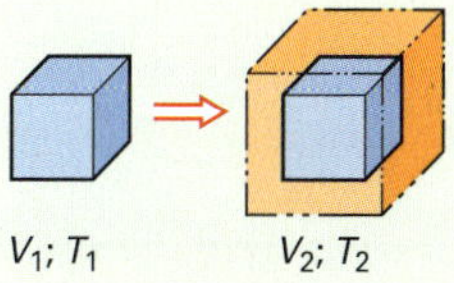 bei Erwärmung um ΔT Volumenzunahme um ΔV	**Volumenausdehnung** $\boxed{\Delta V = \alpha_V \cdot V_1 \cdot \Delta T}$ $\alpha_V = \frac{\Delta V}{V_1 \cdot \Delta T}$ $V_1 = \frac{\Delta V}{\alpha_V \cdot T}$ $\Delta T = \frac{\Delta V}{\alpha_V \cdot V_1}$	ΔV Volumenausdehnung V_1 Anfangsvolumen V_2 Endvolumen α_V Volumenausdehnungskoeffizient	mm^3, cm^3, m^3 mm^3, cm^3, m^3 mm^3, cm^3, m^3 1/K, 1/°C
	Volumenausdehnungskoeffizient $\boxed{\alpha_V = 3 \cdot \alpha_l}$ $\alpha_l = \frac{\alpha_V}{3}$	α_l Längenausdehnungskoeffizient	1/K, 1/°C
	Temperaturdifferenz / Temperaturänderung $\boxed{\Delta T = \Delta\vartheta}$	ΔT Temperaturänderung $\Delta\vartheta$ Temperaturänderung	K °C
Schwindung nach dem Entformen und Abkühlen			
Form und Formteil 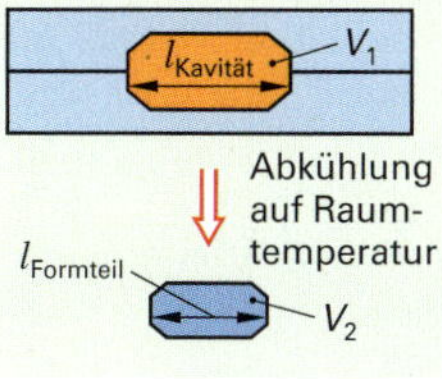	**Länge der Form (Kavität)** $\boxed{l_{Kavität} = \frac{l_{Formteil} \cdot 100\,\%}{100\,\% - S}}$ $l_{Formteil} = \frac{l_{Kavität} \cdot (100\,\% - S)}{100\,\%}$ $S = 100\,\% - \frac{l_{Formteil} \cdot 100\,\%}{l_{Kavität}}$ Weiteres zur Schwindung auf **Seite 86**	$l_{Kavität}$ Länge der Kavität, Länge des Werkzeughohlraumes $l_{Formteil}$ Länge des Formteiles S Schwindmaß	mm, cm, m mm, cm, m %

N

Wärmemenge, Schmelzwärme und Verdampfungswärme, Verbrennungswärme und Wärmestrom

Bezeichnung und Abbildung	Formeln und Formelumstellung	Formelzeichen	Einheiten

Wärmemenge Q zum Erwärmen bzw. beim Abkühlen

Wärmemenge

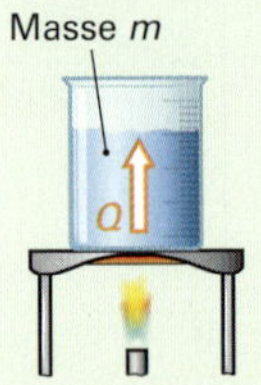

Die zugeführte Wärmemenge Q erhöht die Temperatur der Flüssigkeit um ΔT.

Wärmemenge

$$Q = c \cdot m \cdot \Delta T \qquad c = \frac{Q}{m \cdot \Delta T} \qquad m = \frac{Q}{c \cdot \Delta T} \qquad \Delta T = \frac{Q}{c \cdot m}$$

Temperaturdifferenz / Temperaturänderung

$$\Delta T = \Delta \vartheta$$

Formelzeichen		Einheiten
Q	Wärmemenge	J, kJ, MJ
c	spezifische Wärmekapazität	kJ/(kg · K)
m	Masse	g, kg, t
ΔT	Temperaturänderung	K
$\Delta \vartheta$	Temperaturänderung	°C

Schmelzwärme und Verdampfungswärme

Wasser – Phasenübergänge

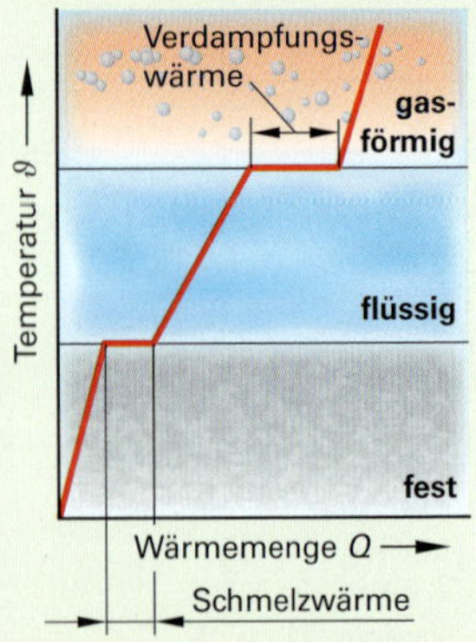

Schmelzwärme

$$Q = q \cdot m \qquad q = \frac{Q}{m} \qquad m = \frac{Q}{q}$$

Verdampfungswärme

$$Q = r \cdot m \qquad r = \frac{Q}{m} \qquad m = \frac{Q}{r}$$

Formelzeichen		Einheiten
Q	Schmelzwärme Verdampfungswärme	kJ, J, MJ, GJ
q	spezifische Schmelzwärme	kJ/kg
r	spezifische Verdampfungswärme	kJ/kg
m	Masse	kg, t

Verbrennungswärme

Verbrennungswärme

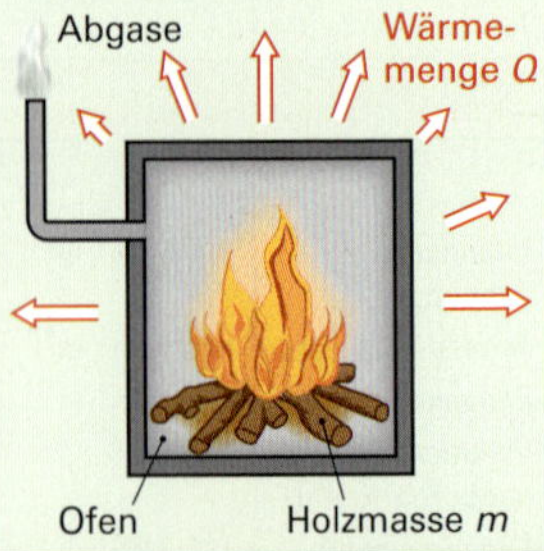

Verbrennungswärme

$$Q = H_i \cdot m \qquad H_i = \frac{Q}{m} \qquad m = \frac{Q}{H_i}$$

Verbrennungswärme bei Gasen

$$Q = H_i \cdot V \qquad H_i = \frac{Q}{V} \qquad V = \frac{Q}{H_i}$$

Formelzeichen		Einheiten
Q	Verbrennungswärme	kJ, J, MJ, GJ
m	Masse	kg, t
H_i	spezifischer Heizwert	MJ/kg
V	Volumen	m^3

Wärmestrom durch Wärmeleitung

Wärmestrom

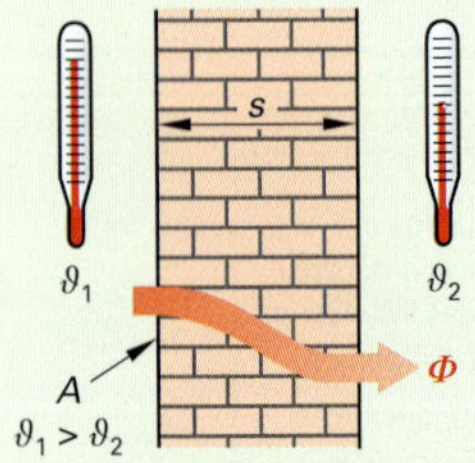

Wärmestrom

$$\Phi = \frac{\lambda \cdot A \cdot \Delta T}{s} \qquad \lambda = \frac{\Phi \cdot s}{A \cdot \Delta T} \qquad A = \frac{\Phi \cdot s}{\lambda \cdot \Delta T}$$

$$\Delta T = \frac{\Phi \cdot s}{\lambda \cdot A} \qquad s = \frac{\lambda \cdot A \cdot \Delta T}{\Phi}$$

Temperaturdifferenz / Temperaturänderung

$$\Delta T = \Delta \vartheta$$

Formelzeichen		Einheiten
Φ	Wärmestrom	W, kW, MW
λ	Wärmeleitfähigkeit	W/(m· K)
A	Wärmeleitfläche des Bauteils bzw. der Wand	m^2
ΔT	Temperaturänderung	K
$\Delta \vartheta$	Temperaturänderung	°C
s	Bauteildicke, Wanddicke	m

Spannung, Strom, Widerstand, Leitwert, Ohm'sches Gesetz und Stromdichte

Bezeichnung und Abbildung	Formeln und Formelumstellung	Formelzeichen	Einheiten
Elektrische Spannung			
Spannungserzeugung 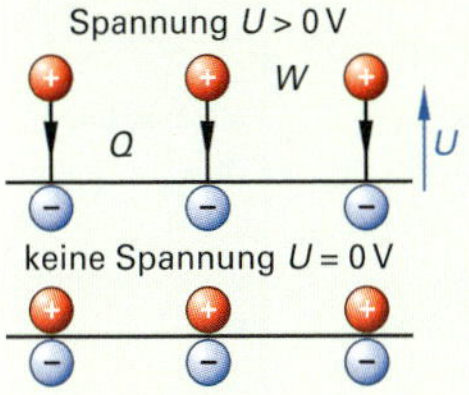	**Spannung** $U = \frac{W}{Q}$ $W = U \cdot Q$ $Q = \frac{W}{U}$ **Ladung** $Q = n \cdot e$ $e = -1{,}6 \cdot 10^{-19}$ As $n = 6{,}25 \cdot 10^{18}$, wenn 1 A fließt $Q = 6{,}25 \cdot 10^{18} \cdot (-1{,}6 \cdot 10^{-19}\,\text{As}) = 1\,\text{As}$	U Spannung W elektrische Arbeit Q Ladung n Anzahl der bewegten Ladungsträger e elektrische Elementarladung	V Nm, kWh C – (ohne Einheit) As **Beziehungen** **1 Nm** = 1 V · As **1 C** = 1 As
Elektrischer Strom			
Ladungsbewegung im Leiter 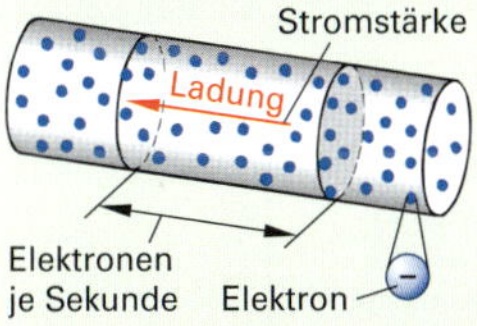	**Elektrischer Strom** bzw. **Stromstärke** $I = \frac{Q}{t}$ $Q = I \cdot t$ $t = \frac{Q}{I}$ $I = \frac{n \cdot e}{t}$ $t = \frac{n \cdot e}{I}$	I Stromstärke Q Ladung t Zeit n Anzahl der bewegten Ladungsträger e elektrische Elementarladung	A C s – (ohne Einheit) As
Elektrischer Widerstand und Leitwert			
Widerstand und Leitwert 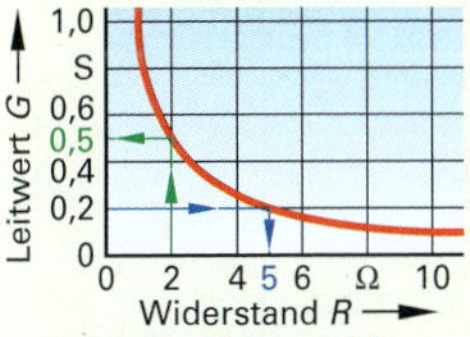 Beispiele: Heizwendel, Leiterwiderstand	**Widerstand** $= \frac{1}{\text{Leitwert}}$ $R = \frac{1}{G}$ $G = \frac{1}{R}$ **Leitwert** $= \frac{1}{\text{Widerstand}}$ $G = \frac{1}{R}$ $R = \frac{1}{G}$	R Widerstand G Leitwert Das Diagramm verdeutlicht: Je größer der Widerstand ist, um so kleiner ist der Leitwert.	Ω S **Beziehungen** **1 Ω** $= 1\frac{\text{V}}{\text{A}} = 1$ S **1 S (Siemens)** $= \frac{1}{\Omega}$
Ohm'sches Gesetz			
Stromkreis 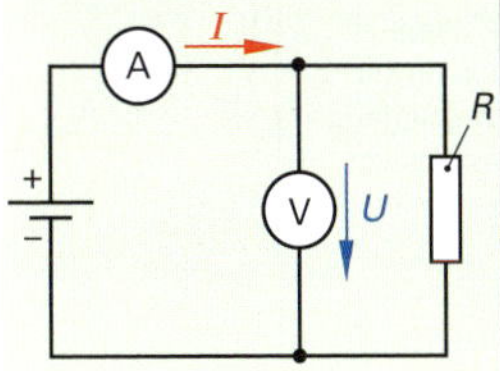	**Spannung** $U = R \cdot I$ $R = \frac{U}{I}$ $I = \frac{U}{R}$ **Widerstand** $R = \frac{U}{I}$ $U = R \cdot I$ $I = \frac{U}{R}$ **Stromstärke** $I = \frac{U}{R}$ $U = R \cdot I$ $R = \frac{U}{I}$	U Spannung R Widerstand I Stromstärke Das Ohm'sche Gesetz beschreibt den Zusammenhang zwischen Spannung, Widerstand und Stromstärke.	V Ω A **Beziehung** **1 Ω** $= 1\frac{\text{V}}{\text{A}}$
Stromdichte			
Spule 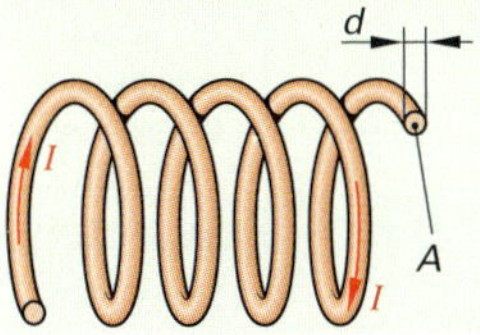	**Stromdichte** $J = \frac{I}{A}$ $I = J \cdot A$ $A = \frac{I}{J}$ $J = \frac{U}{R \cdot A}$ $R = \frac{U}{J \cdot A}$ $U = J \cdot R \cdot A$ $A = \frac{U}{J \cdot R}$	J Stromdichte I Stromstärke A Leiterquerschnitt U Spannung R Widerstand	A/mm^2 A mm^2 V Ω

N

Leiterwiderstand, Temperaturabhängigkeit des Widerstandes und Spannungsfall

Bezeichnung und Abbildung	Formeln und Formelumstellung	Formelzeichen	Einheiten

Leiterwiderstand

Kupferleiter

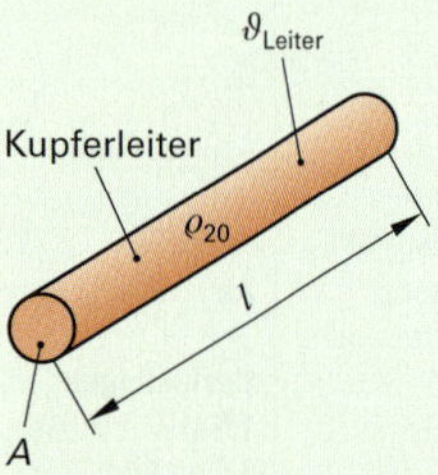

Leiterwiderstand

$$R = \frac{\varrho_{20} \cdot l}{A} \qquad A = \frac{\varrho_{20} \cdot l}{R} \qquad l = \frac{A \cdot R}{\varrho_{20}}$$

$$R = \frac{l}{\gamma \cdot A} \qquad A = \frac{l}{\gamma \cdot R} \qquad l = \gamma \cdot A \cdot R$$

Leiterquerschnitt

$$A = \frac{\varrho_{20} \cdot l}{R} \qquad R = \frac{\varrho_{20} \cdot l}{A} \qquad l = \frac{A \cdot R}{\varrho_{20}}$$

Elektrische Leitfähigkeit

$$\gamma = \frac{1}{\varrho_{20}} \qquad \varrho_{20} = \frac{1}{\gamma}$$

Formelzeichen	Bedeutung	Einheiten
R	Leiterwiderstand	Ω
l	Leiterlänge	m
ϱ_{20}	spezifischer Widerstand	(Ω · mm²)/m
A	auch Formelzeichen S Leiterquerschnitt	mm²
γ	elektrische Leitfähigkeit	m/(Ω · mm²)

Temperaturabhängigkeit des Widerstandes

Widerstandsverhalten bei Temperaturänderung

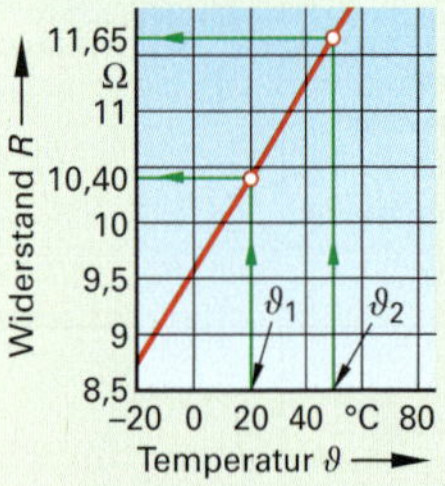

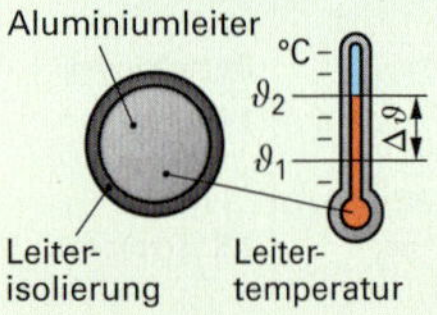

Widerstandsänderung

$$\Delta R = \alpha \cdot R_{20} \cdot \Delta\vartheta$$

$$\Delta R = R_2 - R_1 \qquad R_1 = R_2 - \Delta R \qquad R_2 = \Delta R + R_1$$

Widerstand bei Temperatur ϑ

$$R_\vartheta = R_{20} + \Delta R$$

$$R_\vartheta = R_{20} \cdot (1 + \alpha \cdot \Delta\vartheta)$$

Temperaturdifferenz $\Delta\vartheta$

$$\Delta\vartheta = \frac{R - R_{20}}{\alpha \cdot R_{20}}$$

$$\Delta\vartheta = \vartheta_2 - \vartheta_1 \qquad \vartheta_1 = \vartheta_2 - \Delta\vartheta \qquad \vartheta_2 = \Delta\vartheta + \vartheta_1$$

Formelzeichen	Bedeutung	Einheiten
ΔR	Widerstandsänderung	Ω
R_1	Widerstand 1	Ω
R_2	Widerstand 2	Ω
R_ϑ	Widerstand bei der Temperatur ϑ	Ω
R_{20}	Widerstand bei 20 °C	Ω
ϑ_1	Anfangstemperatur	°C
ϑ_2	Endtemperatur	°C
$\Delta\vartheta$	Temperaturdifferenz	°C
α	Temperaturkoeffizient, Temperaturbeiwert	1/°C, 1/K

Beziehung
1/°C = 1/K

Spannungsfall an Leitungen

Kupferleitung mit Lastwiderstand

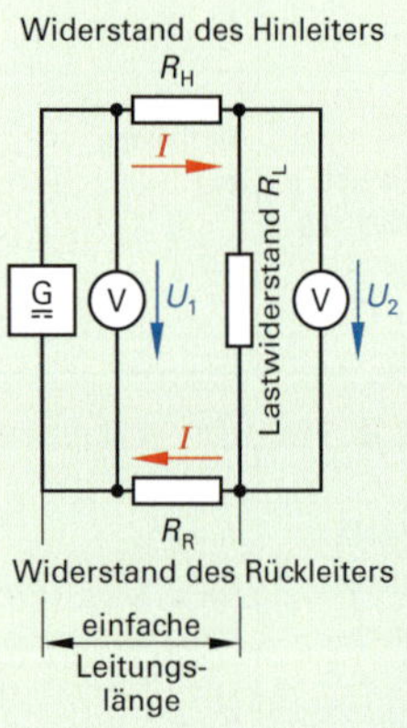

Spannungsfall
Formel ist für alle Stromarten anwendbar.

$$\Delta U = U_1 - U_2 \qquad U_1 = \Delta U + U_2 \qquad U_2 = U_1 - \Delta U$$

$$\Delta u = \frac{\Delta U \cdot 100\ \%}{U_1}$$

Spannungsfall
Formel ist nur für Gleichstrom DC anwendbar.

$$\Delta U = \frac{2 \cdot l \cdot I}{\gamma \cdot A}$$

Spannungsfall
Formel ist nur für Wechselstrom AC anwendbar.

$$\Delta U = \frac{2 \cdot l \cdot I \cdot \cos\varphi}{\gamma \cdot A}$$

Spannungsfall
Formel ist nur für Drehstrom 3AC anwendbar.

$$\Delta U = \frac{\sqrt{3} \cdot l \cdot I \cdot \cos\varphi}{\gamma \cdot A}$$

Formelzeichen	Bedeutung	Einheiten
ΔU	Spannungsfall	V
U_1	Spannung am Leitungsanfang	V
U_2	Spannung am Leitungsende	V
Δu	prozentualer Spannungsfall	%
I	Stromstärke	A
l	Leiterlänge	m
γ	elektrische Leitfähigkeit	m/(Ω · mm²)
A	Leiterquerschnitt	mm²
$\cos\varphi$	Wirkleistungsfaktor	– (ohne Einheit)

Umrechnungen
1 V = 1000 mV = 0,001 kV
1 mV = 0,001 V
1 kV = 1000 V

Reihenschaltung und Parallelschaltung von Widerständen sowie elektrische Leistung für Heizungen und Motoren

Reihenschaltung von Widerständen

Reihenschaltung

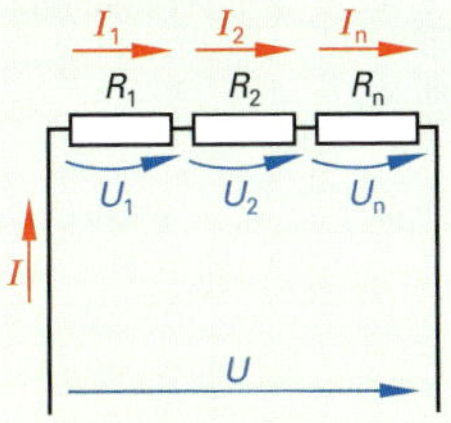

Formeln und Formelumstellung

Gesamtwiderstand (Ersatzwiderstand)

$$R = R_1 + R_2 + \ldots + R_n$$

Gesamtspannung

$$U = U_1 + U_2 + \ldots + U_n$$

Strom

$$I = I_1 = I_2 \ldots = I_n$$

Teilspannungen

$$U_1 = R_1 \cdot I \qquad U_2 = R_2 \cdot I \qquad U_n = R_n \cdot I$$

Formelzeichen		Einheiten
R	Gesamtwiderstand	Ω
$R_1 \ldots R_n$	Einzelwiderstände	Ω
U	Gesamtspannung	V
$U_1 \ldots U_n$	Teilspannungen	V
I	Gesamtstrom	A
$I_1 \ldots I_n$	Teilströme	A

Parallelschaltung von Widerständen

Reihenschaltung

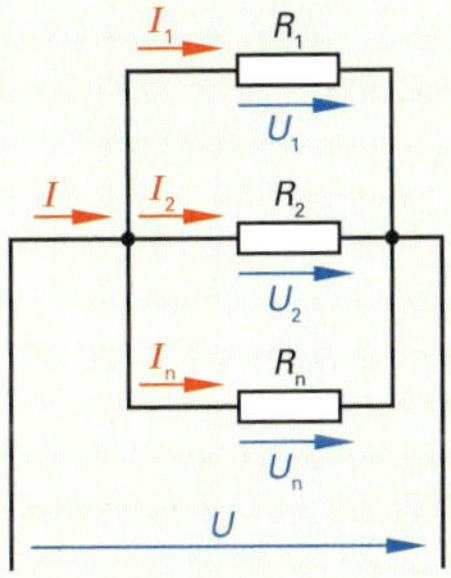

Gesamtwiderstand (Ersatzwiderstand)

$$\frac{1}{R} = \frac{1}{R_1} + \frac{1}{R_2} + \ldots + \frac{1}{R_n}$$

$$R = \frac{R_1 \cdot R_2}{R_1 + R_2}$$ (gilt nur bei zwei Widerständen)

Spannung

$$U = U_1 = U_2 \ldots = U_n$$

Gesamtstrom

$$I = I_1 + I_2 + \ldots + I_n$$

Teilströme

$$I_1 = \frac{U}{R_1} \qquad I_2 = \frac{U}{R_2} \qquad I_n = \frac{U}{R_n}$$

Formelzeichen		Einheiten
R	Gesamtwiderstand	Ω
$R_1 \ldots R_n$	Einzelwiderstände	Ω
U	Gesamtspannung	V
$U_1 \ldots U_n$	Teilspannungen	V
I	Gesamtstrom	A
$I_1 \ldots I_n$	Teilströme	A

Elektrische Leistung bei Gleichstromgeräten und Wechselstromheizungen

Kohleschichtwiderstand
Wirkwiderstand

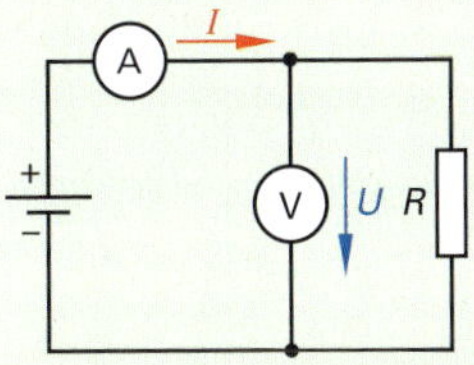

Elektrische Leistung
Diese Formeln gelten nur für Gleichstromgeräte oder wechselstrombetriebene Heizungen.

$$P = U \cdot I \qquad U = \frac{P}{I} \qquad I = \frac{P}{U}$$

$$P = I^2 \cdot R \qquad I = \sqrt{\frac{P}{R}} \qquad R = \frac{P}{I^2}$$

$$P = \frac{U^2}{R} \qquad U = \sqrt{P \cdot R} \qquad R = \frac{U^2}{P}$$

Formelzeichen		Einheiten
P	elektrische Leistung	W
U	Spannung	V
I	Stromstärke	A
R	Widerstand	Ω

Beziehung
1 W = 1 V · A

Elektrische Leistung bei Wechselstrom für Motoren

Wechselstrommotor

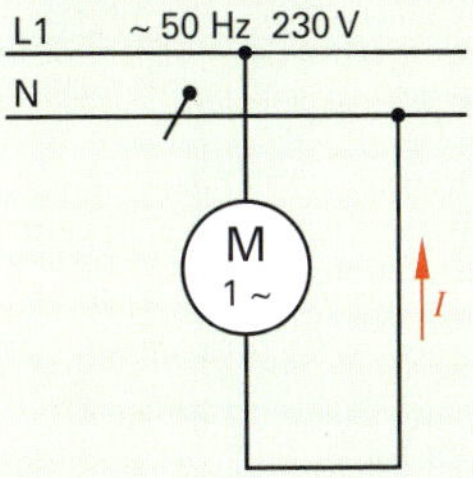

Elektrische Leistung
Diese Formeln gelten nur für wechselstrombetriebene Motoren (z. B. Handbohrmaschinen).

$$P = U \cdot I \cdot \cos\varphi \qquad U = \frac{P}{I \cdot \cos\varphi} \qquad I = \frac{P}{U \cdot \cos\varphi}$$

Wirkfaktor (Wirkleistungsfaktor)

$$\cos\varphi = \frac{P}{S} \qquad P = S \cdot \cos\varphi \qquad S = \frac{P}{\cos\varphi}$$

Formelzeichen		Einheiten
P	elektrische Leistung	W
U	Spannung	V
I	Stromstärke	A
$\cos\varphi$	Wirkfaktor, Wirkleistungsfaktor	– (ohne Einheit)
S	Scheinleistung	VA

N

Elektrische Leistung, Arbeit, Wirkungsgrad, Verlustleistung, Wärme und Wärmenutzungsgrad

Elektrische Leistung bei Drehstrom

Heizgerät

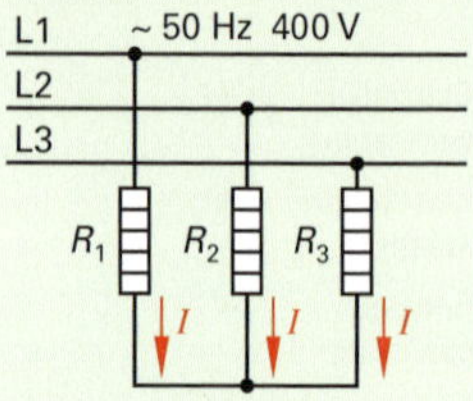

Elektrische Leistung

Diese Formeln gelten nur für Drehstromheizgeräte.

$$P = \sqrt{3} \cdot U \cdot I \qquad U = \frac{P}{\sqrt{3} \cdot I} \qquad I = \frac{P}{\sqrt{3} \cdot U}$$

Formelzeichen		Einheiten
P	elektrische Leistung	W
U	Spannung	V
I	Stromstärke	A
$\sqrt{3}$	Verkettungsfaktor	– (ohne Einheit)

Drehstrommotor

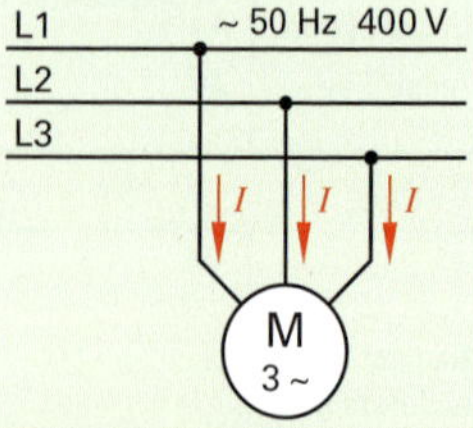

Elektrische Leistung

Diese Formeln gelten nur für Drehstrommotoren.

$$P = \sqrt{3} \cdot U \cdot I \cdot \cos\varphi \qquad U = \frac{P}{\sqrt{3} \cdot I \cdot \cos\varphi} \qquad I = \frac{P}{\sqrt{3} \cdot U \cdot \cos\varphi}$$

Formelzeichen		Einheiten
P	elektrische Leistung	W
U	Spannung	V
I	Stromstärke	A
$\sqrt{3}$	Verkettungsfaktor	– (ohne Einheit)
$\cos\varphi$	Wirkfaktor	– (ohne Einheit)

Elektrische Arbeit

Elektrizitätszähler

Elektrische Arbeit

$$W = U \cdot I \cdot t \qquad U = \frac{W}{I \cdot t} \qquad I = \frac{W}{U \cdot t} \qquad t = \frac{W}{U \cdot I}$$

$$W = P \cdot t \qquad P = \frac{W}{t} \qquad t = \frac{W}{P}$$

Verbrauchsermittlung

$$W_Z = W_{Z2} - W_{Z1} \qquad W_{Z1} = W_{Z2} - W_Z \qquad W_{Z2} = W_Z + W_{Z1}$$

Formelzeichen		Einheiten
W	elektrische Arbeit	kWh
U	Spannung	V
I	Stromstärke	A
t	Zeit	h
P	elektrische Leistung	W
W_Z	elektrische Arbeit („Stromverbrauch für einen bestimmten Zeitraum")	kWh
W_{Z1}	Zählerstand 1	kWh
W_{Z2}	Zählerstand 2	kWh

Wirkungsgrad und Verlustleistung

Drehstrommotor

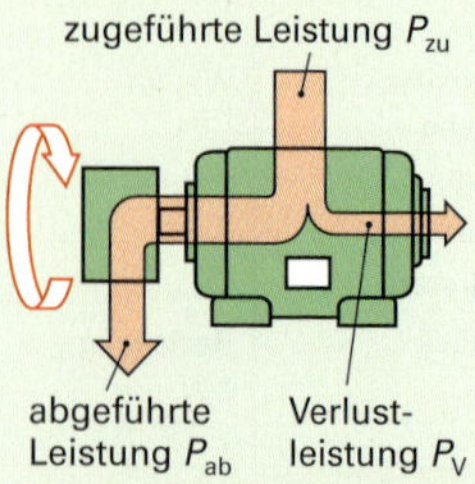

Wirkungsgrad

$$\eta = \frac{P_{ab}}{P_{zu}} \qquad P_{ab} = \eta \cdot P_{zu} \qquad P_{zu} = \frac{P_{ab}}{\eta}$$

Gesamtwirkungsgrad

$$\eta = \eta_1 \cdot \eta_2 \cdot \ldots \cdot \eta_n \qquad \eta_1 = \frac{\eta}{\eta_2 \cdot \ldots \cdot \eta_n}$$

Verlustleistung

$$P_V = P_{zu} - P_{ab} \qquad P_{ab} = P_{zu} - P_V \qquad P_{zu} = P_V + P_{ab}$$

Formelzeichen		Einheiten
η	Wirkungsgrad	– (ohne Einheit)
$\eta_1 \ldots \eta_n$	Einzelwirkungsgrade	– (ohne Einheit)
P_V	Verlustleistung	W
P_{ab}	abgegebene Leistung	W
P_{zu}	zugeführte Leistung	W

Elektrowärme und Wärmenutzungsgrad

Energieumwandlung

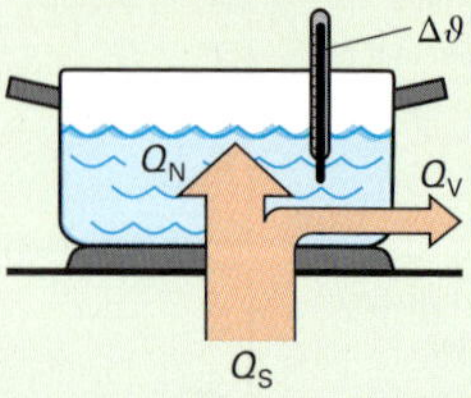

Stromwärme

$$Q_S = P \cdot t$$

Nutzwärme

$$Q_N = c \cdot m \cdot \Delta\vartheta$$

Elektrische Arbeit

$$W = P \cdot t$$

Wärmenutzungsgrad

$$\zeta = \frac{Q_N}{Q_S}$$

Verlustwärme

$$Q_V = Q_S - Q_N$$

Formelzeichen		Einheiten
Q_S	Stromwärme	J
Q_N	Nutzwärme	J
Q_V	Verlustwärme	J
ζ	Wärmenutzungsgrad	– (ohne Einheit)
P	elektrische Leistung	W
W	elektrische Arbeit	Wh
t	Zeit	h
c	mittlere spezifische Wärmekapazität	kJ/(kg · K)
m	Masse	kg

Gleichspannung, Gleichstrom, Wechselspannung, Wechselstrom und Dreiphasenwechselstrom

Bezeichnung und Abbildung	Formeln und Formelumstellung	Formelzeichen	Einheiten

Gleichspannung und Gleichstrom

U und I in Abhängigkeit von t

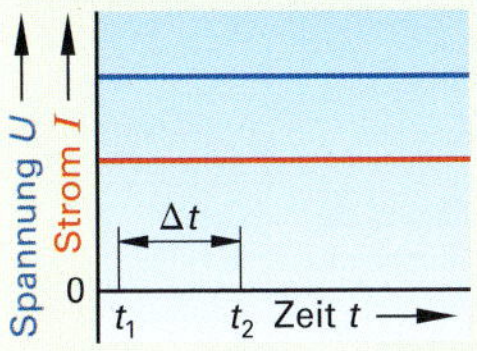

Formeln und Formelumstellung			Formelzeichen		Einheiten
Gleichspannung $U = \text{konstant}$	**Gleichstrom** $I = \text{konstant}$		U	Spannung	V
			I	Stromstärke	A
Zeitdifferenz $\Delta t = t_2 - t_1$	$t_1 = t_2 - \Delta t$	$t_2 = \Delta t + t_1$	Δt	Zeitdifferenz	s
			t_1	Zeit 1 (Zeitpunkt 1)	s
			t_2	Zeit 2 (Zeitpunkt 2)	s

Wechselspannung und Wechselstrom

U und I in Abhängigkeit von t

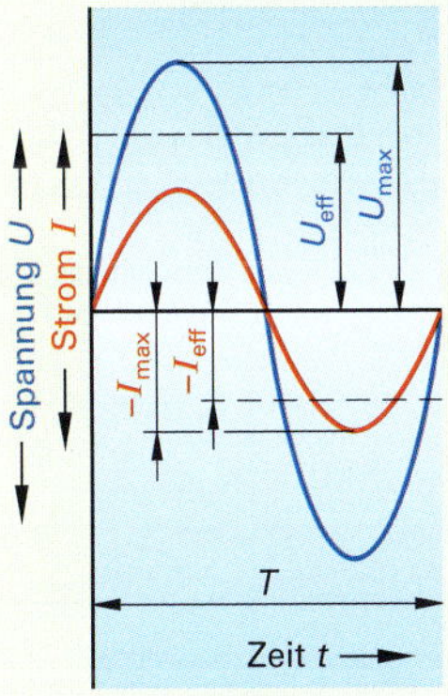

Formeln und Formelumstellung		Formelzeichen		Einheiten
Wechselspannung $U_{max} = \sqrt{2} \cdot U_{eff}$	**Wechselstrom** $I_{max} = \sqrt{2} \cdot I_{eff}$	U_{max}	Maximalwert der Spannung	V
		U_{eff}	Effektivwert der Spannung	V
Momentanwerte $u = U_{max} \cdot \sin(\omega \cdot t)$	$i = I_{max} \cdot \sin(\omega \cdot t)$	u	Momentanwert der Spannung	V
		I_{max}	Maximalwert des Stroms	A
Frequenz $f = \frac{1}{T}$	**Periodendauer** $T = \frac{1}{f}$	I_{eff}	Effektivwert des Stroms	A
		i	Momentanwert des Stroms	A
Kreisfrequenz $\omega = 2 \cdot \pi \cdot f$	$f = \frac{\omega}{2 \cdot \pi}$	t	Zeit	s
		f	Frequenz	Hz
$\omega = \frac{2 \cdot \pi}{T}$	$T = \frac{2 \cdot \pi}{\omega}$	T	Periodendauer	s
		ω	Kreisfrequenz	1/s
		π	Kreiszahl $\cong 3{,}141592654$	– (ohne Einheit)

Dreiphasenwechselstrom, auch Drehstrom

U in Abhängigkeit von t

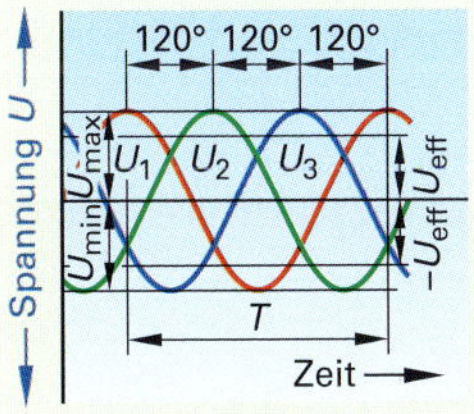

I in Abhängigkeit von t

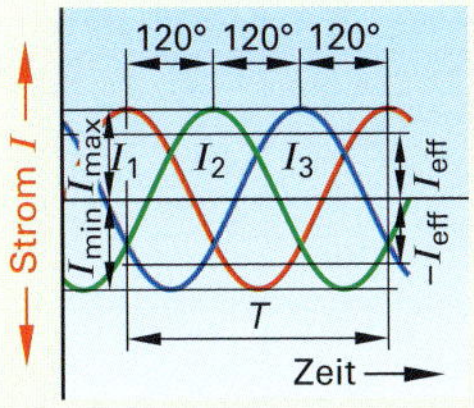

Dreiphasenwechselspannung und Dreiphasenwechselstrom

Formeln und Formelumstellung		Formelzeichen		Einheiten
$U_{max} = \sqrt{2} \cdot U_{eff}$	$I_{max} = \sqrt{2} \cdot I_{eff}$	U_{max}	Maximalwert der Spannung	V
$U_{eff} = \frac{U_{max}}{\sqrt{2}}$	$I_{eff} = \frac{I_{max}}{\sqrt{2}}$	U_{eff}	Effektivwert der Spannung	V
		I_{max}	Maximalwert des Stroms	A
Momentanwerte $u = U_{max} \cdot \sin(\omega \cdot t)$	$i = I_{max} \cdot \sin(\omega \cdot t)$	I_{eff}	Effektivwert des Stroms	A
$U_{max} = \frac{u}{\sin(\omega \cdot t)}$	$I_{max} = \frac{i}{\sin(\omega \cdot t)}$	u	Momentanwert der Spannung	V
Frequenz $f = \frac{1}{T}$	**Periodendauer** $T = \frac{1}{f}$	i	Momentanwert des Stroms	A
$T = \frac{1}{f}$	$f = \frac{1}{T}$	t	Zeit	s
		f	Frequenz	Hz
		T	Periodendauer	s
Kreisfrequenz $\omega = 2 \cdot \pi \cdot f$	$f = \frac{\omega}{2 \cdot \pi}$	ω	Kreisfrequenz	1/s
$\omega = \frac{2 \cdot \pi}{T}$	$T = \frac{2 \cdot \pi}{\omega}$	π	Kreiszahl $\cong 3{,}141592654$	– (ohne Einheit)

N

Magnetische Durchflutung, Feldstärke, Flussdichte, Felder und Transformator

Magnetische Durchflutung und magnetische Feldstärke

Bezeichnung und Abbildung | **Formeln und Formelumstellung** | **Formelzeichen** | **Einheiten**

Ringspule

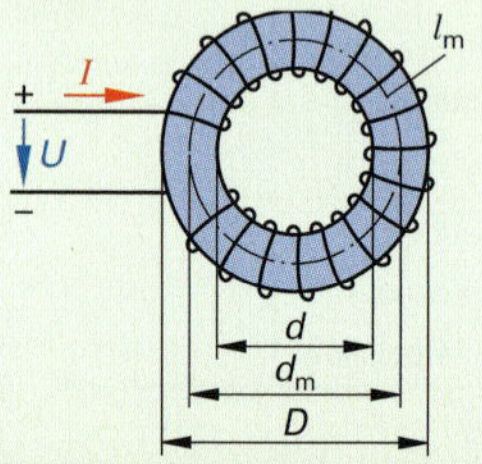

Durchflutung, magnetische Spannung

$\Theta = I \cdot N$ $\quad I = \frac{\Theta}{N}$ $\quad N = \frac{\Theta}{I}$

Feldstärke

$H = \frac{\Theta}{l_m}$ $\quad \Theta = H \cdot l_m$ $\quad l_m = \frac{\Theta}{H}$

Formelzeichen		Einheiten
Θ	Durchflutung, magnetische Spannung	A
N	Windungszahl	– (ohne Einheit)
I	Stromstärke	A
H	magnetische Feldstärke	A/m
l_m	mittlere Feldlinienlänge	m
U	Spannung	V
D	Außendurchmesser	m
d	Innendurchmesser	m
d_m	mittlerer Durchmesser	m

Magnetischer Fluss und magnetische Flussdichte

Spule

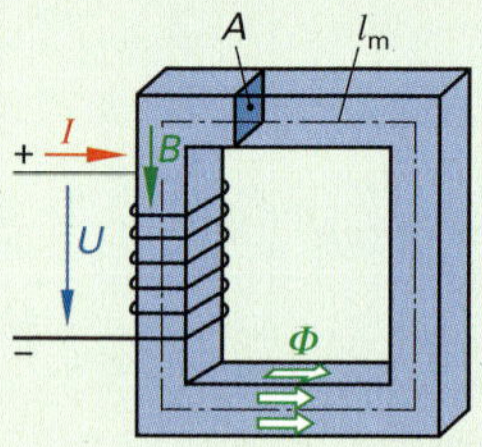

Magnetischer Fluss

$\Phi = B \cdot A$ $\quad B = \frac{\Phi}{A}$ $\quad A = \frac{\Phi}{B}$

Magnetische Flussdichte

$B = \frac{\Phi}{A}$ $\quad \Phi = B \cdot A$ $\quad A = \frac{\Phi}{B}$

Formelzeichen		Einheiten
Φ	magnetischer Fluss	Wb
B	magnetische Flussdichte	T
A	Querschnittsfläche	m^2
l_m	mittlere Feldlinienlänge	m
U	Spannung	V
I	Stromstärke	A

Beziehungen

1 Wb (Weber) = 1 Vs

1 T (Tesla) = 1 Vs/m^2 = 1 Wb/m^2

Kräfte magnetischer Felder

Stromdurchflossener Leiter

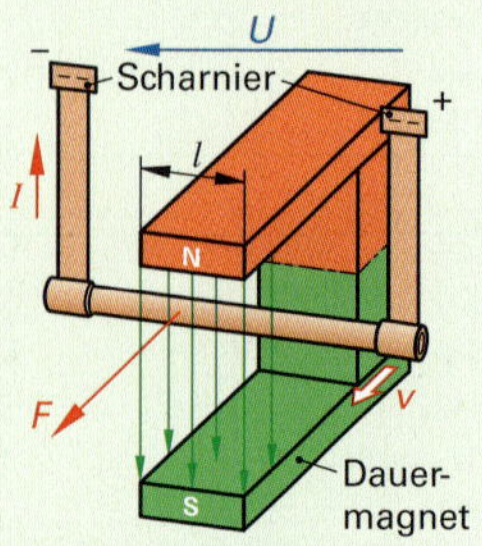

Kraft wirkt auf stromdurchflossene Leiter

$F = B \cdot I \cdot l \cdot z$ $\quad B = \frac{F}{I \cdot l \cdot z}$ $\quad I = \frac{F}{B \cdot l \cdot z}$

Kraft zwischen parallelen Leitern

$F = \frac{\mu_0 \cdot I_1 \cdot I_2 \cdot l}{2 \cdot \pi \cdot r}$

Formelzeichen		Einheiten
F	Kraft	N
μ_0	magnetische Feldkonstante	Vs/Am
$\mu_0 = 1{,}257 \cdot 10^{-6}$		Vs/Am
B	magnetische Flussdichte	T
U	Spannung	V
I	Stromstärke	A
l	Leiterlänge im Magnetfeld	m
z	Anzahl der Leiter im Magnetfeld	– (ohne Einheit)
r	Radius	m
v	Umfangsgeschwindigkeit	m/s

Einphasentransfomator

Transformator

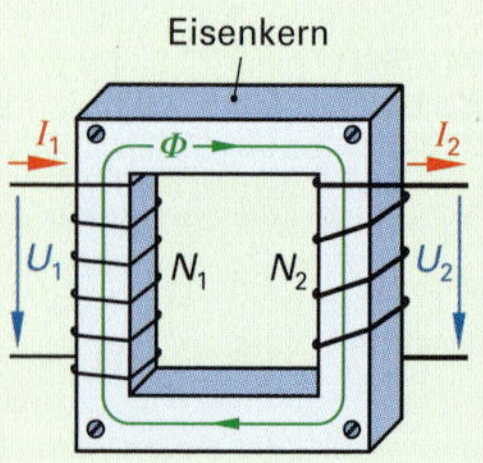

Übersetzung, Spannung und Strom

$\frac{U_1}{U_2} = \frac{N_1}{N_2}$ $\quad U_1 = \frac{U_2 \cdot N_1}{N_2}$

$\frac{I_1}{I_2} = \frac{N_2}{N_1}$ $\quad I_1 = \frac{N_2 \cdot I_2}{N_1}$

Übersetzungsverhältnis

$ü = \frac{U_1}{U_2}$ $\quad U_1 = ü \cdot U_2$

$ü = \frac{I_2}{I_1}$ $\quad I_1 = \frac{I_2}{ü}$

Scheinleistung $S_1 = S_2$

$S_1 = U_1 \cdot I_1$ $\quad U_1 = \frac{S_1}{I_1}$ $\quad I_1 = \frac{S_1}{U_1}$

$S_2 = U_2 \cdot I_2$ $\quad U_2 = \frac{S_2}{I_2}$ $\quad I_2 = \frac{S_2}{U_2}$

Formelzeichen		Einheiten
U_1	Eingangsspannung	V
U_2	Ausgangsspannung	V
N_1	Windungszahl der Eingangswicklung (Primärwicklung)	– (ohne Einheit)
N_2	Windungszahl der Ausgangswicklung (Sekundärwicklung)	– (ohne Einheit)
I_1	Eingangsstrom	A
I_2	Ausgangsstrom	A
S_1	Scheinleistung 1 (Eingang)	VA
S_2	Scheinleistung 2 (Ausgang)	VA

Periodensystem der Elemente

Ordnungszahl (Zahl der Protonen)
Elementname
Elementsymbol mit * (z. B. U*) radioaktiv
Aggregatzustand bei 0° und 1013 mbar:
fest: schwarz
flüssig: violett
gasförmig: blaugrün

relative Atommasse
in u (unit)
(= 1,660 538 9 • 10^{-27} kg)
künstlich hergestellt:
in Klammern, z. B. (261)

Beispiel: 6 Kohlenstoff C 12,011

Nichtmetalle
Halbmetalle
Schwermetalle
Lanthanoide
Actinoide
Edelmetalle
Leichtmetalle
Halogene
Edelgase

Periode (Anzahl der Elektronenschalen in der Atomhülle)	Hauptgruppen: I A Alkalimetalle	II A Erdalkalimetalle	Nebengruppen: III B	IV B	V B	VI B	VII B	VIII B	VIII B	VIII B	I B	II B	Hauptgruppen (Anzahl der Außenelektronen): III A Bor-Gruppe	IV A C-Gruppe	V A N-Gruppe	VI A O-Gruppe	VII A Halogene	VIII A Edelgase
1	1 Wasserstoff **H** 1,007																	2 Helium **He** 4,002
2	3 Lithium **Li** 6,941	4 Beryllium **Be** 9,012											5 Bor **B** 10,811	6 Kohlenstoff **C** 12,011	7 Stickstoff **N** 14,006	8 Sauerstoff **O** 16,000	9 Fluor **F** 18,996	10 Neon **Ne** 20,179
3	11 Natrium **Na** 22,98	12 Magnesium **Mg** 24,305											13 Aluminium **Al** 26,981	14 Silizium **Si** 28,085	15 Phosphor **P** 30,973	16 Schwefel **S** 32,066	17 Chlor **Cl** 35,452	18 Argon **Ar** 39,948
4	19 Kalium **K** 39,09	20 Calcium **Ca** 40,078	21 Scandium **Sc** 44,95	22 Titan **Ti** 47,87	23 Vanadium **V** 50,94	24 Chrom **Cr** 51,99	25 Mangan **Mn** 54,94	26 Eisen **Fe** 55,84	27 Cobalt **Co** 58,93	28 Nickel **Ni** 58,693	29 Kupfer **Cu** 63,546	30 Zink **Zn** 65,39	31 Gallium **Ga** 69,723	32 Germanium **Ge** 72,61	33 Arsen **As** 74,921	34 Selen **Se** 78,96	35 Brom **Br** 79,904	36 Krypton **Kr** 83,80
5	37 Rubidium **Rb** 85,46	38 Strontium **Sr** 87,62	39 Yttrium **Y** 88,90	40 Zirkonium **Zr** 91,22	41 Niob **Nb** 92,90	42 Molybdän **Mo** 95,94	43 Technetium **Tc*** (99)	44 Ruthenium **Ru** 101,1	45 Rhodium **Rh** 102,9	46 Palladium **Pd** 106,42	47 Silber **Ag** 107,868	48 Cadmium **Cd** 112,441	49 Indium **In** 114,82	50 Zinn **Sn** 118,70	51 Antimon **Sb** 121,757	52 Tellur **Te** 127,60	53 Iod **I** 126,905	54 Xenon **Xe** 131,29
6	55 Cäsium **Cs** 132,9	56 Barium **Ba** 137,33	57-71 La-Lu Lanthanoiden	72 Hafnium **Hf** 178,49	73 Tantal **Ta** 180,94	74 Wolfram **W** 183,8	75 Rhenium **Re** 186,21	76 Osmium **Os** 190,2	77 Iridium **Ir** 192,22	78 Platin **Pt** 195,08	79 Gold **Au** 196,986	80 Quecksilber **Hg** 200,59	81 Thallium **Tl** 204,383	82 Blei **Pb** 207,20	83 Bismut **Bi*** 208,980	84 Polonium **Po*** (209)	85 Astat **At*** (210)	86 Radon **Rn*** (222)
7	87 Francium **Fr*** (223)	88 Radium **Ra*** 226,02	89-103 Ac-Lr Actinoiden	104 Rutherfordium **Rf*** (261)	105 Dubnium **Db*** (262)	106 Seaborgium **Sg*** (266)	107 Bohrium **Bh*** (264)	108 Hassium **Hs*** (270)	109 Meitnerium **Mt*** (266)	110 Darmstadtium **Ds*** (280)	111 Roentgenium **Rg*** (282)	112 Copernicum **Cn*** (285)	113 Nihonium **Nh*** (284)	114 Flerovium **Fl*** (289)	115 Moscovium **Mc*** (288)	116 Livermorium **Lv*** (292)	117 Tenness **Ts*** (292)	118 Oganesson **Og*** (294)

Lanthanoide 57 bis 71	57 Lanthan **La** 138,90	58 Cer **Ce** 140,12	59 Praseodym **Pr** 140,91	60 Neodym **Nd** 144,24	61 Promethium **Pm*** 147	62 Samarium **Sm** 150,36	63 Europium **Eu** 151,96	64 Gadolinium **Gd** 157,25	65 Terbium **Tb** 158,925	66 Dysprosium **Dy** 162,50	67 Holmium **Ho** 164,930	68 Erbium **Er** 167,26	69 Thulium **Tm** 168,934	70 Ytterbium **Yb** 173,04	71 Lutecium **Lu** 174,967
Actinoide 89 bis 103	89 Actinium **Ac*** (227)	90 Thorium **Th*** 232,03	91 Protactinium **Pa*** 231,03	92 Uran **U*** 238,02	93 Neptunium **Np*** 237,04	94 Plutonium **Pu*** 244	95 Americum **Am*** 243	96 Curium **Cm*** (247)	97 Berkelium **Bk*** (247)	98 Californium **Cf*** (251)	99 Einsteinium **Es*** (252)	100 Fermium **Fm*** (257)	101 Mendelevium **Md*** (258)	102 Nobelium **No*** (259)	103 Lawrencium **Lr*** (262)

Grundbegriffe, Grenzmaße, Abmaße und Toleranzen bei Bohrungen und Wellen

Grundbegriffe für Bohrungen und Wellen

Bohrung

- *N* Nennmaß
- G_{uB} Bohrungsmindestmaß
- G_{oB} Bohrungshöchstmaß
- *EI* unteres Bohrungsabmaß
- *ES* oberes Bohrungsabmaß
- T_B Maßtoleranz der Bohrung

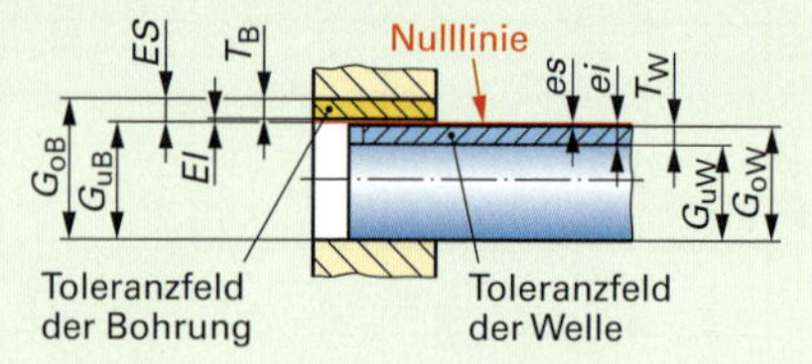

Welle

- *N* Nennmaß
- G_{uW} Wellenmindestmaß
- G_{oW} Wellenhöchstmaß
- *ei* unteres Wellenabmaß
- *es* oberes Wellenabmaß
- T_W Maßtoleranz der Welle

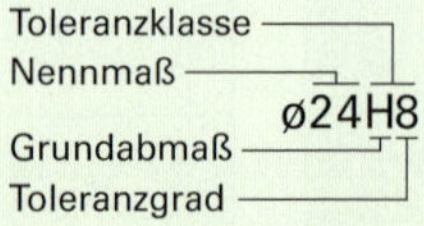

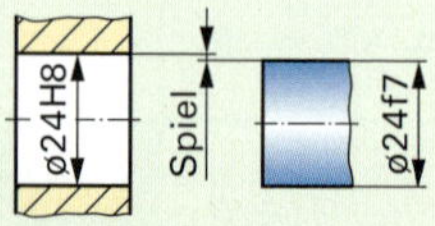

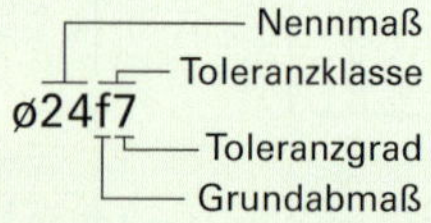

Bezeichnung und Abbildung	Formeln und Formelumstellung		Formelzeichen	Einheiten
Grenzmaße, Abmaße und Toleranzen bei Bohrungen				
Bohrung	**Bohrungshöchstmaß**			
	$G_{oB} = N + ES$	$N = G_{oB} - ES$	G_{oB} Bohrungshöchstmaß	mm
		$ES = G_{oB} - N$	*N* Nennmaß	mm
			ES oberes Abmaß Bohrung	µm, mm
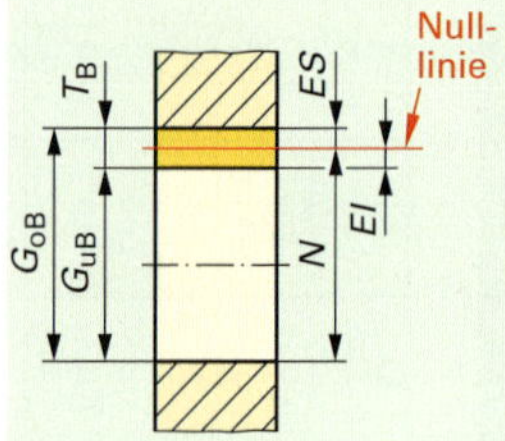	**Bohrungsmindestmaß**			
	$G_{uB} = N + EI$	$N = G_{uB} - EI$	G_{uB} Bohrungsmindestmaß	mm
		$EI = G_{uB} - N$	*EI* unteres Abmaß Bohrung	µm, mm
	Maßtoleranz der Bohrung			
	$T_B = ES - EI$	$ES = T_B + EI$	T_B Maßtoleranz der Bohrung	µm, mm
		$EI = ES - T_B$		
	$T_B = G_{oB} - G_{uB}$	$G_{oB} = T_B + G_{uB}$		
		$G_{uB} = G_{oB} - T_B$		
Grenzmaße, Abmaße und Toleranzen bei Wellen				
Welle	**Wellenhöchstmaß**			
	$G_{oW} = N + es$	$N = G_{oW} - es$	G_{oW} Wellenhöchstmaß	mm
		$es = G_{oW} - N$	*N* Nennmaß	mm
			es oberes Abmaß Welle	µm, mm
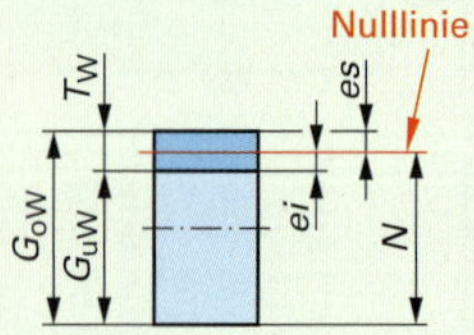	**Wellenmindestmaß**			
	$G_{uW} = N + ei$	$N = G_{uW} - ei$	G_{uW} Wellenmindestmaß	mm
		$ei = G_{uW} - N$	*ei* unteres Abmaß Welle	µm, mm
	Maßtoleranz der Welle			
	$T_W = es - ei$	$es = T_W + ei$	T_W Maßtoleranz der Welle	µm, mm
		$ei = es - T_W$		
	$T_W = G_{oW} - G_{uW}$	$G_{oW} = T_W + G_{uW}$		
		$G_{uW} = G_{oW} - T_W$		

T

Spielpassung, Übergangspassung und Übermaßpassung

Bezeichnung und Abbildung	Formeln und Formelumstellung		Formelzeichen	Einheiten

Spielpassung

Spielpassung

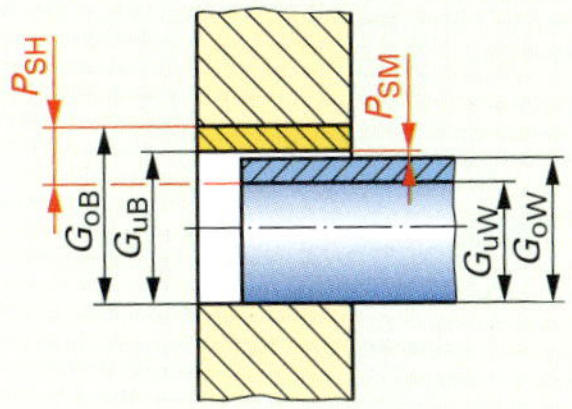

Formeln	Formelumstellung	Formelzeichen	Einheiten
Mindestspiel			
$P_{SM} = G_{uB} - G_{oW}$	$G_{uB} = P_{SM} + G_{oW}$	P_{SM} Mindestspiel	µm, mm
	$G_{oW} = G_{uB} - P_{SM}$	G_{uB} Bohrungsmindestmaß	mm
		G_{oW} Wellenhöchstmaß	mm
Höchstspiel			
$P_{SH} = G_{oB} - G_{uW}$	$G_{oB} = P_{SH} + G_{uW}$	P_{SH} Höchstspiel	µm, mm
	$G_{uW} = G_{oB} - P_{SH}$	G_{oB} Bohrungshöchstmaß	mm
		G_{uW} Wellenmindestmaß	mm

Übergangspassung

Übergangspassung

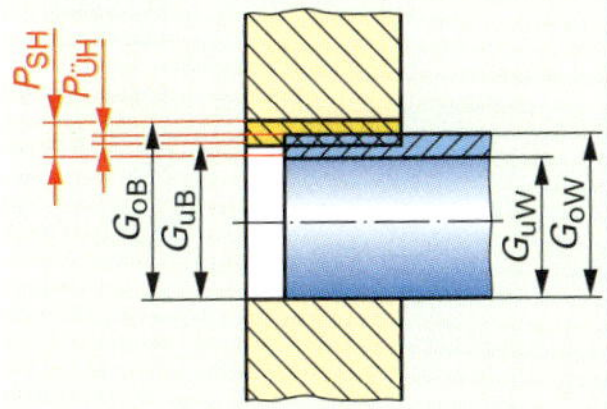

Formeln	Formelumstellung	Formelzeichen	Einheiten
Höchstspiel			
$P_{SH} = G_{oB} - G_{uW}$	$G_{oB} = P_{SH} + G_{uW}$	P_{SH} Höchstspiel	µm, mm
	$G_{uW} = G_{oB} - P_{SH}$	G_{oB} Bohrungshöchstmaß	mm
		G_{uW} Wellenmindestmaß	mm
Höchstübermaß			
$P_{ÜH} = G_{uB} - G_{oW}$	$G_{uB} = P_{ÜH} + G_{oW}$	$P_{ÜH}$ Höchstübermaß	µm, mm
	$G_{oW} = G_{uB} - P_{ÜH}$	G_{uB} Bohrungsmindestmaß	mm
		G_{oW} Wellenhöchstmaß	mm

Übermaßpassung

Übermaßpassung

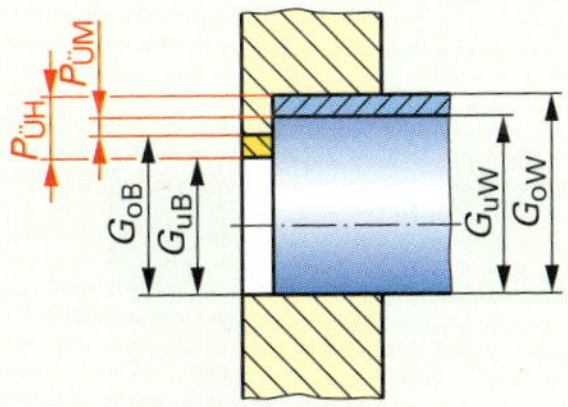

Formeln	Formelumstellung	Formelzeichen	Einheiten
Höchstübermaß			
$P_{ÜH} = G_{uB} - G_{oW}$	$G_{uB} = P_{ÜH} + G_{oW}$	$P_{ÜH}$ Höchstübermaß	µm, mm
	$G_{oW} = G_{uB} - P_{ÜH}$	G_{uB} Bohrungsmindestmaß	mm
		G_{oW} Wellenhöchstmaß	mm
Mindestübermaß			
$P_{ÜM} = G_{oB} - G_{uW}$	$G_{oB} = P_{ÜM} + G_{uW}$	$P_{ÜM}$ Mindestübermaß	µm, mm
	$G_{uW} = G_{oB} - P_{ÜM}$	G_{oB} Bohrungshöchstmaß	mm
		G_{uW} Wellenmindestmaß	mm

T

ISO-Passungen, Berechnung von Grenzabmaßen für Wellen und Bohrungen

Bezeichnung und Abbildung	Formeln und Formelumstellung	Formelzeichen	Einheiten
Berechnung von Grenzabmaßen für Wellen			
Toleranzintervall der Welle 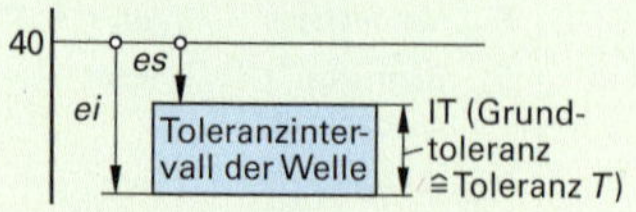	**Wellenabmaße** $ei = es - IT$ → $es = ei + IT$; $es = ei + IT$ → $ei = es - IT$	*ei* unteres Abmaß für Wellen	µm
		es oberes Abmaß für Wellen	µm
		IT Grundtoleranz	µm
Berechnung von Grenzabmaßen für Bohrungen			
ISO-Passungen 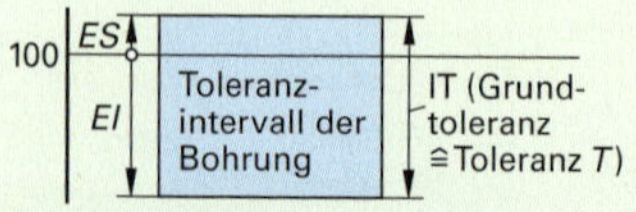	**Bohrungsabmaße** $EI = ES - IT$ → $ES = EI + IT$; $ES = EI + IT$ → $EI = ES - IT$	*EI* unteres Abmaß für Bohrungen	µm
		ES oberes Abmaß für Bohrungen	µm
		IT Grundtoleranz	µm

ISO-Passungen, Passungssystem Einheitsbohrung und Einheitswelle

Passungssystem Einheitsbohrung

Bezeichnung und Abbildung

Lage der Passtoleranzfelder im System **Einheitsbohrung EB** – alle Bohrungsmaße sind mit dem **Grundmaß *H*** toleriert.

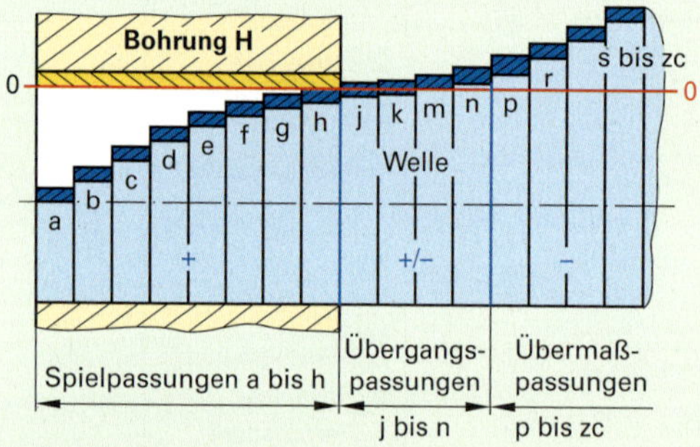

Art	Spielpassung	Übergangspassung	Übermaßpassung
ISO-Passtoleranz	20 H7/f7	15 H7/j6	35 H8/u8
Toleranzfeldlage	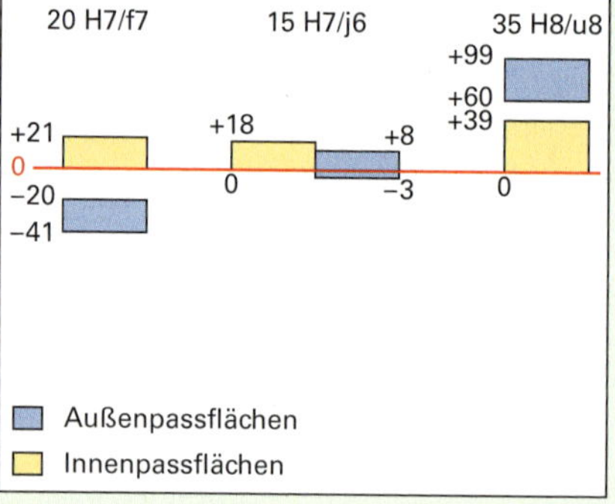		

Passungssystem Einheitswelle

Bezeichnung und Abbildung

Lage der Passtoleranzfelder im System **Einheitswelle EW** – alle Wellenmaße sind mit dem **Grundmaß *h*** toleriert.

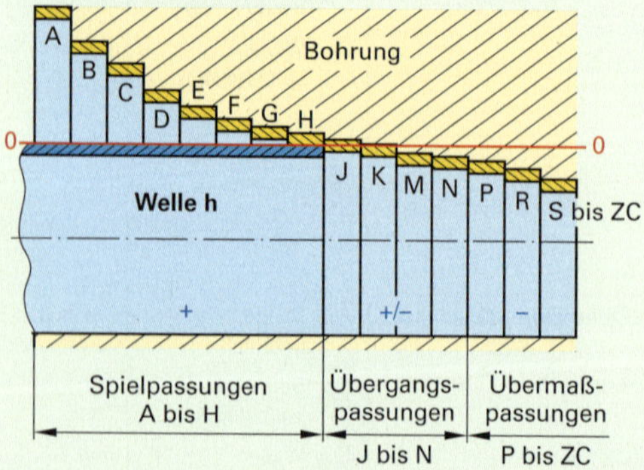

Art	Spielpassung	Übergangspassung	Übermaßpassung
ISO-Passtoleranz	20 G7/h6	15 N7/h6	35 X9/h9
Toleranzfeldlage	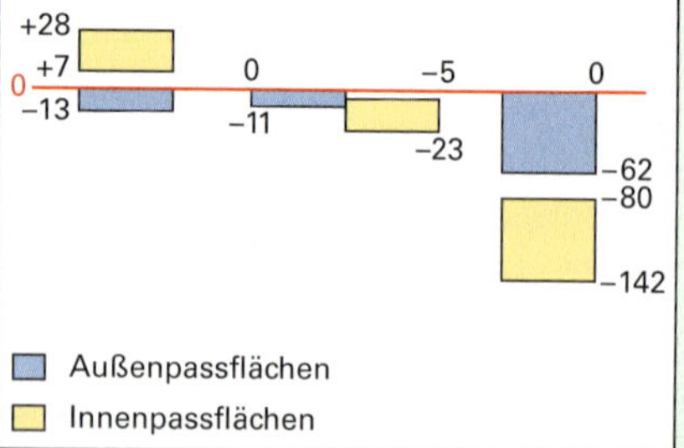		

Stoffwerte für Metalle, Halbmetalle, Nichtmetalle, Verbundstoffe sowie feste und flüssige Stoffverbindungen

⇒ Seite 3

Stoff Formelzeichen Einheit	**Dichte** ϱ g/cm³	**Längenausdehnungskoeffizient** α_l 10^{-5} 1/K (1/°C)	**Schmelztemperatur**[3] ϑ_m[1] °C	**Siedetemperatur**[3] ϑ_b[2] °C	**Wärmeleitfähigkeit**[4] λ W/(m · K)	**mittlere spezif. Wärmekapazität**[5] c kJ/(kg · K)	**spezifischer elektrischer Widerstand**[4] ϱ_{20} Ω · mm²/m
Metalle							
Aluminium Al	2,7	2,38	659	2466	204	0,94	0,027
Beryllium Be	1,85	1,23	1280	~3000	201	1,02	0,04
Blei Pb	11,34	2,9	327	1750	34,7	0,13	0,208
Chrom Cr	7,2	0,83	1903	2641	69	0,46	0,13
Eisen Fe	7,87	1,2	1536	3070	81	0,47	0,13
Gold Au	19,3	1,42	1064	2707	310	0,13	0,021
Iridium Ir	22,4	0,64	2443	> 4350	59	0,13	0,047
Kupfer Cu	8,92	1,68	1083	~2595	384	0,39	0,018
Magnesium Mg	1,74	2,6	650	1120	172	1,04	0,044
Mangan Mn	7,43	2,3	1244	2095	21	0,48	0,39
Molybdän Mo	10,22	0,52	2620	4800	145	0,26	0,054
Nickel Ni	8,91	1,3	1455	2730	59	0,45	0,095
Platin Pt	21,5	0,9	1769	4300	70	0,13	0,103
Silber Ag	10,5	1,93	981	2180	407	0,23	0,015
Tantal Ta	16,6	0,65	2996	5400	54	0,14	0,124
Titan Ti	4,5	0,82	1670	3280	15,5	0,47	0,42
Uran U	19,1	1,34	1133	3818	28	0,12	0,021
Vanadium V	6,12	0,1	1890	3380	31,4	0,5	0,2
Wolfram W	19,27	0,45	3390	5500	130	0,13	0,056
Zink Zn	7,14	2,9	420	907	113	0,4	0,06
Zinn Sn	7,31	2,3	232	2687	65,7	0,24	0,114
Quecksilber Hg	13,5	18	−39	357	10	0,14	0,96
Halbmetalle							
Germanium Ge	5,32	0,58	1211	2830	60	308	$0{,}454 \cdot 10^6$
Silizium Si	2,33	0,42	1423	2355	150	0,75	$2{,}3 \cdot 10^9$
Nichtmetalle							
Kohlenstoff C	3,51	0,118	~ 3550	–	–	0,52	35
Phosphor P (weiß)	1,82	12,4	44,2	280	0,235	0,769	–
Steinkohle	1,35	–	–	–	0,24	1,02	–
Schwefel S	2,07	–	113	444	0,2	0,7	–
Verbundstoffe							
Beton	1,7 … 2,3	1	–	–	~ 1	0,88	–
Porzellan	2,3 … 2,5	0,4	1600	–	1,6 bei 800 °C	1,2	10^{18}
Feste Stoffverbindungen							
Eis (H_2O)	0,92	5,1	0	100	2,3	2,09	$1{,}8 \cdot 10^9$
Eisenoxid (Rost)	5,1	–	1570	–	0,58	0,67	–
Gusseisen	7,25	1,05	1150 … 1200	2500	58	0,50	0,6 … 1,6
Holz (abgelagert)	0,3 … 0,7	~ 0,04	–	–	0,06 … 0,1	2,1 … 2,9	$10^5 \ldots 10^{15}$
Konstantan (Legierung)	8,89	1,52	1280	~ 2400	23	0,41	0,49
Messing (CuZn-Legierung)	8,4 … 8,7	1,85	~ 1000	2300	105	0,39	0,05 … 0,07
Paraffin (Wachs)	0,81 … 0,89	–	50 … 62	~ 250	~ 2,5	~ 0,3	–
Quarz (Tiefquarz, SiO_2)	2,1 … 2,5	0,8	1480	2230	9,9	0,8	~ 10^4
Quarzglas (Kieselglas)	2,4 … 2,7	0,05	520 … 550	–	0,8 … 1,0	0,83	10^{18}
Stahl, legiert	7,9	1,61	~ 1500	–	14	0,51	0,7
Stahl, unlegiert	7,85	1,19	~ 1500	~ 2500	48 … 58	0,49	0,14 … 0,18
Flüssige Stoffverbindungen							
Aceton (C_3H_6O)	0,79	146[6]	−95	56	0,18	2,16	–
Benzin	0,72 … 0,75	110[6]	−30 … −50	25 … 210	0,13	2,02	–
Benzol (C_6H_6)	0,88	114[6]	5,5	80,1	0,14	1,738	–
Dieselkraftstoff	0,81 … 0,85	96[6]	−30	150 … 360	0,15	2,05	–
Ethylalkohol (Spiritus)	0,81	110[6]	−114	78	0,17	2,43	–
Glyzerin ($C_3H_8O_3$)	1,26	52[6]	17,8	290	0,286	2,428	~ $8 \cdot 10^9$
Maschinenöl (Mineralöl)	0,91	93[6]	−20	über 300	0,13	2,09	–
Heizöl EL (extraleicht)	0,83	96[6]	−10	über 175	0,14	2,07	–
Hexan (C_6H_{14})	0,65	135[6]	−95	69	–	2,25	–
Petroleum	0,76 … 0,86	100[6]	−70	über 150	0,13	2,16	–
Styrol	0,906	–	−30,6	145	~ 0,20	1,72	–
Wasser (H_2O)	1,0	18[6]	0	100	0,60	4,18	–

[1] engl. **m**elting = schmelzen [2] engl. **b**oiling = sieden [3] bei Normaldruck [4] bei 20 °C [5] zwischen 0 °C … 100 °C [6] Volumenausdehnungskoeffizient

Stoffwerte für gasförmige Stoffverbindungen

⇒ Seite 3

Gasförmige Stoffverbindungen

Stoff Formelzeichen Einheit	Dichte bei 20 °C 1013 mbar ϱ kg/m³	Zündtemperatur ϑ_z [1] °C	Schmelztemperatur[3] ϑ_m [2] °C	Siedetemperatur[3] ϑ_b [4] °C	Wärmeleitfähigkeit[5] bei 20 °C λ W/(m · K)	mittlere spezifische Wärmekapazität[6] bei 20 °C und 1013 mbar p = konstant c_p kJ/(kg · K)	 V = konstant c_V kJ/(kg · K)
Acetylen (C_2H_2)	1,17	335	− 84	− 82	0,021	1,64	1,33
Ammoniak (NH_3)	0,77	630	− 77,7	− 33	0,024	4,512	2,833
Butan (C_4H_{10})	2,70	460	− 135	− 0,5	0,016	1,7	1,51
Ethylen (C_2H_4)	1,18	515	− 169	− 104	0,00021	1,5504	1,5157
Kohlenmonoxid (CO)	1,25	605	− 205	− 190	0,025	1,05	0,75
Kohlendioxid (CO_2)	1,98	–	− 78	− 57 bei 5,3 bar	0,016	0,82	0,63
Luft	1,293	–	− 220	− 191	0,026	1,005	0,716
Methan (CH_4)	0,72	595	− 183	− 162	0,033	2,19	1,68
Propan (C_3H_8)	2,0	470	− 190	− 43	0,018	1,67	1,48
Sauerstoff (O_2)	1,43	–	− 219	− 183	0,026	0,91	0,65
Stickstoff (N_2)	1,25	–	− 210	− 196	0,026	1,04	0,74
Wasserstoff (H_2)	0,09	585	− 259	− 253	0,180	14,24	10,1

Stoffwerte für Thermoplaste, Duroplaste und Elastomere

⇒ Seite 3

Thermoplastische und duroplastische Kunststoffe

Stoff Formelzeichen Einheit	Dichte ϱ kg/m³	Längenausdehnungskoeffizient α_l 10^{-5} 1/K (1/°C)	Schmelztemperatur[3] ϑ_m [1] °C	Siedetemperatur[3] ϑ_b [4] °C	Wärmeleitfähigkeit[5] λ W/(m · K)	mittlere spezif. Wärmekapazität c kJ/(kg · K)	spezifischer elektrischer Widerstand ϱ_{20} $\Omega \cdot mm^2/m$
Thermoplaste							
Acrylnitril-Butadien-Styrol ABS	1,03 … 1,07	8 … 10	~ 210 … 240	–	0,15	1,5	$> 10^{17}$
Celluloseacetat CA	1,26 … 1,29	16	–	–	0,22	1,5 … 1,9	$\sim 10^{16}$
Celluloseacetobutyrat CAB	1,17 … 1,22	12	–	–	0,31	0,31	$\sim 10^{17}$
Polyamid PA6	1,12 … 1,15	7 … 10	~ 220	–	0,23	1,7	$\sim 10^{17}$
Polycarbonat PC	1,20 … 1,24	6 … 7	~ 220	–	0,22	1,26	$> 10^{20}$
Polyethylenmethacrylat PMMA	1,19	7	~ 180	–	0,18	1,47	10^{21}
Polyethylen PE-HD	0,94 … 0,97	12 … 18	~ 135	–	0,35 … 0,52	1,8 … 1,9	$\sim 10^{18}$
Polyethylen PE-LD	0,91 … 0,93	20 … 25	~ 110	–	0,3 … 0,4	1,5 … 2,1	$\sim 10^{18}$
Polyoxymethylen POM	1,41 … 1,43	15	~ 165	–	0,13	1,47 … 1,51	$\sim 10^{20}$
Polypropylen PP	0,89 … 0,92	18	~ 160	–	0,21	1,7	$> 10^{20}$
Polystyrol PS	1,05	6 … 8	~ 100	–	0,14 … 0,16	1,18	$\sim 10^{18}$
Polytetraflourethylen PTFE	2,14 … 2,20	1,3 … 2,0	~ 321	–	0,24	1,4	10^{20}
Polyurethan-Schaum PUR	0,01 … 0,09	7,3	~ 170	–	0,021 … 0,035	0,09	$7 \cdot 10^{16}$
Polyvinylchlorid PVC-U	1,37 … 1,44	8	~ 80	–	0,15	0,85	$> 10^{17}$
Styrol-Acrylnitril SAN	1,08	7	~ 106	–	0,15 … 0,21	0,85	$> 10^{19}$
Styropor E-PS	0,015 … 0,06	5,7	~ 100	–	0,029 … 0,05	1,25	–
Duroplaste							
Epoxidharz EP	1,15 … 1,25	6 … 7	–	–	~ 1,2	1,2 … 2,0	$10^{13} … 10^{15}$
Melaminformaldehyd MF	1,45 … 1,5	4	–	–	0,35	1,3	10^{17}
Ungesättigtes Polyesterharz UP	1,12 … 1,27	3[6]	–	–	0,15 …. 0,25	1,5 … 2,5	$\sim 10^{16}$
Phenolharz PF	1,25 … 1,45	3,5	–	–	0,35	1,3	10^{14}
Elastomere							
Naturkautschuk NR	1,35 … 1,50	~ 12	–	–	0,1 … 0,3	1,67	bis 10^{12}
Styrol-Butadien-Kautschuk SBR	1,30 … 1,60	~ 12	–	–	0,1 … 0,3	0,88	bis 10^{21}
Silikon-Gummi VMQ	1,15 … 0,19	9 … 15	–	–	0,35	1,0	$10^7 … 10^8$

[1] z … zünden
[2] engl. **m**elting = schmelzen
[3] bei Normaldruck 1013 mbar
[4] engl. **b**oiling = sieden
[5] Werte für 0 °C …100 °C
[6] mit 25 % Faseranteil

Kurzzeichen und Eigenschaften für Thermoplaste und Duroplaste (Duromere)

⇒ Seite 3

Thermoplaste

Kurz-zeichen	Kunststoffbezeichnung Formelzeichen Einheit	Dichte ϱ g/cm^3	Streckspannung σ_Y MPa bzw. N/mm^2	Zugfestigkeit σ_m MPa bzw. N/mm^2	Dehnung ε_m %	Gebrauchs-temperatur ϑ °C
ABS	Acrylnitril-Butadien-Styrol	1,03 ... 1,07	55	40	10	–30 ... +100
ASA	Acrylnitril-Styrol-Acrylester	1,07	56	35	8	–20 ... +90
CA	Celluloseacetat	1,26 ... 1,29	33	35	15	–40 ... +90
CAB	Celluloseacetobutyrat	1,17 ... 1,22	29	33	50	–40 ... +90
LCP	Flüssigkristalline Polymere	1,40 ... 1,62	–	180 ... 230	1,6	0 ... +200
PA 6	Polyamid 6	1,12 ... 1,15	80	70	>70	–40 ... +200
PA 66	Polyamid 66	1,14	85	72	>40	–40 ... +120
PBT	Polybutylenterephthalat	1,31	60	–	>200	–50 ... +140
PET	Polyethtylenterephthalat	1,33 ... 1,37	... 74	–	>70	–20 ... +115
PC	Polycarbonat	1,20 ... 1,24	66	70	>80	–60 ... +120
PMMA	Polymethylmethacrylat	1,19	–	73	3,5	–40 ... +90
PE-HD	Polyethylen – hohe Dichte	0,94 ... 0,97	22	31	>300	–80 ... +100
PE-LD	Polyethylen – niedrige Dichte	0,915 ... 0,935	10	22	>400	–80 ... +100
PEEK	Polyetheretherketon	1,26 ... 1,32	97	–	>60	–65 ... +250
PES	Polyethersulfon	1,24	70	–	>50	–100 ... +170
PP	Polypropylen	0,895 ... 0,92	33	–	>400	0 ... +110
PB	Polybutylen	0,91	20	35	300	–5 ... +100
POM	Polyoxymethylen	1,41 ... 1,43	70	72	50	–50 ... +90
PPA (GF33)	Polyphthalamid	1,46	233	–	>2,5	–30 ... +185
PPE	Polyphenylenether	1,04 ... 1,10	55	–	>30	–40 ... +120
PPS	Polyphenylensulfid	1,34	75	90	5	–20 ... +240
PS	Polystyrol	1,05	–	55	>3	–20 ... +70
PTFE	Polytetraflourethyelen	2,14 ... 2,20	10	55	>350	–270 ... +250
PVDF	Polyvinylidenflourid	1,75	59	40	>30	–60 ... +150
PVC-U	Polyvinylchlorid – hart	1,37 ... 1,44	60	–	15	–30 ... +60
PVC-P	Polyvinylchlorid – weich	1,20 ... 1,35	30	–	240	–10 ... +60
PAI	Polyamidimid	1,38	150	–	<2,3	–200 ... +240
PEI	Polyetherimid	1,27	105	85	6	–70 ... +170
SAN	Styrol-Acrylnitril	1,08	–	79	3	–20 ... +95
SB	Styrol-Butadien	1,04	24	–	>40	–40 ... +70

Duroplaste (Duromere)

Kurz-zeichen	Kunststoffbezeichnung Formelzeichen Einheit	Dichte ϱ g/cm^3	Zugfestigkeit σ_m MPa bzw. N/mm^2	Kugeldruckhärte HB MPa	Gebrauchs-temperatur ϑ °C	Farbe
PF	Phenolformaldehyd	1,25 ... 1,45	50	325	–20 ... +150	bräunlich
MF	Melaminformaldehyd	1,45 ... 1,5	30	260 ... 410	–20 ... +130	farblos
MPF	Melamin-Phenol-Formaldehyd	1,5 ... 1,6	30	230 ... 330	–20 ... +130	hell
UF	Harnstoff-Formaldehyd	1,45	30	260 ... 350	–20 ... +100	farblos
UP	Ungesättigtes Polyesterharz	1,12 ... 1,27	35 ... 70	250	–30 ... +120	glasklar ... gelb
EP	Epoxidharz	1,15 ... 1,25	30 ... 60	150	–242 ... +100	gelblich trüb
PUR	Vernetztes Polyurethan	1,0 ... 1,25	ca. 25	typenabhängig	–30 ... +80	gelblich
PI	Polyimidharz	1,34	75 ... 100	180 ... 300	–240 ... +360	gelblich
SI	Silikonharz	1,86 ... 1,9	28 ... 46	–	–20 ... +300	gelblich

Kurzzeichen und Eigenschaften für Elastomere und TPE's

⇒ Seite 3

Elastomere

Kurz-zeichen	Kunststoffbezeichnung Formelzeichen Einheit	Dichte ϱ g/cm³	Shorehärte **Shore A** – (ohne Einheit)	Zugfestig-keit σ_{max} MPa bzw. N/mm²	Reißdehnung ε_R %	Gebrauchs-temperatur ϑ °C
ACM	Acrylat-Kautschuk	1,18 … 1,37	50 … 80	10	100 … 350	–40 … +90
AEM	Ethylen-Acrylat-Kautschuk	1,03 … 1,08	40 … 90	15	90 … 450	–50 … +160
AU / EU	Polyurethan-Kautschuk	1,00 … 1,25	30 … 90	25	300 … 700	–60 … +100
BIIR	Brombutyl-Kautschuk	1,25 … 1,30	40 … 90	25	90 … 450	–45 … +130
BR	Butadien-Kautschuk	0,94 … 0,96	40 … 90	20	90 … 450	–80 … +90
CIIR	Chlorbutyl-Kautschuk	1,25 … 1,30	30 … 70	15	90 … 450	–40 … +100
CO	Epichlorhydrin-Kautschuk	1,25 … 1,28	40 … 90	15	90 … 450	–40 … +120
CR	Chloropren-Kautschuk	1,25 … 1,30	30 … 90	20	100 … 900	–40 … +100
CSM	Chlorsulfonyl-Polyethylen-Kautschuk	1,25 … 1,35	50 … 85	25	200 … 500	–20 … +130
ECO	Epichlorhydrin-Kautschuk	1,15 … 1,50	40 … 90	15	150 … 500	–40 … +140
EPDM	Ethylen-Propylen-Dien-Kautschuk	1,15 … 1,40	30 … 90	20	150 … 600	–40 … +150
FMVQ	Fluor-Silikon-Kautschuk	1,15 … 1,40	40 … 80	10	100 … 600	–50 … +250
FPM	Fluor-Kautschuk	1,90 … 1,95	40 … 90	18	100 … 300	–20 … +200
HNBR	Hydrierter Acrylnitril-Butadien-Kautschuk	1,03 … 1,08	45 … 95	25	100 … 600	–30 … +100
IIR	Butylkautschuk	1,35 … 1,50	40 … 80	20	400 … 800	–40 … +110
NBR	Nitril-Butadien-Kautschuk	0,92 … 1,00	40 … 90	25	100 … 700	–40 … +120
NR	Naturkautschuk	1,35 … 1,50	30 … 90	30	100 … 900	–50 … +80
SBR	Styrol-Butadien-Kautschuk	1,30 … 1,60	30 … 90	25	100 … 800	–60 … +100
TM	Polysulfid-Kautschuk	1,30 … 1,60	5 … 15	25	100 … 600	–20 … +50
VMQ	Vinyl-Methyl-Silikon (Silikon-Kautschuk)	1,15 … 1,19	20 … 90	10	100 … 480	–60 … +280

Thermoplastische Elastomere TPE's

Kurz-zeichen	Kunststoffbezeichnung Formelzeichen Einheit	Dichte ϱ g/cm³	Shorehärte **Shore A** bzw. **D** – (ohne Einheit)	Zugfestig-keit σ_{max} MPa bzw. N/mm²	Erweichung-temperatur Hartphase $ET_{Hartphase}$ °C	Gebrauchs-temperatur ϑ °C
TPA	Thermoplastisches Polyamidelastomer	1,01 … 1,03	65A … 85D	60	80 … 220	–50 … +100
TPC	Thermoplastisches Copolyesterelastomer	1,11 … 1,28	85A … 70D	50	160	–40 … +100
TPO	Thermoplastisches Olefinelastomer	0,86 … 1,30	35A … 80D	50	160	–40 … +80
TPS	Thermoplastisches Styrolelastomer	0,90 … 1,30	10A … 75D	k.A.	95	–40 … +100
TPU	Thermoplastisches Urethanelastomer	1,10 … 1,30	65A … 80D	60	130 … 200	–40 … +80
TPV	Thermoplastisches Vulkanisat	0,90 … 1,10	45A … 70D	k.A.	160	–40 … +110
TPZ	Unklassifiziertes thermoplastisches Elastomer	nicht klassifiziertes thermoplatisches Elastomer, andere Zusammensetzung oder Struktur als die vorher genannten TPEs				

W

Prüfung durch Kerbschlagbiegeversuch und Umlaufbiegeversuch

Bezeichnung und Abbildung	Formeln und Formelumstellung	Formelzeichen	Einheiten

Kerbschlagbiegeversuch nach Charpy

Kerbschlagbiegeversuch nach Charpy

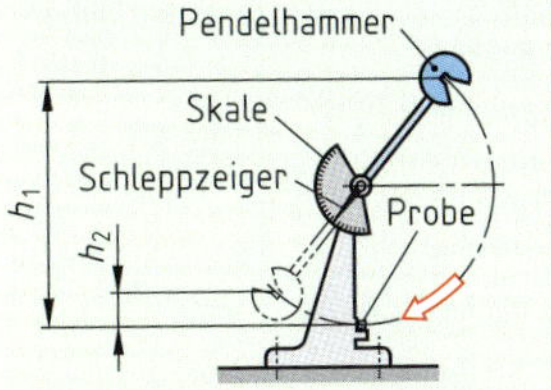

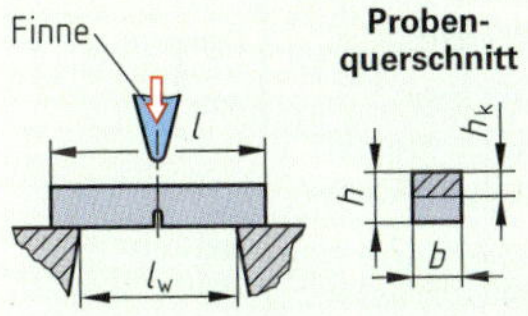

Kerbformen

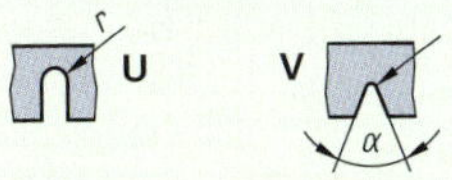

Schlagarbeit

$$K = W_1 - W_2$$

$$W_1 = K + W_2$$

$$W_2 = W_1 - K$$

$$K = m_p \cdot g \cdot (h_1 - h_2)$$

$$h_1 = \frac{K}{m_p \cdot g} + h_2$$

$$h_2 = h_1 - \frac{K}{m_p \cdot g}$$

Charpy-Kerbschlagzähigkeit

$$a_{cN} = \frac{K}{b \cdot h_K}$$

$$K = a_{cN} \cdot b \cdot h_k$$

$$h_k = \frac{K}{a_{cN} \cdot b}$$

$$b = \frac{K}{a_{cN} \cdot h_k}$$

Formelzeichen		Einheiten
K	Kerbschlagarbeit	J
W_1	Lageenergie Pendelhammer am Anfang	J
W_2	Lageenergie Pendelhammer am Ende	J
m_p	Masse Pendelhammer	kg
g	Ortsfaktor, Fallbeschleunigung Erde: 9,81 m/s²	m/s²
h_1	Höhe Pendelhammer vor dem Schlag	m, cm, mm
h_2	Höhe Pendelhammer nach dem Schlag	m, cm, mm
a_{cN}	Charpy-Kerbschlagzähigkeit	kJ/m²
b, h	Dicke bzw. Höhe des Probekörpers	m, cm, mm
l	Länge des Probekörpers	m, cm, mm
h_K	Restbreite des Probekörpers im Kerbgrund	m, cm, mm
r	Radius	m, cm, mm
α	Winkel der V-Kerbe	° (Grad)
l_w	Stützweite	m, cm, mm

Kerbformen

U U-Kerbe
V V-Kerbe

Beziehung

1 J $= 1 \frac{kg \cdot m^2}{s^2}$

Umlaufbiegeversuch (Biege-Dauerfestigkeit)

Umlaufbiegeversuch

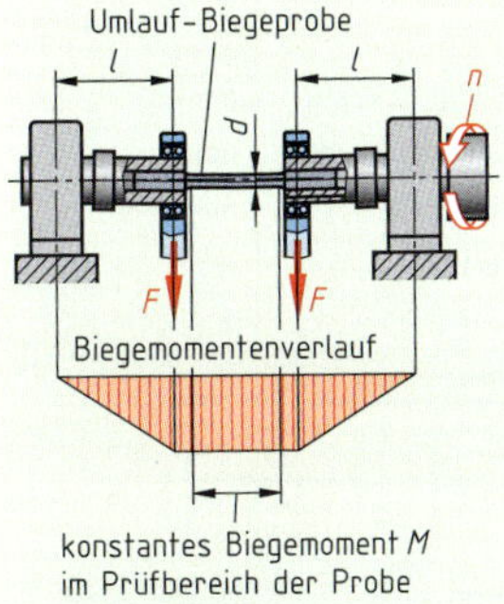

Wöhlerschaubild eines Stahles

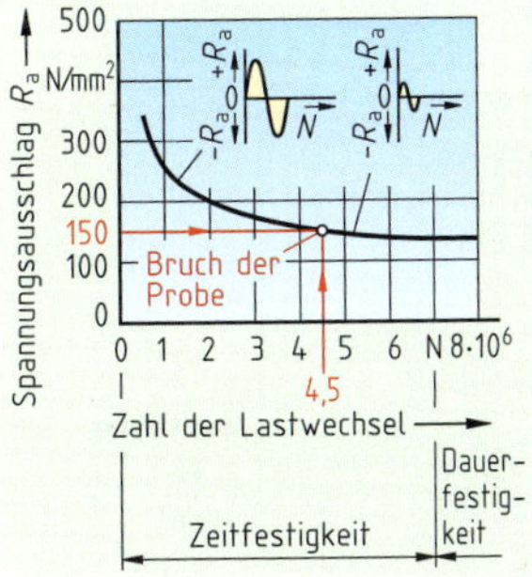

Widerstandsmoment

$$W = \frac{\pi \cdot d^3}{32}$$

$$d = \sqrt[3]{\frac{32 \cdot W}{\pi}}$$

Biegekraft

$$F = \frac{R_a \cdot W}{l}$$

$$W = \frac{F \cdot l}{R_a}$$

$$R_a = \frac{F \cdot l}{W}$$

$$l = \frac{R_a \cdot W}{F}$$

Formelzeichen		Einheiten
W	Widerstandsmoment	mm³
π	Kreiszahl ≅ 3,141592654	– (ohne Einheit)
d	Probendurchmesser	mm
F	Biegekraft	N
l	Lagerabstand	mm
R_a	Spannungsausschlag	N/mm², MPa

Beziehung

1 N $= 1 \frac{kg \cdot m}{s^2}$

Umrechnungen

$1 \frac{N}{mm^2} = 1{,}0 \cdot 10^6 \frac{N}{m^2}$

$1 \frac{N}{m^2} = 1{,}0 \cdot 10^{-6} \frac{N}{mm^2}$

W

W

Härteprüfung nach Brinell, Rockwell und Vickers

Bezeichnung und Abbildung	Formeln und Formelumstellung	Formelzeichen	Einheiten
Härteprüfung nach Brinell			
Härteprüfung nach Brinell 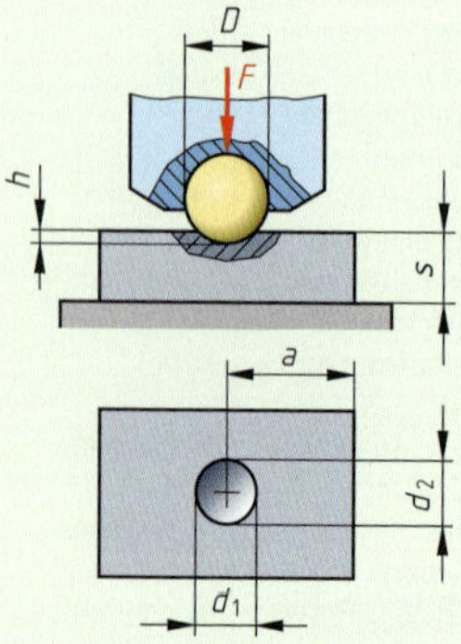	**Brinellhärte** $HBW = \frac{0{,}204 \cdot F}{\pi \cdot D \cdot (D - \sqrt{D^2 - d^2})}$ $F = \frac{HBW \cdot \pi \cdot D \cdot (D - \sqrt{D^2 - d^2})}{0{,}204}$ **Eindruckdurchmesser** $d = \frac{d_1 + d_2}{2}$ $d_1 = 2 \cdot d - d_2$ $d_2 = 2 \cdot d - d_1$	HBW Brinellhärte F Prüfkraft π Kreiszahl $\cong 3{,}141592654$ D Kugeldurchmesser, genormte Größen: 1 mm, 5 mm, 2,5 mm, 10 mm s Mindestdicke der Probe h Eindrucktiefe d Eindruckdurchmesser d_1 Einzelmesswert 1, Eindruckdurchmesser innerhalb der x-Achse d_2 Einzelmesswert 2, Eindruckdurchmesser innerhalb der y-Achse	N/mm^2, MPa N – (ohne Einheit) mm mm mm mm mm mm **Beziehung** $1 \frac{N}{mm^2} = 1$ MPa
Härteprüfung nach Rockwell			
Härteprüfung nach Rockwell 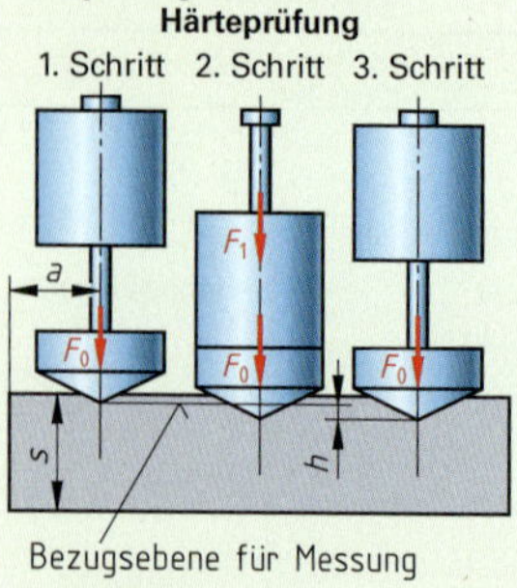	**Rockwellhärte mit Diamantkegel prüfen** $HRA, HRC = 100 - \frac{h}{0{,}002\ mm}$ **Rockwellhärte mit Hartmetallkugel prüfen** $HRB, HRF = 130 - \frac{h}{0{,}002\ mm}$	HRA, HRC Rockwellhärte (Diamantkegel) HRB, HRF Rockwellhärte (Hartmetallkugel) h bleibende Eindrucktiefe s Mindestdicke der Probe a Randabstand F_0 Prüfvorkraft F_1 Prüfkraft	– (ohne Einheit) – (ohne Einheit) mm mm mm N N
Härteprüfung nach Vickers			
Härteprüfung nach Vickers 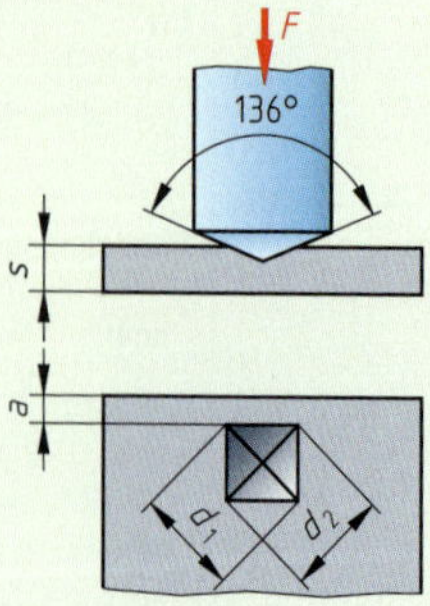	**Vickershärte** $HV = 0{,}1891 \cdot \frac{F}{d^2}$ $F = \frac{HV \cdot d^2}{0{,}1891}$ **Diagonale des Eindrucks** $d = \frac{d_1 + d_2}{2}$ $d_1 = 2 \cdot d - d_2$ $d_2 = 2 \cdot d - d_1$	HV Vickershärte F Prüfkraft a Randabstand d Eindruckdiagonale d_1 Einzelmesswert 1, Eindruckdurchmesser der Diagonalen 1 d_2 Einzelmesswert 2, Eindruckdurchmesser der Diagonalen 2	N/mm^2, MPa N mm mm mm mm **Beziehung** $1 \frac{N}{mm^2} = 1$ MPa

Prüfung mittels Zugversuch und Härteprüfung nach Martens

Bezeichnung und Abbildung	Formeln und Formelumstellung	Formelzeichen	Einheiten
Zugversuch			
Spannungs-Dehnungs-Diagramm mit ausgeprägter Streckgrenze, z. B. weicher Stahl 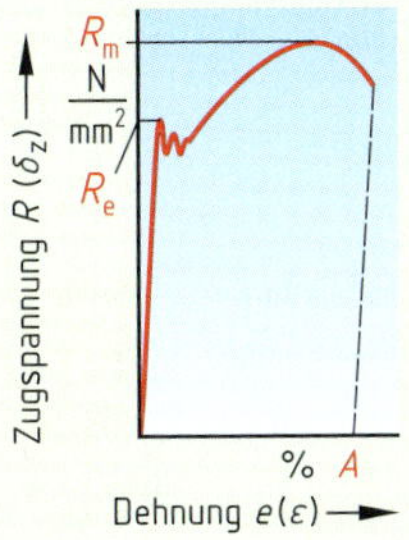	**Zugspannung** $R = \frac{F}{S_0}$ $F = R \cdot S_0$ $S_0 = \frac{F}{R}$	R Zugspannung F Zugkraft S_0 Anfangsquerschnitt der Probe	N/mm^2, MPa N mm^2
	Zugfestigkeit $R_m = \frac{F_m}{S_0}$ $F_m = R_m \cdot S_0$ $S_0 = \frac{F_m}{R_m}$	R_m Zugfestigkeit F_m Höchstkraft	N/mm^2; MPa N
	Streckgrenze $R_e = \frac{F_e}{S_0}$ $F_e = R_e \cdot S_0$ $S_0 = \frac{F_e}{R_e}$	R_e Streckgrenze F_e Kraft an der Streckgrenze	N/mm^2; MPa N
Zugprobe Form B 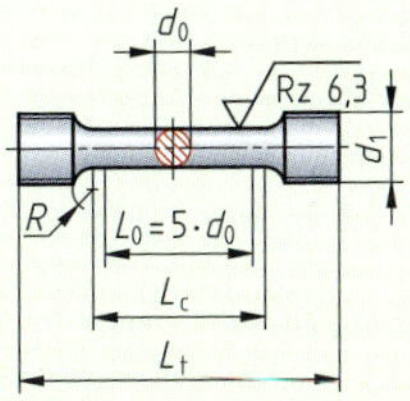	**Dehngrenze** $R_{p0,2} = \frac{F_{p0,2}}{S_0}$ $F_{p0,2} = R_{p0,2} \cdot S_0$ $S_0 = \frac{F_{p0,2}}{R_{p0,2}}$	$R_{p0,2}$ Dehngrenze $F_{p0,2}$ Kraft an der Dehngrenze	N/mm^2; MPa N
	Dehnung $e = \frac{L - L_0}{L_0} \cdot 100\,\%$ $L = L_0 + \frac{e \cdot L_0}{100\,\%}$ $L_0 = \frac{100\,\% \cdot L}{100\,\% + e}$	e Dehnung L Länge nach der Dehnung der Probe L_0 Anfangsmesslänge L_u Messlänge nach dem Bruch	% mm mm mm
	Bruchdehnung $A = \frac{L_u - L_0}{L_0} \cdot 100\,\%$ $L_u = L_0 + \frac{A \cdot L_0}{100\,\%}$ $L_0 = \frac{100\,\% \cdot L_u}{100\,\% + A}$	A Bruchdehnung d_0 Anfangsdurchmesser	% mm
	Brucheinschnürung $Z = \frac{S_0 - S_u}{S_0} \cdot 100\,\%$ $S_0 = \frac{S_u \cdot 100\,\%}{100\,\% - Z}$ $S_u = S_0 - \frac{Z \cdot S_0}{100\,\%}$	Z Brucheinschnürung S_u kleinster Probenquerschnitt nach dem Bruch	% mm^2
	Streckgrenzenverhältnis $V_s = \frac{R_e(R_{p0,2})}{R_m}$ $R_e(R_{p0,2}) = V_s \cdot R_m$ $R_m = \frac{R_e(R_{p0,2})}{V_s}$	V_s Streckgrenzenverhältnis	– (ohne Einheit)
Härteprüfung nach Martens			
Härteprüfung nach Martens 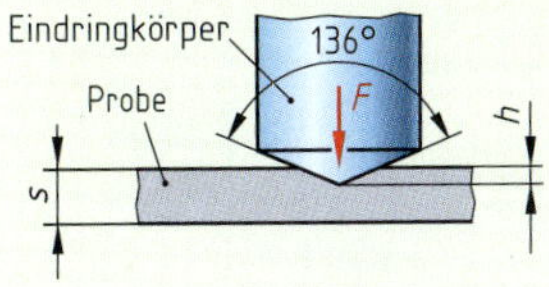	**Martenshärte** $HM = \frac{F}{26{,}43 \cdot h^2}$ $F = 26{,}43 \cdot HM \cdot h^2$ $h = \sqrt{\frac{F}{26{,}43 \cdot HM}}$	HM Martenshärte F Prüfkraft h Eindringtiefe	N/mm^2, MPa N mm

W

Zugversuch und Kugeleindruckversuch

Bezeichnung und Abbildung	Formeln und Formelumstellung	Formelzeichen	Einheiten

Zugversuch

Spannungs-Dehnungs-Kurven

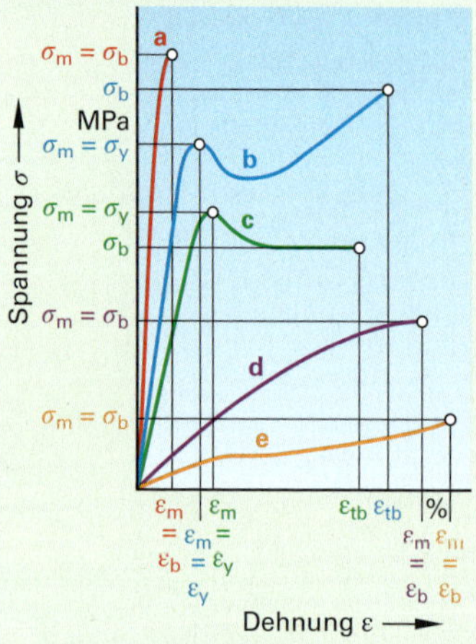

Werkstoff

a	spröder Werkstoff
b	Werkstoff mit eingeschränkter plastischer Verformbarkeit
c	zäher Werkstoff mit Streckpunkt
d	zäher Werkstoff ohne Streckpunkt
e	gummielastischer Werkstoff

Probekörpermaße

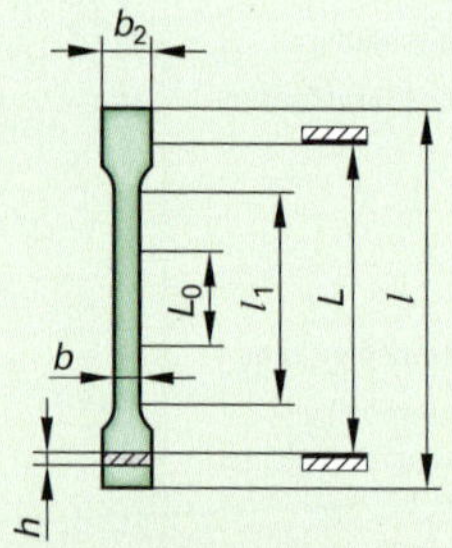

Zugfestigkeit

$$\sigma_m = \frac{F_m}{S_0} \qquad F_m = \sigma_m \cdot S_0 \qquad S_0 = \frac{F_m}{\sigma_m}$$

Formelzeichen		Einheiten
σ_m	Zugfestigkeit	N/mm², MPa
F_m	Höchstkraft	N
S_0	Anfangsquerschnitt der Probe	mm²

Streckspannung

$$\sigma_y = \frac{F_y}{S_0} \qquad F_y = \sigma_y \cdot S_0 \qquad S_0 = \frac{F_y}{\sigma_y}$$

Formelzeichen		Einheiten
σ_y	Streckspannung	N/mm², MPa
F_y	Streckspannungskraft	N
σ_b	Bruchspannung	N/mm², MPa

Dehnung bei Zugfestigkeit

$$\varepsilon_m = \frac{\Delta L_{Fm}}{L_0} \cdot 100\,\% \qquad \Delta L_{Fm} = \frac{\varepsilon_m \cdot L_0}{100\,\%} \qquad L_0 = \frac{\Delta L_{Fm} \cdot 100\,\%}{\varepsilon_m}$$

Formelzeichen		Einheiten
ε_m	Dehnung bei Zugfestigkeit	%
ΔL_{Fm}	Längenänderung bei max. Höchstkraft	mm
L_0	Messlänge	mm

Dehnung bei Streckspannung

$$\varepsilon_y = \frac{\Delta L_{Fy}}{L_0} \cdot 100\,\% \qquad \Delta L_{Fy} = \frac{\varepsilon_y \cdot L_0}{100\,\%} \qquad L_0 = \frac{\Delta L_{Fy} \cdot 100\,\%}{\varepsilon_y}$$

Formelzeichen		Einheiten
ε_y	Dehnung bei Streckspannung	%
ΔL_{Fy}	Längenänderung bei max. Streckspannungskraft	mm
ε_b	Bruchdehnung	%
l	Gesamtlänge	mm
l_1	Länge des engen Teils	mm
b	Breite des engen Teils	mm
b_2	Breite an den Enden	mm
L	Anfangsabstand der Klemmen	mm
h	Dicke	mm

Kugeleindruckversuch

Kugeleindruckversuch

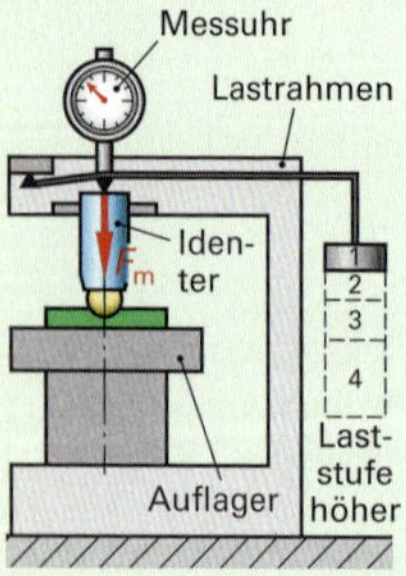

Kugeldruckhärte

$$HB = \frac{\alpha \cdot F_m}{(h - 0{,}04)}$$

Laststufen

1 … 4 ⇒ niedrig … am höchsten

Die Prüfkraft F_m ist in den gestuften Werten: 49 N, 132 N, 358 N und 961 N so auszuwählen, dass die Eindringtiefe 0,15 mm ≤ h ≤ 0,35 mm beträgt.

Formelzeichen		Einheiten
HB	Kugeldruckhärte	N/mm², MPa
F_m	Prüfkraft	N
α	Vorfaktor ≈ 0,0535 mm^{-1}	mm^{-1}
h	Eindringtiefe	mm

Schlagbiegeversuch nach Charpy, Biegeeigenschaften und Bestimmung der Schüttdichte

Bezeichnung und Abbildung	Formeln und Formelumstellung	Formelzeichen	Einheiten
Schlagbiegeversuch nach Charpy			
Schlagbiegeversuch nach Charpy 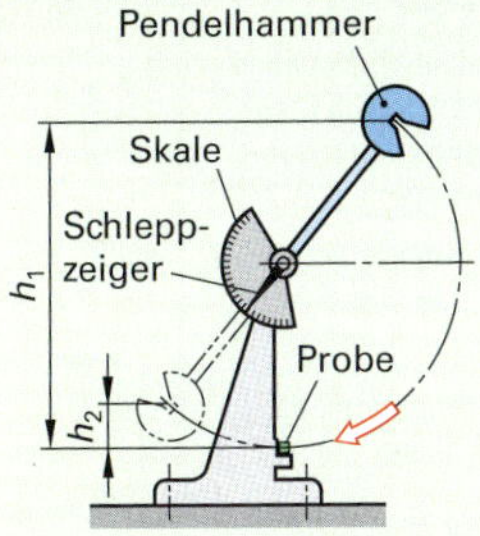 	**Schlagarbeit** $W_c = W_1 - W_2$ $W_1 = W_c + W_2$ $W_2 = W_1 - W_c$	W_c Kerbschlagarbeit W_1 Lageenergie Pendelhammer am Anfang W_2 Lageenergie Pendelhammer am Ende	J J J
	$W_c = m_p \cdot g \cdot (h_1 - h_2)$ $h_1 = \frac{W_c}{m_p \cdot g} + h_2$ $h_2 = h_1 - \frac{W_c}{m_p \cdot g}$	m_p Masse Pendelhammer g Ortsfaktor, Fallbeschleunigung Erde: 9,81 m/s² h_1 Höhe Pendelhammer vor dem Schlag h_2 Höhe Pendelhammer nach dem Schlag	kg m/s² mm mm
Kerbformen 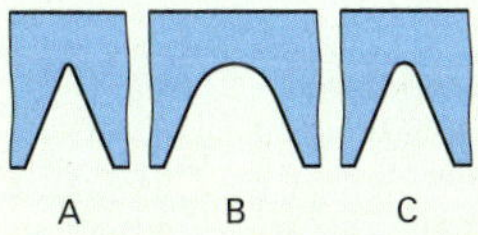 	**Charpy-Schlagzähigkeit** $a_{cU} = \frac{W_c}{b \cdot h}$ $W_c = a_{cU} \cdot b \cdot h$	a_{cU} Charpy-Schlagzähigkeit b Breite des Probekörpers h Dicke des Probekörpers	kJ/m² mm mm
	Charpy-Kerbschlagzähigkeit $a_{cN} = \frac{W_c}{b_N \cdot h}$ $W_c = a_{cN} \cdot b_N \cdot h$	a_{cN} Charpy-Kerbschlagzähigkeit b_N Restbreite des Probekörpers im Kerbgrund	kJ/m² mm
Biegeeigenschaften			
Dreipunktbiegung 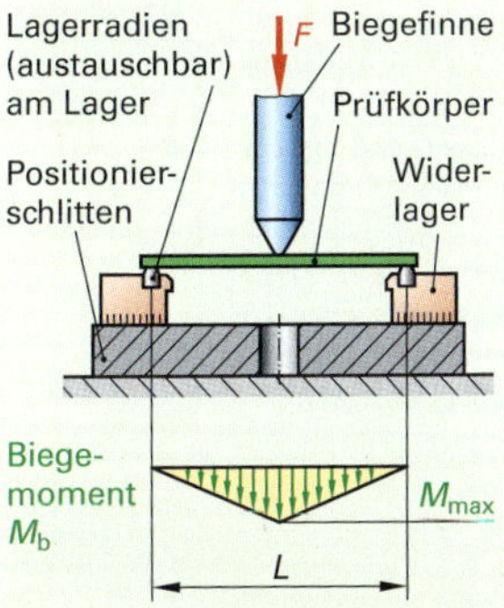 	**Biegespannung** $\sigma_f = \frac{3 \cdot F \cdot L}{2 \cdot b \cdot h^2}$ $F = \frac{\sigma_f \cdot 2 \cdot b \cdot h^2}{3 \cdot L}$	σ_f Biegespannung F aufgebrachte Kraft L Auflageabstand b Breite Probekörper	N/mm²; MPa N mm mm
	Biegedehnung $\varepsilon_f = \frac{6 \cdot s \cdot h}{L^2}$ $s = \frac{\varepsilon_f \cdot L^2}{6 \cdot h}$ $\varepsilon_f = \frac{6 \cdot s \cdot h}{L^2} \cdot 100\ \%$	ε_f Biegedehnung s Durchbiegung h Höhe Probekörper	– (ohne Einheit) bzw. % mm mm
Bestimmung der Schüttdichte			
Schüttdichte bestimmen 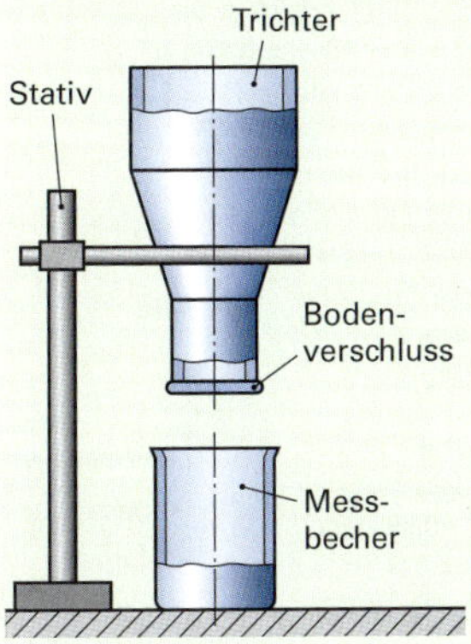 	**Schüttdichte** $\varrho_{SG} = \frac{m_{SG}}{V_{SG}}$ $m_{SG} = \varrho_{SG} \cdot V_{SG}$ $V_{SG} = \frac{m_{SG}}{\varrho_{SG}}$	ϱ_{SG} Schüttdichte m_{SG} Masse Schüttgut V_{SG} Volumen des Schüttgutes (100 ml)	g/ml, kg/l, g/cm³ g, kg ml, l
	$\varrho_{SG} = \frac{m_1 - m_0}{V}$ $V = \frac{m_1 - m_0}{\varrho_{SG}}$ $m_1 = \varrho_{SG} \cdot V + m_0$ $m_0 = m_1 - \varrho_{SG} \cdot V$	m_1 Masse des mit Schüttgut gefüllten Bechers m_0 Masse des leeren Schüttbechers V Volumen des Messbechers (100 ml ± 0,5)	g, kg g, kg ml **Beziehungen** **1 g/ml** = 1 kg/l = 1 g/cm³

W

W

Stopfdichte, Eintauchverfahren und Pyknometerverfahren

Bezeichnung und Abbildung	Formeln und Formelumstellung	Formelzeichen	Einheiten

Bestimmung der Stopfdichte

Bestimmung der Stopfdichte

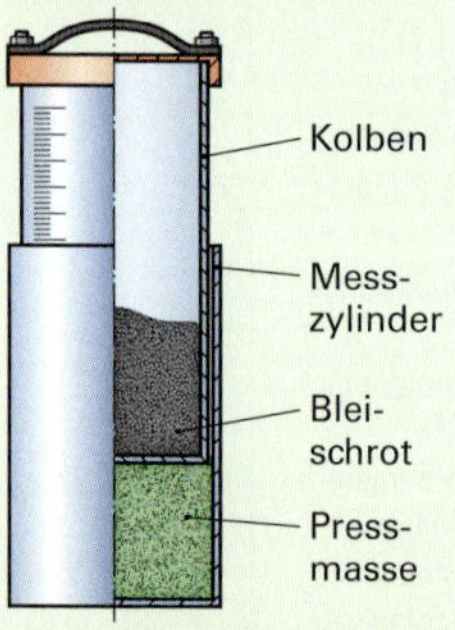

Stopfdichte

$$\varrho_{SD} = \frac{m}{A \cdot h}$$

$$m = \varrho_{SD} \cdot A \cdot h$$

$$h = \frac{m}{A \cdot \varrho_{SD}}$$

Hinweis:
Obwohl die Stopfdichte in g/cm³ berechnet wird, wird sie in g/ml ausgedrückt. Dies erfordert keine Korrektur der Prüfresultate.

Formelzeichen		Einheiten
ϱ_{SD}	Stopfdichte	g/ml, kg/l
m	Masse der vorher abgewogenen und im Messzylinder befindlichen Formmasse	g
A	innere Querschnittsfläche des Messzylinders	cm^2
h	Höhe der Formmasse im Messzylinder	cm

Dichtebestimmung durch Eintauchverfahren

Eintauchverfahren

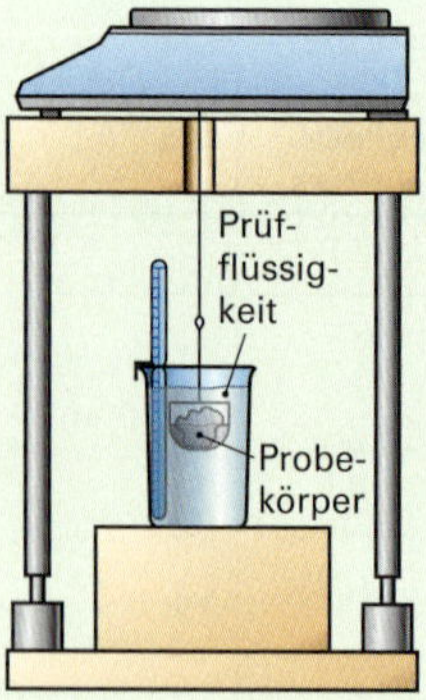

Eintauchverfahren
Formel nur gültig, wenn $\varrho_S > \varrho_{IL}$

$$\varrho_S = \frac{m_{S,A} \cdot \varrho_{IL}}{m_{S,A} - m_{S,IL}}$$

$$\varrho_{IL} = \varrho_S \cdot \frac{(m_{S,A} - m_{S,IL})}{m_{S,A}}$$

$$m_{S,IL} = \frac{m_{S,A} \cdot \varrho_S - m_{s,A} \cdot \varrho_{IL}}{\varrho_S}$$

$$m_{S,A} = \frac{\varrho_S \cdot m_{S,IL}}{\varrho_S - \varrho_{IL}}$$

Eintauchverfahren
Formel nur gültig, wenn $\varrho_S < \varrho_{IL}$

$$\varrho_S = \frac{m_{S,A} \cdot \varrho_{IL}}{m_{S,A} + m_{K,IL} - m_{S+K,IL}}$$

$$\varrho_{IL} = \frac{\varrho_S \cdot (m_{S,A} + m_{K,IL} - m_{S+K,IL})}{m_{S,A}}$$

$$m_{K,IL} = \left(\frac{\varrho_{IL}}{\varrho_S} - 1\right) \cdot m_{S,A} + m_{S+K,IL}$$

$$m_{S+K,IL} = \left(1 - \frac{\varrho_{IL}}{\varrho_S}\right) \cdot m_{S,A} + m_{K,IL}$$

$$m_{S,A} = \frac{\varrho_S \cdot (m_{S+K,IL} - m_{K,IL})}{\varrho_S - \varrho_{IL}}$$

Formelzeichen		Einheiten
ϱ_S	Feststoffdichte, Dichte des Feststoffes	g/cm^3
ϱ_{IL}	Flüssigkeitsdichte, Dichte der Eintauchflüssigkeit bei 23 °C oder 27 °C	g/cm^3
$m_{S,A}$	Masse des Probekörpers an Luft	g
$m_{S,IL}$	Masse des Probekörpers in der Eintauchflüssigkeit	g
$m_{K,IL}$	Masse des Senkkörpers beim Eintauchen in die Prüfflüssigkeit	g
$m_{S+K,IL}$	Masse des Probekörpers und des Senkkörpers beim Eintauchen in die Flüssigkeit	g

Dichtebestimmung durch Pyknometerverfahren

Pyknometerverfahren

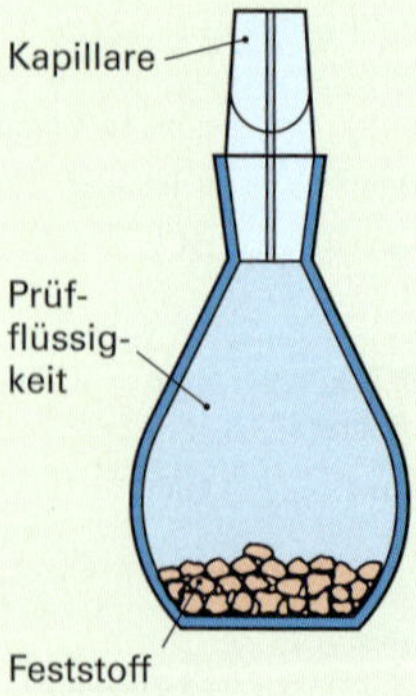

Dichte des Feststoffes

$$\varrho_S = \varrho_{Fl} \cdot \frac{m_G - m_L}{m_F - m_L + m_G - m_{GF}}$$

$$\varrho_{Fl} = \frac{\varrho_S \cdot (m_F - m_L + m_G - m_{GF})}{m_G - m_L}$$

$$m_F = \left(\frac{\varrho_{Fl}}{\varrho_S} - 1\right) \cdot (m_G - m_L) + m_{GF}$$

$$m_G = m_L + \frac{\varrho_S}{\varrho_S - \varrho_{Fl}} \cdot (m_{GF} - m_F)$$

$$m_L = m_G - \frac{\varrho_S}{\varrho_S - \varrho_{Fl}} \cdot (m_{GF} - m_F)$$

$$m_{GF} = m_F - m_L + m_G - \frac{\varrho_{Fl}}{\varrho_S} \cdot (m_G - m_L)$$

Formelzeichen		Einheiten
ϱ_S	Feststoffdichte, Dichte des Feststoffes	g/cm^3
ϱ_{Fl}	Flüssigkeitsdichte, Dichte der Prüfflüssigkeit	g/cm^3
m_L	Masse des Pyknometers	g
m_G	Masse des Pyknometers, gefüllt mit Granulat	g
m_{GF}	Masse des Pyknometers, gefüllt mit Flüssigkeit und Granulat	g
m_F	Masse des Pyknometers, gefüllt mit Flüssigkeit	g

Beispiele für Prüfflüssigkeitsdichten:
Wasser = 0,998 g/cm³ bei 20 °C
Ethanol = 0,97 g/cm³ bei 20 °C

Beziehungen
1 g/cm³
= 1 g/ml
= 1 kg/l

Korngrößenverteilung / Siebanalyse und RRSB-Körnungsnetz, Fließraten MFR bzw. MVR

Bezeichnung und Abbildung	Formeln und Formelumstellung	Formelzeichen	Einheiten
Korngrößenverteilung / Siebanalyse und RRSB-Körnungsnetz			
Prüfsiebturm	**Rückstand Siebboden** $\Delta R_i = \frac{m_{Ri} \cdot 100}{m_P}$; $m_{Ri} = \frac{\Delta R_i \cdot m_P}{100}$; $m_P = \frac{m_{Ri} \cdot 100}{\Delta R_i}$	ΔR_i Massenanteil (Rückstand) auf dem Siebboden i	%
		m_{Ri} Masse Rückstand auf Siebboden	g
		m_P Gesamtprobenmasse (Aufgabemasse Siebmaschine)	g
	Relative Häufigkeit $y_{H,i} = \frac{\Delta R_i}{\Delta d_i}$	y_{Hi} relative Häufigkeit	% /mm
		Δd_i Korndurchmesser auf dem Siebboden i	mm
	**Massenanteil** $\Delta R_i = y_{H,i} \cdot \Delta d_i$		
	RRSB-Körnungsnetz Rückstand Berechnung mit Formelvariante 1 $R = e^{-b \cdot d_K^n}$	R Rückstand als Massenanteil	%
		e Eulersche Zahl $e = 2{,}718$	– (ohne Einheit)
		b stoffspezifische Konstante $b = (1/d')^n$	– (ohne Einheit)
	Rückstand Berechnung mit Formelvariante 2 $R = e^{-\left(\frac{d_K}{d}\right)^n}$	d' Maschenweite eines Siebes für $R = 100\,\%$ / $e = 0{,}36\,\%$ (Körnungsparameter nach RRSB-Körnungsnetz)	mm
	Massenbezogene Oberfläche $S_m = \frac{S_v}{\varrho_S}$; $S_v = S_m \cdot \varrho_S$; $\varrho_S = \frac{S_v}{S_m}$	S_m massenbezogene Oberfläche	cm^2/g
		S_v volumenbezogene Oberfläche	cm^2/cm^3
		ϱ_S Feststoffdichte	g/cm^3
Fließraten MFR bzw. MVR			
Ermittlung der Fließrate	**Massefließrate** $\text{MFR} = \frac{600 \cdot m}{t}$; $m = \frac{\text{MFR} \cdot t}{600}$	MFR Schmelze- und Massefließrate	g/10 min
		MVR Schmelze-Volumenfließrate	g/cm^3
		m Mittelwert der Masseabschnitte	g
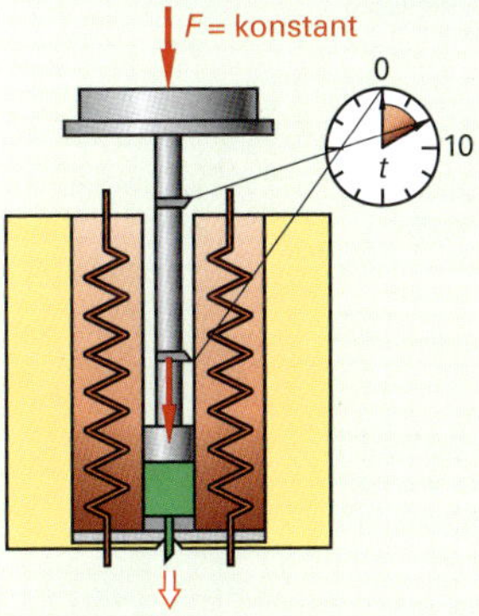	**Volumenfließrate** $\text{MVR} = \frac{427 \cdot l}{t}$; $l = \frac{\text{MVR} \cdot t}{427}$; $\text{MVR} = \frac{\text{MFR}(T, m_{nom})}{\varrho}$; $\text{MFR}(T, m_{nom}) = \text{MVR} \cdot \varrho$	t Zeitintervall für das Abschneiden	s
		l zurückgelegte Kolbenweglänge	mm
		ϱ Dichte der Schmelze	g/cm^3
		T Prüftemperatur nach DIN EN ISO 1133	K
	Fließratenverhältnis $\text{FRR} = \frac{\text{MFR}_2}{\text{MFR}_1}$; $\text{MFR}_2 = \text{FRR} \cdot \text{MFR}_1$; $\text{MFR}_1 = \frac{\text{MFR}_2}{\text{FRR}}$	FRR Fließratenverhältnis	– (ohne Einheit)
		MFR_1 Schmelze- und Massefließrate 1	g/10 min
		MFR_2 Schmelze- und Massefließrate 2	g/10 min
		F aufgebrachte Kraft	N

Auslegung von Schraubverbindungen

Kräfte, Lastverteilung und Spannungen

Bezeichnung und Abbildung

Betriebskraft in Achsrichtung

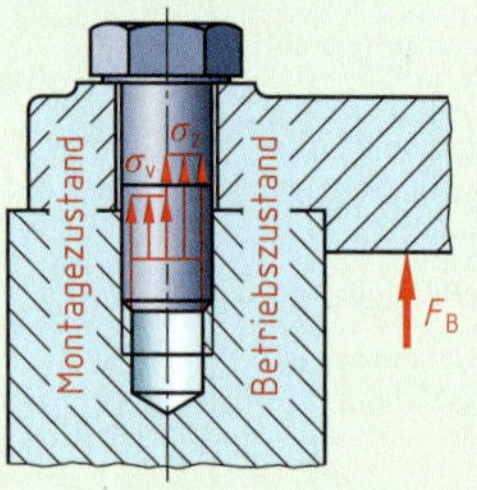

Betriebskraft quer zur Achsrichtung

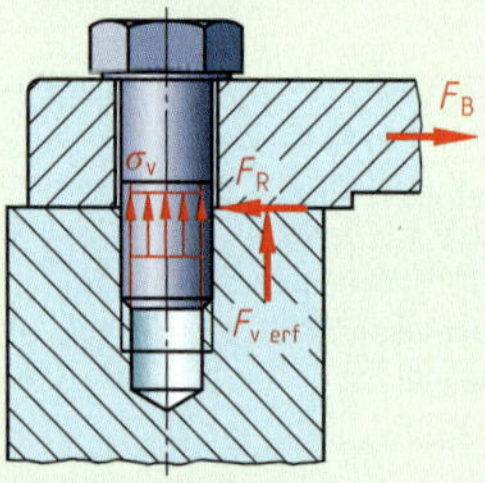

Schaftschraube
Bedingung: $D_A = d_A$

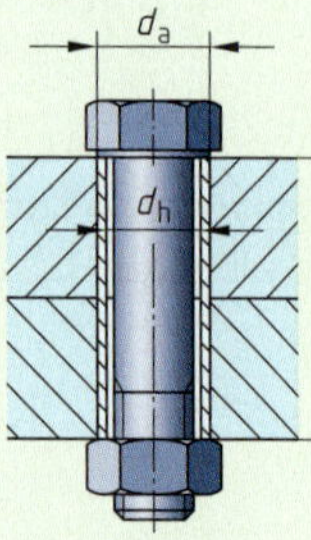

Schaftschraube
Bedingung: $d_A < D_A < 3 \cdot d_A$

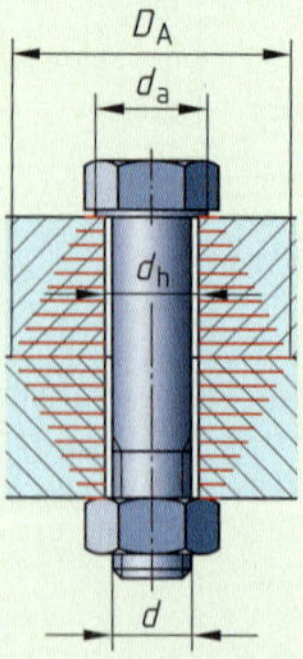

Formeln und Formelumstellung	Formelzeichen		Einheiten
Mindest-Streckgrenze			
$R_{e\,erf} \geq 1{,}5 \cdot \sigma_v$ $\sigma_v = \frac{R_{e\,erf}}{1{,}5}$	$R_{e\,erf}$	Mindest-Streckgrenze	N/mm²
	σ_v	Vorspannung	N/mm²
	σ_z	Zugspannung	N/mm²
Spannungsquerschnitt			
$S = \frac{F_B}{\sigma_{zul}}$ $F_B = S \cdot \sigma_{zul}$ $\sigma_{zul} = \frac{F_B}{S}$	S	Spannungsquerschnitt	mm²
	F_B	Betriebskraft	N
Zulässige Spannung			
$\sigma_{zul} = \frac{R_e}{\nu}$ $R_e = \sigma_{zul} \cdot \nu$ $\nu = \frac{R_e}{\sigma_{zul}}$	σ_{zul}	zulässige Spannung	N/mm²
	R_e	Streckgrenze	N/mm²
	ν	Sicherheitsfaktor	– (ohne Einheit)
Erforderliche Vorspannkraft			
$F_{v\,erf} = \frac{\varphi \cdot F_B}{\mu}$ $\varphi = \frac{F_{v\,erf} \cdot \mu}{F_B}$ $F_B = \frac{F_{v\,erf} \cdot \mu}{\varphi}$	$F_{v\,erf}$	erforderliche Vorspannkraft	N
$\mu = \frac{\varphi \cdot F_B}{F_{v\,erf}}$	φ	Rutschsicherheit	– (ohne Einheit)
	F_B	Betriebskraft	N
	μ	Reibungszahl	– (ohne Einheit)
Flächenpressung zwischen Schraubenkopf bzw. Mutter und den verspannten Teilen			
$p = \frac{F_{s\,max}}{A_p}$ $F_{s\,max} = p \cdot A_p$	p	Flächenpressung	N/mm²
$A_p = \frac{F_{s\,max}}{p}$	$F_{s\,max}$	maximale Schraubenkraft	N
	A_p	Auflagefläche	mm²
Betriebskraftverhältnis			
$\Phi_n = \Phi \cdot n$ $\Phi = \frac{\Phi_n}{n}$ $n = \frac{\Phi_n}{\Phi}$	Φ_n	Betriebskraftverhältnis	– (ohne Einheit)
	Φ	Kraftverhältnis	– (ohne Einheit)
	n	Krafteinleitungsfaktor	– (ohne Einheit)
Maximale Schraubenkraft			
$F_{s\,max} = F_v + F_{SA}$ $F_v = F_{s\,max} - F_{SA}$	$F_{s\,max}$	maximale Schraubenkraft	N
$F_{SA} = F_{s\,max} - F_v$	F_v	Vorspannkraft	N
	F_{SA}	Differenzkraft	N
$F_{s\,max} = F_v + \Phi \cdot F_B$ $F_v = F_{s\,max} - \Phi \cdot F_B$	Φ	Kraftverhältnis	– (ohne Einheit)
$F_B = \frac{F_{s\,max} - F_v}{\Phi}$	F_B	Betriebskraft	N
	d_a	Außendurchmesser der ebenen Kopfauflagefläche	mm
	d_h	Durchgangslochdurchmesser	mm
	D_A	Durchmesser der druckbeanspruchten Zone	mm
Setzkraft			
$F_Z = \frac{f_Z \cdot \Phi}{\sigma_B}$ $f_z = \frac{F_Z \cdot \sigma_B}{\Phi}$ $\Phi = \frac{F_Z \cdot \sigma_B}{f_Z}$	F_Z	Setzkraft	N
$\sigma_B = \frac{f_Z \cdot \Phi}{F_Z}$	f_Z	Setzbetrag	mm
	Φ	Kraftverhältnis	– (ohne Einheit)
	σ_B	Nachgiebigkeit der Bauteile	mm/N
Kraftverhältnis			
$\Phi = \frac{F_{SA}}{F_B}$ $F_{SA} = \Phi \cdot F_B$ $F_B = \frac{F_{SA}}{\Phi}$	Φ	Kraftverhältnis	– (ohne Einheit)
	F_{SA}	Differenzkraft	N
	F_B	Betriebskraft	N
Klemmlängenverhältnis			
$\kappa = \frac{l_K}{d}$ $l_K = \kappa \cdot d$ $d = \frac{l_K}{\kappa}$	κ	Klemmlängenverhältnis	– (ohne Einheit)
	l_K	Klemmlänge	mm
	d	Nenndurchmesser	mm

Auslegung für Zylinder- und Sechskantschrauben, Nachgiebigkeit und Senktiefe

Bezeichnung und Abbildung	Formeln und Formelumstellung	Formelzeichen	Einheiten
Nachgiebigkeit der Schraube und des Bauteils			
Schaftschraube 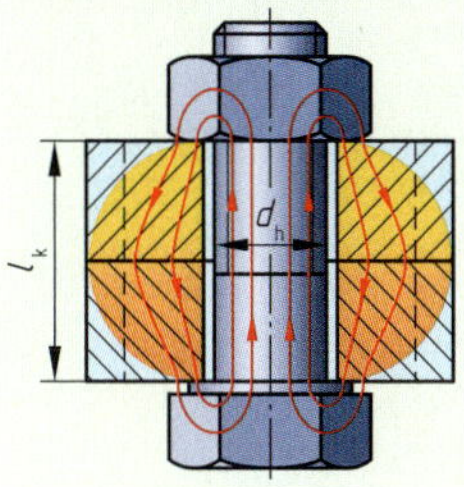	**Elastische Verformung der Schraube** $\sigma_S = \frac{f_s}{F_V}$ $\quad f_s = \sigma_S \cdot F_V \quad F_V = \frac{f_s}{\sigma_S}$	σ_S elastische Verformung der Schraube f_s Verlängerung F_V Vorspannkraft	mm/N mm N
	Elastische Verformung des Bauteils $\sigma_T = \frac{l_k}{A_{ers} \cdot E_T}$ $\quad l_k = \sigma_T \cdot A_{ers} \cdot E_T$ $A_{ers} = \frac{l_k}{\sigma_T \cdot E_T}$ $E_T = \frac{l_k}{\sigma_T \cdot A_{ers}}$	σ_T elastische Verformung des Bauteils l_k Klemmlänge E_T E-Modul	mm/N mm N/mm^2
Krafteinleitungsfaktor *n* = 0,3 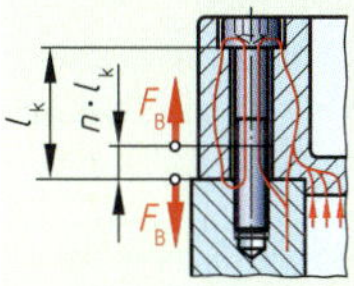	**Ersatzfläche** $A_{ers} = \frac{\pi}{4} \cdot \left[\left(d_W + \frac{l_k}{a}\right)^2 - d_h^2\right]$	A_{ers} Ersatzfläche d_W Außendurchmesser der Kopfauflage l_k Klemmlänge $l_{1...3}$ Teillängen a Werkstoffkennwert d_h Durchmesser Durchgangsbohrung	mm^2 mm mm mm – (ohne Einheit) mm
Krafteinleitungsfaktor *n* = 0,5 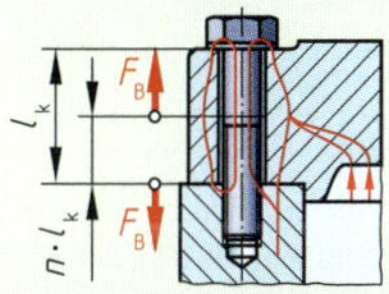	**Montagevorspannkraft** $F_M = F_V + F_Z$ $\quad F_V = F_M - F_Z$ $F_Z = F_M - F_V$	F_M Montagevorspannkraft F_V Vorspannkraft F_Z Setzkraft	N N N
	Größtkraft in der Schraube $F_S = F_V + F_{SA}$ $\quad F_V = F_S - F_{SA}$ $F_{SA} = F_S - F_V$	F_S Größtkraft der Schraube F_V Vorspannkraft F_{SA} Differenzkraft in der Schraube	N N N
Krafteinleitungsfaktor *n* = 0,7 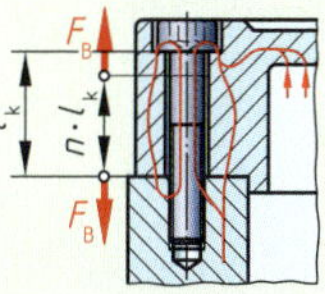	**Differenzkraft in der Schraube** $F_{SA} = n \cdot \Phi \cdot F_B$ $\quad n = \frac{F_{SA}}{\Phi \cdot F_B} \quad \Phi = \frac{F_{SA}}{n \cdot F_B}$ $F_B = \frac{F_{SA}}{n \cdot \Phi}$	n Krafteinleitungsfaktor Φ Kraftverhältnis F_B Betriebskraft	– (ohne Einheit) – (ohne Einheit) N
Krafteinleitungsfaktor *n* = 1 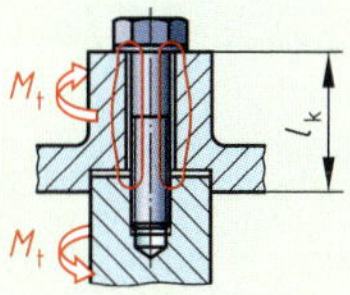	**Differenzkraft in den Bauteilen** $F_{BA} = F_B \cdot (1 - n \cdot \Phi)$ $\quad F_B = \frac{F_{BA}}{(1 - n \cdot \Phi)}$ $n = \frac{F_B - F_{BA}}{F_B \cdot \Phi}$ $\Phi = \frac{F_B - F_{BA}}{F_B \cdot n}$	F_{BA} Differenzkraft in den Bauteilen F_B Betriebskraft n Krafteinleitungsfaktor Φ Kraftverhältnis	N N – (ohne Einheit) – (ohne Einheit)
	Restklemmkraft $F_K = F_V - F_{BA}$ $\quad F_V = F_K + F_{BA}$ $F_{BA} = F_V - F_K$	F_K Restklemmkraft F_V Vorspannkraft F_{BA} Differenzkraft in den Bauteilen M_t Torsion (Verdrehung)	N N N Nmm
Senktiefe für bündigen Anschluss			
Senktiefe 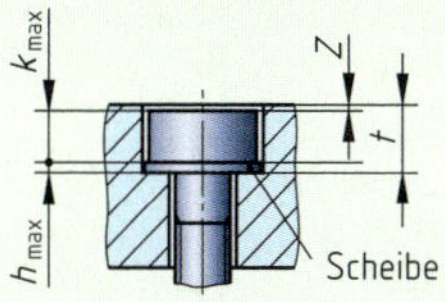	**Senktiefe** $t = k_{max} + h_{max} + Z$ $k_{max} = t - h_{max} - Z$ $\quad h_{max} = t - k_{max} - Z$ $Z = t - k_{max} - h_{max}$	t Senktiefe k_{max} maximale Kopfhöhe der Schraube h_{max} maximale Höhe des Unterlegteils Z Zugabe entsprechend dem Gewindenenndurchmesser	mm mm mm mm

M

Dimensionierung von zylindrischen Schrauben-Druckfedern

Bezeichnung und Abbildung	Formeln und Formelumstellung	Formelzeichen	Einheiten

Dimensionierung

Blocklänge der Feder

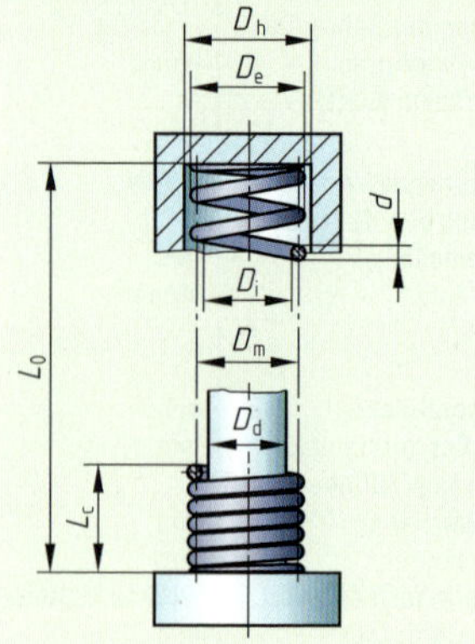

Kleinste zulässige Federlänge

$$L_n = L_c + S_a$$

$$L_c = L_n - S_a$$

$$S_a = L_n - L_c$$

Unbelastete Federlänge

$$L_0 = s_c + L_c$$

$$s_c = L_0 - L_c$$

$$L_c = L_0 - s_c$$

$$L_0 = s_n + S_a + L_c$$

$$s_n = L_0 - S_a - L_c$$

$$S_a = L_0 - s_n - L_c$$

$$L_c = L_0 - s_n - S_a$$

Formelzeichen	Bezeichnung	Einheiten
L_n	kleinste zulässige Federlänge	mm
L_c	Blocklänge der Feder	mm
S_a	Summe der Mindest-Abstände	mm
L_0	Länge der unbelasteten Feder	mm
s_c	Federweg im Blockzustand	mm
s_n	Federweg bei F_n	mm

Drahtdurchmesser

$$d \approx k_1 \cdot \sqrt[3]{F \cdot D_e}$$

$$F = \frac{d^3}{k_1^3 \cdot D_e}$$

$$D_e = \frac{d^3}{k_1^3 \cdot F}$$

$$d \approx k_1 \cdot \sqrt[3]{F \cdot D_i} + k_2$$

$$F = \frac{(d - k_2)^3}{k_1^3 \cdot D_i}$$

$$D_i = \frac{(d - k_2)^3}{k_1^3 \cdot F}$$

$$k_2 = \frac{2 \cdot (k_1 \cdot \sqrt[3]{F \cdot D_i})^2}{3 \cdot D_i}$$

Formelzeichen	Bezeichnung	Einheiten
d	Drahtdurchmesser	mm
k_1	Beiwert 1	– (ohne Einheit)
k_2	Beiwert 2	– (ohne Einheit)
F	Federkraft	N
D_e	Außendurchmesser der Feder	mm
D_i	Innendurchmesser der Feder	mm
D_h	Hülsendurchmesser	mm
D_d	Dorndurchmesser	mm

Belastete Feder

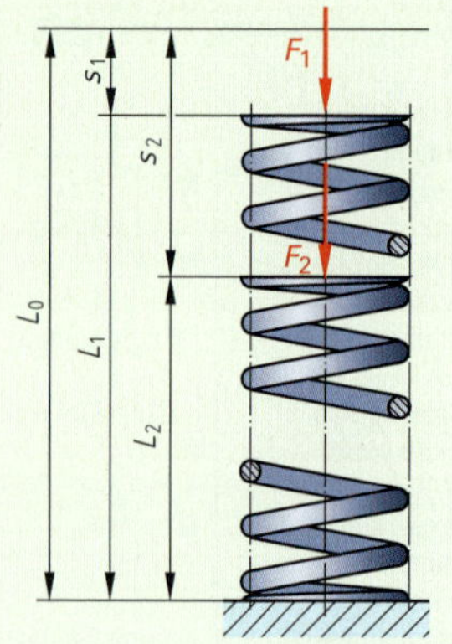

Windungsanzahl

$$n = \frac{G \cdot d^4}{8 \cdot D_m^3 \cdot R}$$

$$d = \sqrt[4]{\frac{n \cdot 8 \cdot D_m^3 \cdot R}{G}}$$

$$D_m = \sqrt[3]{\frac{G \cdot d^4}{8 \cdot R \cdot n}}$$

$$R = \frac{G \cdot d^4}{8 \cdot D_m^3 \cdot n}$$

Formelzeichen	Bezeichnung	Einheiten
n	Anzahl der federnden Windungen	– (ohne Einheit)
G	Gleitmodul des Federwerkstoffs	N/mm²
d	Drahtdurchmesser	mm
D_m	Windungsdurchmesser	mm
R	Federrate	N/mm

Kraft-Weg-Diagramm

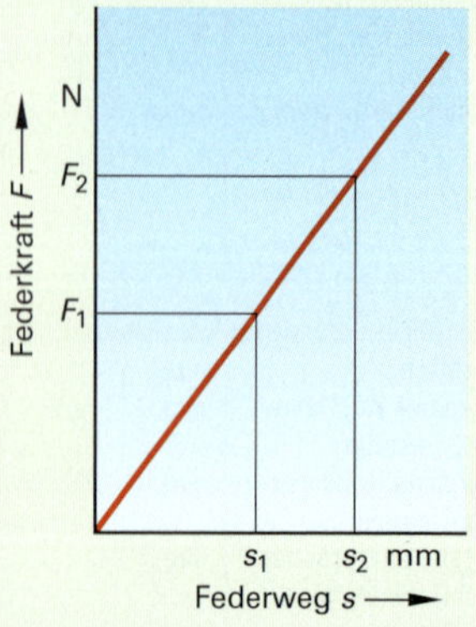

Federweg

$$s = \frac{F}{R}$$

$$F = s \cdot R$$

$$R = \frac{F}{s}$$

$$s = \frac{8 \cdot D_m^3 \cdot n \cdot F}{G \cdot d^4}$$

$$D_m = \sqrt[3]{\frac{s \cdot G \cdot d^4}{8 \cdot n \cdot F}}$$

$$n = \frac{s \cdot G \cdot d^4}{8 \cdot D_m^3 \cdot F}$$

$$F = \frac{s \cdot G \cdot d^4}{8 \cdot D_m^3 \cdot n}$$

$$d = \sqrt[4]{\frac{8 \cdot D_m^3 \cdot n \cdot F}{s \cdot G}}$$

Formelzeichen	Bezeichnung	Einheiten
s	Federweg	mm
s_1	Federweg 1	mm
s_2	Federweg 2	mm
L_1	Länge der belasteten Feder 1	mm
L_2	Länge der belasteten Feder 2	mm
F	Federkraft	N
F_1	Federkraft 1	mm
F_2	Federkraft 2	mm

Vorhandene Spannung der Feder

$$\tau = \frac{F \cdot D_m}{0{,}4 \cdot d^3}$$

$$F = \frac{\tau \cdot 0{,}4 \cdot d^3}{D_m}$$

$$D_m = \frac{\tau \cdot 0{,}4 \cdot d^3}{F}$$

$$d = \sqrt[3]{\frac{F \cdot D_m}{0{,}4 \cdot \tau}}$$

Formelzeichen	Bezeichnung	Einheiten
τ	vorhandene Spannung	N/mm²
d	Drahtdurchmesser	mm
D_m	Windungsdurchmesser	mm
F	Federkraft	N

M

Stirnräder mit Geradverzahnung

Bezeichnung und Abbildung	Formeln und Formelumstellung	Formelzeichen	Einheiten

Außenverzahnte und innenverzahnte Stirnräder mit Geradverzahnung

Geradverzahnung außen

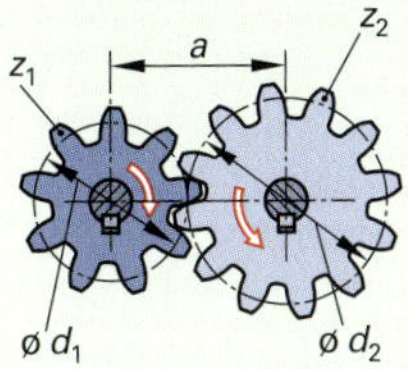

Teilansicht von der Geradverzahnung außen

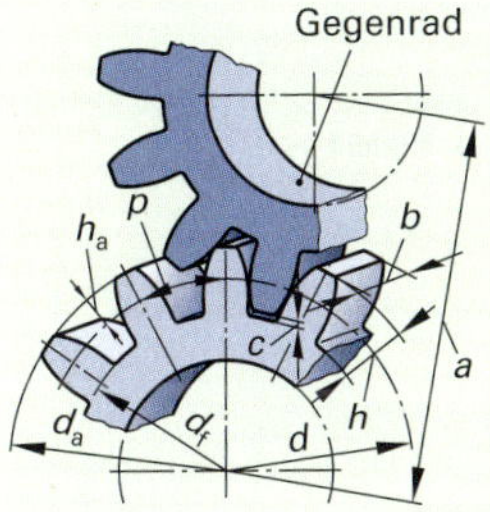

Achsabstand

$$a = \frac{d_1 + d_2}{2} \qquad d_1 = 2 \cdot a - d_2 \qquad d_2 = 2 \cdot a - d_1$$

$$a = \frac{m \cdot (z_1 + z_2)}{2} \qquad m = \frac{2 \cdot a}{z_1 + z_2} \qquad z_1 = \frac{2 \cdot a}{m} - z_2 \qquad z_2 = \frac{2 \cdot a}{m} - z_1$$

Teilung

$$p = \pi \cdot m \qquad m = \frac{p}{\pi}$$

Teilkreisdurchmesser

$$d = m \cdot z \qquad z = \frac{d}{m} \qquad m = \frac{d}{z}$$

Fußkreisdurchmesser

$$d_f = d - 2 \cdot (m + c) \qquad d = d_f + 2 \cdot (m + c)$$

$$m = \frac{d - d_f}{2} - c \qquad c = \frac{d - d_f}{2} - m$$

Kopfkreisdurchmesser

$$d_a = d + 2 \cdot m \qquad d = d_a - 2 \cdot m \qquad m = \frac{d_a - d}{2}$$

$$d_a = m \cdot (z + 2) \qquad m = \frac{d_a}{z + 2} \qquad z = \frac{d_a}{m} - 2$$

Zahnhöhe

$$h = 2 \cdot m + c \qquad m = \frac{h - c}{2} \qquad c = h - 2 \cdot m$$

Kopfspiel

$$c = 0{,}167 \cdot m \qquad m = \frac{c}{0{,}167}$$

Zähnezahl

$$z = \frac{d}{m} \qquad d = z \cdot m \qquad m = \frac{d}{z}$$

$$z = \frac{d_a - 2 \cdot m}{m} \qquad d_a = m \cdot (z + 2) \qquad m = \frac{d_a}{z + 2}$$

Formelzeichen		Einheiten
a	Achsabstand	mm
b	Zahnbreite	mm
d	Teilkreisdurchmesser	mm
d_1, d_2	Teilkreisduchmesser beim Zahnrad 1 bzw. Zahnrad 2	mm
z	Zähnezahl	– (ohne Einheit)
z_1, z_2	Zähnezahl beim Zahnrad 1 bzw. Zahnrad 2	– (ohne Einheit)
m	Modul (Durchmesserteilung)	mm
p	Teilung	mm
π	Kreiszahl ≅ 3,141592654	– (ohne Einheit)
d_f	Fußkreisdurchmesser	mm
c	Kopfspiel	mm
d_a	Kopfkreisdurchmesser	mm
h	Zahnhöhe	mm
h_a	Kopfhöhe	mm
0,167	Faktor Hinweis: Dieser Faktor ist eine variable Größe, die zwischen 0,1 und 0,3 liegen kann.	– (ohne Einheit)

Geradverzahnung innen

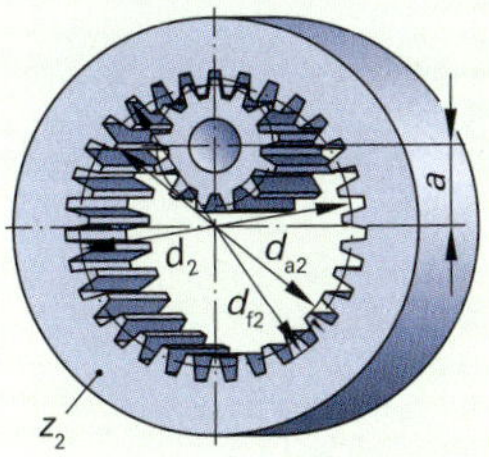

Teilansicht von der Geradverzahnung innen

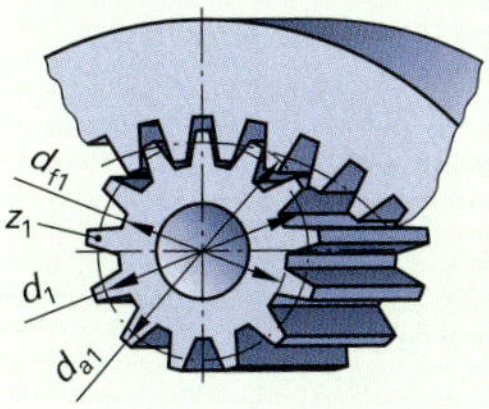

Achsabstand

$$a = \frac{d_2 - d_1}{2} \qquad d_1 = d_2 - 2 \cdot a \qquad d_2 = 2 \cdot a + d_1$$

$$m = \frac{2 \cdot a}{z_2 - z_1} \qquad z_1 = z_2 - \frac{2 \cdot a}{m}$$

$$a = \frac{m \cdot (z_2 - z_1)}{2} \qquad z_2 = \frac{2 \cdot a}{m} + z_1$$

Zähnezahl

$$z = \frac{d}{m} \qquad d = z \cdot m \qquad m = \frac{d}{z}$$

$$z = \frac{d_a + 2 \cdot m}{m} \qquad d_a = m \cdot (z - 2) \qquad m = \frac{d_a}{z - 2}$$

Kopfkreisdurchmesser

$$d_a = d - 2 \cdot m \qquad d = d_a + 2 \cdot m \qquad m = \frac{d - d_a}{2}$$

$$d_a = m \cdot (z - 2) \qquad m = \frac{d_a}{z - 2} \qquad z = \frac{d_a}{m} + 2$$

Fußkreisdurchmesser

$$d_f = d + 2 \cdot (m + c) \qquad d = d_f - 2 \cdot (m + c)$$

$$m = \frac{d_f - d}{2} - c \qquad c = \frac{d_f - d}{2} - m$$

Formelzeichen		Einheiten
a	Achsabstand	mm
d	Teilkreisdurchmesser	mm
d_1, d_2	Teilkreisdurchmesser beim Zahnrad 1 bzw. Zahnrad 2	mm
z	Zähnezahl	– (ohne Einheit)
z_1, z_2	Zähnezahl beim Zahnrad 1 bzw. Zahnrad 2	– (ohne Einheit)
m	Modul	mm
d_a	Kopfkreisdurchmesser	mm
d_f	Fußkreisdurchmesser	mm
c	Kopfspiel	mm

M

Übersetzungen bei Riementrieb, Zahnradtrieb und Schneckentrieb

Bezeichnung und Abbildung | Formeln und Formelumstellung | Formelzeichen | Einheiten

Riementrieb

Einfacher Riementrieb

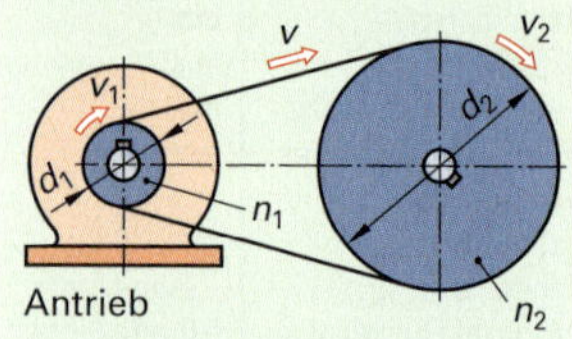

Mehrfacher Riementrieb

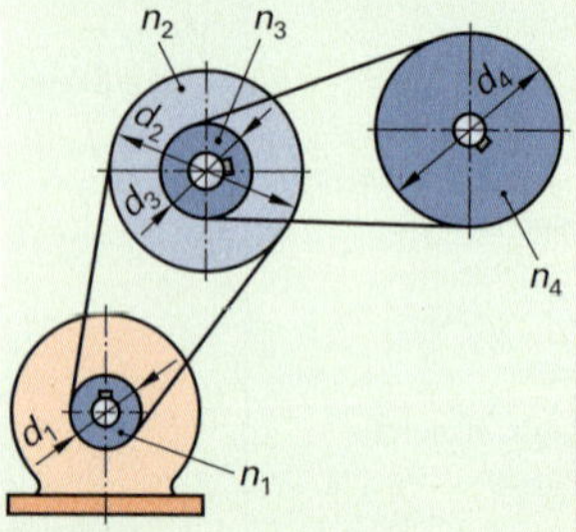

Umfangsgeschwindigkeit

$$v = n \cdot d \cdot \pi \qquad n = \frac{v}{d \cdot \pi} \qquad d = \frac{v}{n \cdot \pi}$$

Antriebsformel

$$n_1 \cdot d_1 = n_2 \cdot d_2 \qquad n_1 = \frac{n_2 \cdot d_2}{d_1} \qquad n_2 = \frac{n_1 \cdot d_1}{d_2}$$

$$d_1 = \frac{n_2 \cdot d_2}{n_1} \qquad d_2 = \frac{n_1 \cdot d_1}{n_2}$$

Übersetzungsverhältnis

$$i_1 = \frac{d_2}{d_1} \qquad d_1 = \frac{d_2}{i_1} \qquad d_2 = i_1 \cdot d_1$$

$$i_1 = \frac{n_1}{n_2} \qquad n_1 = i_1 \cdot n_2 \qquad n_2 = \frac{n_1}{i_1}$$

$$i_2 = \frac{d_4}{d_3} \qquad d_3 = \frac{d_4}{i_2} \qquad d_4 = i_2 \cdot d_3$$

$$i_2 = \frac{n_3}{n_4} \qquad n_3 = i_2 \cdot n_4 \qquad n_4 = \frac{n_3}{i_2}$$

Gesamtübersetzungsverhältnis

$$i = i_1 \cdot i_2 \cdot i_3 \cdot \ldots \qquad i_1 = \frac{i}{i_2 \cdot i_3 \cdot \ldots} \qquad i_2 = \frac{i}{i_1 \cdot i_3 \cdot \ldots}$$

$$i = \frac{d_2 \cdot d_4 \cdot d_6 \cdot \ldots}{d_1 \cdot d_3 \cdot d_5 \cdot \ldots} \qquad d_1 = \frac{d_2 \cdot d_4 \cdot d_6 \cdot \ldots}{i \cdot d_3 \cdot d_5 \cdot \ldots}$$

Formelzeichen		Einheiten
v	Umfangsgeschwindigkeit	mm/min
n	Drehzahl	min^{-1}
n_1, n_3	Drehzahl des treibenden Rades	min^{-1}
n_2, n_4	Drehzahl des getriebenen Rades	min^{-1}
i	Gesamtübersetzungsverhältnis	– (ohne Einheit)
i_1, i_2, i_3	Übersetzungsverhältnis	– (ohne Einheit)
d	Durchmesser	mm
d_1, d_3, d_5	Durchmesser des treibenden Rades	mm
d_2, d_4, d_6	Durchmesser des getriebenen Rades	mm
π	Kreiszahl $\cong 3{,}141592654$	– (ohne Einheit)

Zahnradtrieb und Schneckentrieb

Einfache Übersetzung

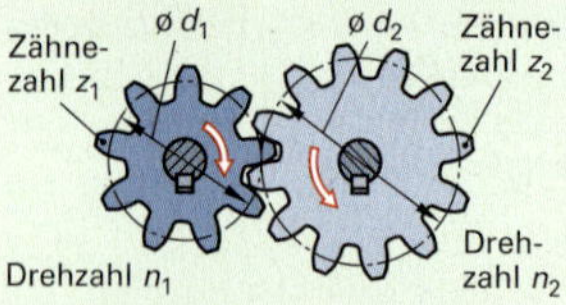

Mehrfache Übersetzung

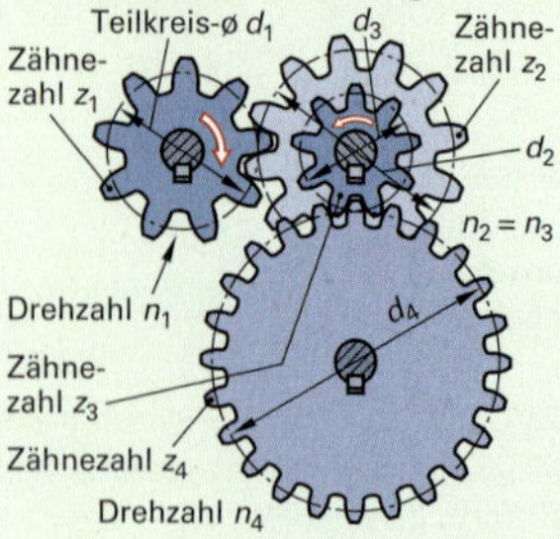

Antriebsformel

$$n_1 \cdot z_1 = n_2 \cdot z_2 \qquad n_1 = \frac{n_2 \cdot z_2}{z_1} \qquad n_2 = \frac{n_1 \cdot z_1}{z_2}$$

$$z_1 = \frac{n_2 \cdot z_2}{n_1} \qquad z_2 = \frac{n_1 \cdot z_1}{n_2}$$

Übersetzungsverhältnis

$$i_1 = \frac{z_2}{z_1} \qquad z_1 = \frac{z_2}{i_1} \qquad z_2 = i_1 \cdot z_1$$

$$i_1 = \frac{n_1}{n_2} \qquad n_1 = i_1 \cdot n_2 \qquad n_2 = \frac{n_1}{i_1}$$

$$i_1 = \frac{d_2}{d_1} \qquad d_1 = \frac{d_2}{i_1} \qquad d_2 = i_1 \cdot d_1$$

$$i_2 = \frac{z_4}{z_3} \qquad z_4 = i_2 \cdot z_3 \qquad z_3 = \frac{z_4}{i_2}$$

$$i_2 = \frac{n_3}{n_4} \qquad n_3 = i_2 \cdot n_4 \qquad n_4 = \frac{n_3}{i_2}$$

$$i_2 = \frac{d_4}{d_3} \qquad d_3 = \frac{d_4}{i_3} \qquad d_4 = i_2 \cdot d_3$$

Gesamtübersetzungsverhältnis

$$i = \frac{d_2 \cdot d_4 \cdot d_6 \cdot \ldots}{d_1 \cdot d_3 \cdot d_5 \cdot \ldots} \qquad d_1 = \frac{d_2 \cdot d_4 \cdot d_6 \cdot \ldots}{i \cdot d_3 \cdot d_5 \cdot \ldots}$$

Formelzeichen		Einheiten
n_1, n_3	Drehzahl des treibenden Rades	min^{-1}
n_2, n_4	Drehzahl des getriebenen Rades	min^{-1}
z_1, z_3	Zähnezahl des treibenden Rades	– (ohne Einheit)
z_2, z_4	Zähnezahl des getriebenen Rades	– (ohne Einheit)
i	Gesamtübersetzungsverhältnis	– (ohne Einheit)
i_1, i_2, i_3	Übersetzungsverhältnis	– (ohne Einheit)
d_1, d_3, d_5	Durchmesser des treibenden Rades	mm
d_2, d_4, d_6	Durchmesser des getriebenen Rades	mm

Schneckentrieb

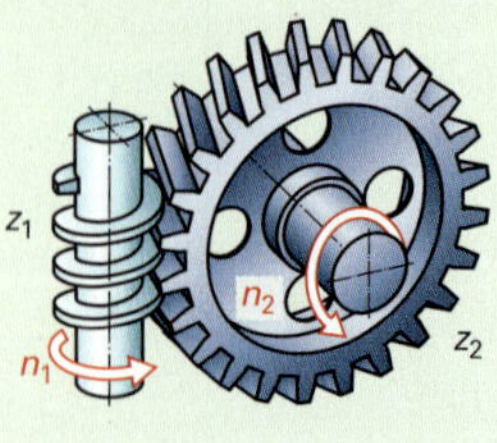

Antriebsformel

$$n_1 \cdot z_1 = n_2 \cdot z_2 \qquad n_1 = \frac{n_2 \cdot z_2}{z_1} \qquad n_2 = \frac{n_1 \cdot z_1}{z_2}$$

$$z_1 = \frac{n_2 \cdot z_2}{n_1} \qquad z_2 = \frac{n_1 \cdot z_1}{n_2}$$

Gesamtübersetzungsverhältnis

$$i = \frac{z_2}{z_1} \qquad z_1 = \frac{z_2}{i} \qquad z_2 = i \cdot z_1$$

$$i = \frac{n_1}{n_2} \qquad n_1 = i \cdot n_2 \qquad n_2 = \frac{n_1}{i}$$

Formelzeichen		Einheiten
n_1	Drehzahl der Schnecke, treibend	min^{-1}
n_2	Drehzahl des Schneckenrades	min^{-1}
z_1	Gangzahl der Schnecke	– (ohne Einheit)
z_2	Zähnezahl Schneckenrad	– (ohne Einheit)
i	Gesamtübersetzungsverhältnis	– (ohne Einheit)

M

Kolbenkraftberechnung für einfach- und doppeltwirkende Zylinder

Bezeichnung und Abbildung	Formeln und Formelumstellung	Formelzeichen	Einheiten

Kolbenkraftberechnung für einfachwirkende Zylinder

Einfachwirkender Zylinder

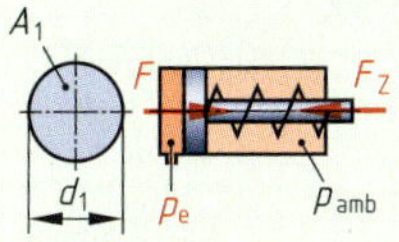

Wirksame Kolbenkraft

$$\boxed{F = p_e \cdot A_1 \cdot \eta - F_Z} \qquad p_e = \frac{F + F_Z}{A_1 \cdot \eta} \qquad A_1 = \frac{F + F_Z}{p_e \cdot \eta}$$

$$F_Z = p_e \cdot A_1 \cdot \eta - F \qquad \eta = \frac{F + F_Z}{p_e \cdot A_1}$$

Kolbenfläche 1 (Kreisfläche)

$$\boxed{A_1 = \frac{\pi}{4} \cdot d_1^2} \qquad d_1 = \sqrt{\frac{4 \cdot A_1}{\pi}}$$

Formelzeichen		Einheiten
F	Kolbenkraft	N
p_e	Überdruck	bar
A_1	Kolbenfläche 1 (Kreisfläche)	cm^2
η	Wirkungsgrad	– (ohne Einheit)
F_Z	Federkraft	N
d_1	Durchmesser 1 (Kolben)	cm
π	Kreiszahl ≅ 3,141592654	– (ohne Einheit)

Kolbenkraftberechnung für doppeltwirkende Zylinder

Doppeltwirkender Zylinder

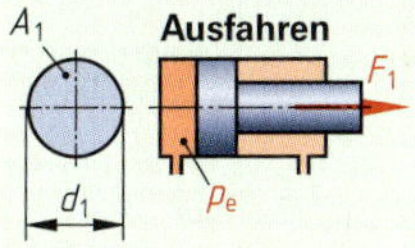

Wirksame Kolbenkraft

$$\boxed{F_1 = p_e \cdot A_1 \cdot \eta} \qquad p_e = \frac{F_1}{A_1 \cdot \eta} \qquad A_1 = \frac{F_1}{p_e \cdot \eta}$$

$$\eta = \frac{F_1}{p_e \cdot A_1}$$

$$\boxed{F_2 = p_e \cdot A_2 \cdot \eta} \qquad p_e = \frac{F_2}{A_2 \cdot \eta} \qquad A_2 = \frac{F_2}{p_e \cdot \eta}$$

$$\eta = \frac{F_2}{p_e \cdot A_2}$$

Formelzeichen		Einheiten
F_1	Kolbenkraft 1	N
p_e	Überdruck	bar
F_2	Kolbenkraft 2	N
η	Wirkungsgrad	– (ohne Einheit)

Kolbenfläche 1 (Kreisfläche)

$$\boxed{A_1 = \frac{\pi}{4} \cdot d_1^2} \qquad d_1 = \sqrt{\frac{4 \cdot A_1}{\pi}}$$

Formelzeichen		Einheiten
A_1	Kolbenfläche 1 (Kreisfläche)	cm^2

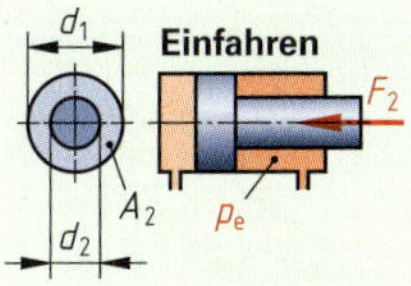

Kolbenfläche 2 (Kreisringfläche)

$$\boxed{A_2 = \frac{\pi}{4} \cdot (d_1^2 - d_2^2)} \qquad d_1 = \sqrt{\frac{4 \cdot A_2}{\pi} + d_2^2}$$

$$d_2 = \sqrt{d_1^2 - \frac{4 \cdot A_2}{\pi}}$$

Durchmesser 1 (Kolben)

$$\boxed{d_1 = \sqrt{\frac{4 \cdot A_2}{\pi} + d_2^2}} \qquad A_2 = \frac{\pi}{4} \cdot (d_1^2 - d_2^2)$$

Durchmesser 2 (Kolbenstange)

$$\boxed{d_2 = \sqrt{d_1^2 - \frac{4 \cdot A_2}{\pi}}} \qquad A_2 = \frac{\pi}{4} \cdot (d_1^2 - d_2^2)$$

Formelzeichen		Einheiten
A_2	Kolbenfläche 2 (Kreisringfläche)	cm^2
d_1	Durchmesser 1 (Kolben)	cm
d_2	Durchmesser 2 (Kolbenstange)	cm
π	Kreiszahl ≅ 3,141592654	– (ohne Einheit)

Beziehungen

1 bar

= 1000 mbar

$= 0{,}1 \frac{N}{mm^2}$

$= 10 \frac{N}{cm^2}$

A

Berechnung des Luftverbrauchs für einfach- und doppeltwirkende Zylinder und bei Doppelhub

Bezeichnung und Abbildung	Formeln und Formelumstellung	Formelzeichen	Einheiten

Luftverbrauch bei einfachwirkenden Zylinder

Einfachwirkender Zylinder

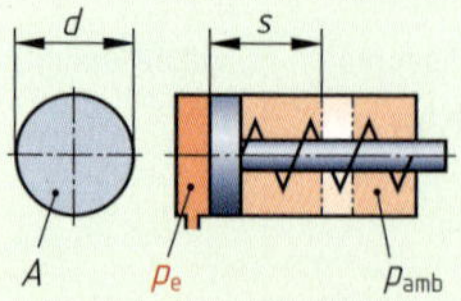

Luftverbrauch

$$Q = A \cdot s \cdot n \cdot \frac{p_e + p_{amb}}{p_{amb}}$$

$$A = \frac{Q}{s \cdot n \cdot \frac{p_e + p_{amb}}{p_{amb}}} \qquad s = \frac{Q}{A \cdot n \cdot \frac{p_e + p_{amb}}{p_{amb}}} \qquad n = \frac{Q}{A \cdot s \cdot \frac{p_e + p_{amb}}{p_{amb}}}$$

$$Q = s \cdot n \cdot q_v$$

$$s = \frac{Q}{n \cdot q_v} \qquad n = \frac{Q}{s \cdot q_v} \qquad q_v = \frac{Q}{s \cdot n}$$

Formelzeichen		Einheiten
Q	Luftverbrauch	l/min
p_e	Überdruck	bar
p_{amb}	Luftdruck	bar
A	Kolbenfläche	cm^2
s	Kolbenhub, Hublänge	cm
n	Hubzahl	1/min, min^{-1}
q_v	Luftverbrauch bei Doppelhub	l/cm

Hinweis:
Werte für q_v können aus dem nachfolgenden Diagramm entnommen werden.
Darin zeigt die blaue Strichpunktlinie die Ableserichtung an (Beispiel).

Beziehungen

$1 \frac{cm^3}{min}$ = 0,001 l/min

$1 \frac{N}{cm^2}$ = 0,1 bar

Luftverbrauch bei doppeltwirkenden Zylinder

Doppeltwirkender Zylinder

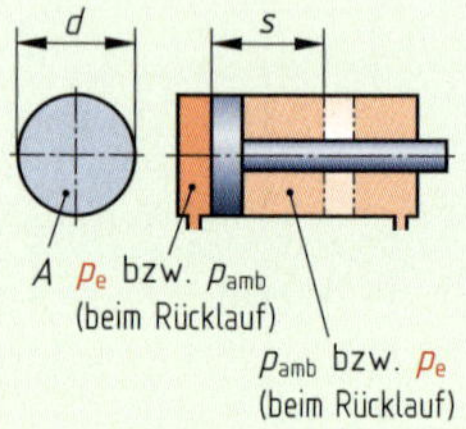

Luftverbrauch

$$Q \approx 2 \cdot A \cdot s \cdot n \cdot \frac{p_e + p_{amb}}{p_{amb}}$$

$$A = \frac{Q}{2 \cdot s \cdot n \cdot \frac{p_e + p_{amb}}{p_{amb}}} \qquad s = \frac{Q}{2 \cdot A \cdot n \cdot \frac{p_e + p_{amb}}{p_{amb}}} \qquad n = \frac{Q}{2 \cdot A \cdot s \cdot \frac{p_e + p_{amb}}{p_{amb}}}$$

$$Q = 2 \cdot s \cdot n \cdot q_v$$

$$s = \frac{Q}{2 \cdot n \cdot q_v} \qquad n = \frac{Q}{2 \cdot s \cdot q_v} \qquad q_v = \frac{Q}{2 \cdot s \cdot n}$$

Formelzeichen		Einheiten
Q	Luftverbrauch	l/min
p_e	Überdruck	bar
p_{amb}	Luftdruck	bar
A	Kolbenfläche	cm^2
s	Kolbenhub, Hublänge	cm
n	Hubzahl	1/min, min^{-1}
q_v	Luftverbrauch bei Doppelhub	l/cm

Hinweis:
Werte für q_v können aus dem nachfolgenden Diagramm entnommen werden.
Darin zeigt die blaue Strichpunktlinie die Ableserichtung an (Beispiel).

Beziehungen

1 l/cm
= 0,1 l/mm
=1 dm^3/cm

Luftverbrauch q_v bei Doppelhub

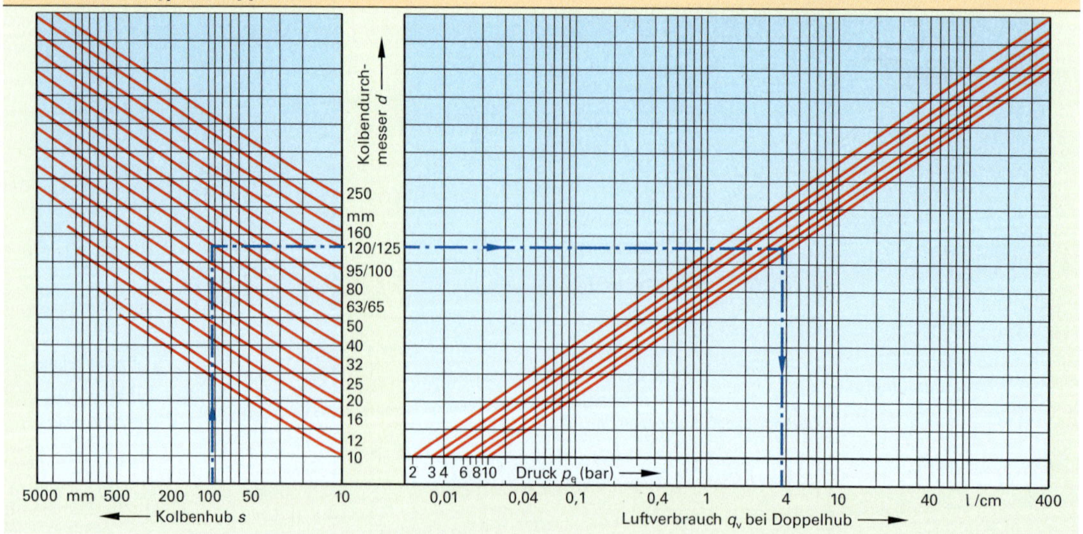

Haltekräfte von Sauggreifern

Bezeichnung und Abbildung	Formeln und Formelumstellung	Formelzeichen	Einheiten

Haltekräfte bei horizontalen und vertikalen Sauggreifern

Sauggreifer horizontal

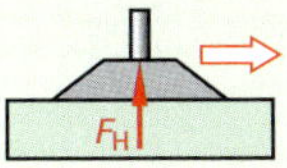

Kraftrichtung horizontal bei horizontalem Sauggreifer

$$F_H = m \cdot S \cdot \left(\frac{g+a}{\mu}\right) \qquad m = \frac{F_H}{S \cdot \left(\frac{g+a}{\mu}\right)} \qquad S = \frac{F_H}{m \cdot \left(\frac{g+a}{\mu}\right)}$$

Sauggreifer horizontal

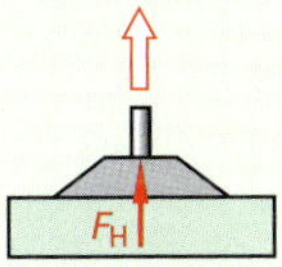

Kraftrichtung vertikal bei horizontalem Sauggreifer

$$F_H = m \cdot S \cdot (g+a) \qquad m = \frac{F_H}{S \cdot (g+a)} \qquad S = \frac{F_H}{m \cdot (g+a)}$$

Sauggreifer vertikal

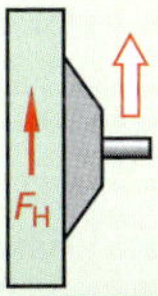

Kraftrichtung vertikal bei vertikalem Sauggreifer

$$F_H = \frac{m \cdot S}{\mu} \cdot (g+a) \qquad m = \frac{F_H \cdot \mu}{S \cdot (g+a)} \qquad S = \frac{F_H \cdot \mu}{m \cdot (g+a)}$$

Formelzeichen		Einheiten
F_H	Haltekraft des Sauggreifers	N
m	Masse	kg
a	Beschleunigung der Anlage	m/s²
Richtwerte für ***a***		m/s²
elektrische Spindel	6	m/s²
elektrische Zahnriemen	20	m/s²
servopneumatisch	25	m/s²
pneumatisch	30	m/s²
S	Sicherheitsfaktor	– (ohne Einheit)
bei linearer Bewegung	1,5	– (ohne Einheit)
bei rotativer Bewegung	2,0	– (ohne Einheit)
g	Ortsfaktor, Fallbeschleunigung, Erdbeschleunigung Erde: 9,81 m/s²	m/s²
μ	Reibungszahl	– (ohne Einheit)
ölig	0,1	– (ohne Einheit)
nass	0,2 … 0,3	– (ohne Einheit)
rau	0,6	– (ohne Einheit)
Holz, Metall, Glas	0,5	– (ohne Einheit)
Stein	0,5	– (ohne Einheit)

Hydraulikzylinder und Hydraulikpumpen, Kolbengeschwindigkeit und Pumpenleistung

Kolbengeschwindigkeit beim Ausfahren und Einfahren

Hydraulikzylinder

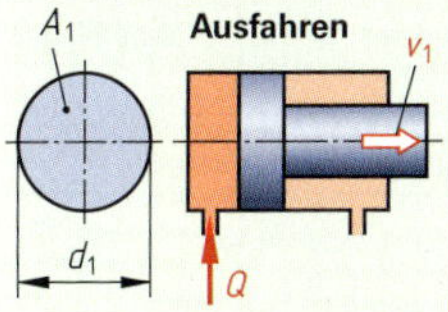

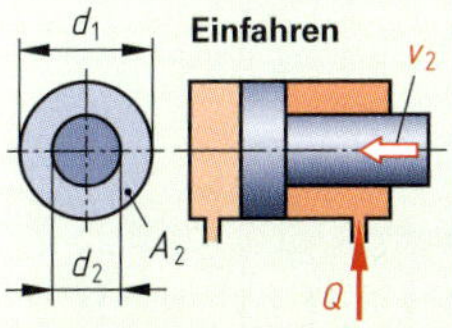

Kolbengeschwindigkeit beim Ausfahren

$$v_1 = \frac{Q}{A_1} \qquad Q = v_1 \cdot A_1 \qquad A_1 = \frac{Q}{v_1}$$

Kolbengeschwindigkeit beim Einfahren

$$v_2 = \frac{Q}{A_2} \qquad Q = v_2 \cdot A_2 \qquad A_2 = \frac{Q}{v_2}$$

Flächen und Durchmesser

$$A_1 = \frac{\pi}{4} \cdot d_1^2 \qquad d_1 = \sqrt{\frac{4 \cdot A_1}{\pi}}$$

$$A_2 = \frac{\pi}{4} \cdot (d_1^2 - d_2^2) \qquad d_1 = \sqrt{\frac{4 \cdot A_2}{\pi} + d_2^2}$$

$$d_2 = \sqrt{d_1^2 - \frac{4 \cdot A_2}{\pi}} \qquad A_2 = \frac{\pi}{4} \cdot (d_1^2 - d_2^2)$$

Formelzeichen		Einheiten
v_1	Kolbengeschwindigkeit 1	cm/min
Q	Volumenstrom	l/min
A_1	Kolbenfläche 1 (Kreisfläche)	cm²
v_2	Kolbengeschwindigkeit 2	cm/min
A_2	Kolbenfläche 2 (Kreisringfläche)	cm²
d_1	Durchmesser 1 (Kolben)	cm
d_2	Durchmesser 2 (Kolbenstange)	cm
π	Kreiszahl ≅ 3,141592654	– (ohne Einheit)

Beziehungen

$$1\,\frac{\text{cm}^3}{\text{min}} = 0{,}001\ \text{l/min}$$

Pumpenleistung von Hydraulikpumpen

Hydraulikpumpe

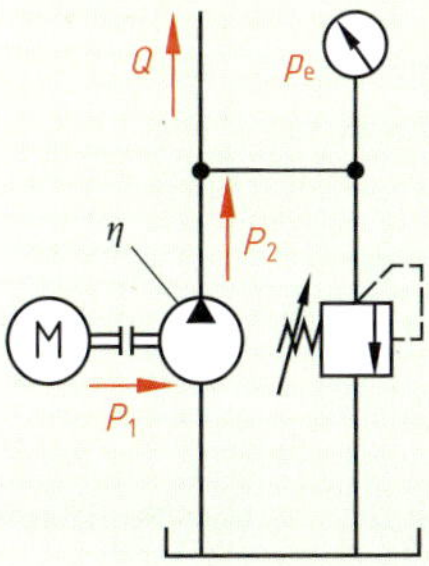

Zugeführte Leistung

$$P_1 = \frac{M \cdot n}{9550} \qquad M = \frac{P_1 \cdot 9550}{n} \qquad n = \frac{P_1 \cdot 9550}{M}$$

$$P_1 = \frac{Q \cdot p_e}{600 \cdot \eta} \qquad Q = \frac{P_1 \cdot 600 \cdot \eta}{p_e} \qquad p_e = \frac{P_1 \cdot 600 \cdot \eta}{Q}$$

Abgegebene Leistung

$$P_2 = \frac{Q \cdot p_e}{600} \qquad Q = \frac{P_2 \cdot 600}{p_e} \qquad p_e = \frac{P_2 \cdot 600}{Q}$$

Wirkungsgrad

$$\eta = \frac{P_2}{P_1} \qquad P_1 = \frac{P_2}{\eta} \qquad P_2 = \eta \cdot P_1$$

Hinweis: Bei den Zahlenwertgleichungen sind unbedingt folgende Einheiten einzusetzen.

P_1	zugeführte Leistung an der Pumpenantriebswelle	kW
M	Drehmoment	Nm
n	Drehzahl	1/min
P_2	abgegebene Leistung am Pumpenausgang	kW
Q	Volumenstrom	l/min
p_e	Überdruck	bar
η	Wirkungsgrad	– (ohne Einheit)
600	Umrechnungsfaktor	– (ohne Einheit)
9550	Umrechnungsfaktor	– (ohne Einheit)

A

Kräfte und Leistungen beim Bohren und Drehen

Bezeichnung und Abbildung	Formeln und Formelumstellung	Formelzeichen	Einheiten
Bohren			
Bohren	**Spanungsquerschnitt** $A = \frac{d \cdot f}{4}$; $d = \frac{4 \cdot A}{f}$; $f = \frac{4 \cdot A}{d}$	A Spanungsquerschnitt d Bohrerdurchmesser f Vorschub je Umdrehung	mm^2 mm mm
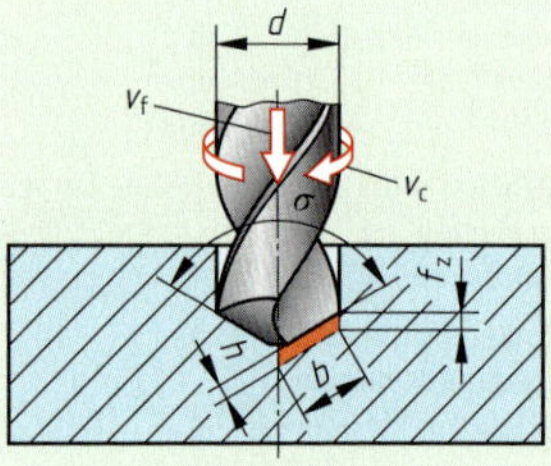	**Schnittkraft je Schneide** $F_c = 1{,}2 \cdot A \cdot k_c \cdot C$; $A = \frac{F_c}{1{,}2 \cdot k_c \cdot C}$	F_c Schnittkraft je Schneide k_c spezifische Schnittkraft C Korrekturfaktor für die Schnittgeschwidigkeit	N N/mm^2 – (ohne Einheit)
	Spanungsdicke $h = \frac{f}{2} \cdot \sin\frac{\sigma}{2}$; $f = \frac{2 \cdot h}{\sin\frac{\sigma}{2}}$	h Spanungsdicke σ Spitzenwinkel	mm ° (Grad)
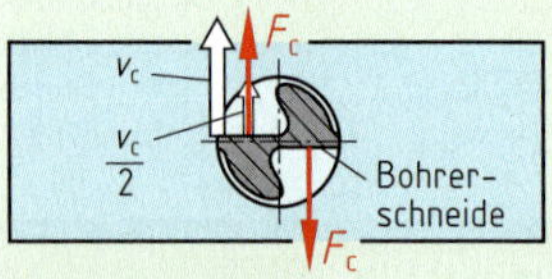	**Schnittleistung** $P_c = \frac{z \cdot F_c \cdot v_c}{2}$; $F_c = \frac{2 \cdot P_c}{z \cdot v_c}$; $v_c = \frac{2 \cdot P_c}{z \cdot F_c}$; $z = \frac{2 \cdot P_c}{F_c \cdot v_c}$	P_c Schnittleistung z Anzahl der Schneiden (Spiralbohrer $z = 2$) v_c Schnittgeschwindigkeit	kW – (ohne Einheit) m/min
	Antriebsleistung der Bohrmaschine $P_1 = \frac{P_c}{\eta}$; $P_c = P_1 \cdot \eta$; $\eta = \frac{P_c}{P_1}$	P_1 Antriebsleistung der Maschine η Wirkungsgrad der Maschine	kW – (ohne Einheit)
Drehen			
Drehen	**Spanungsquerschnitt** $A = a_p \cdot f$; $a_p = \frac{A}{f}$; $f = \frac{A}{a_p}$	A Spanungsquerschnitt a_p Schnitttiefe f Vorschub je Umdrehung	mm^2 mm mm
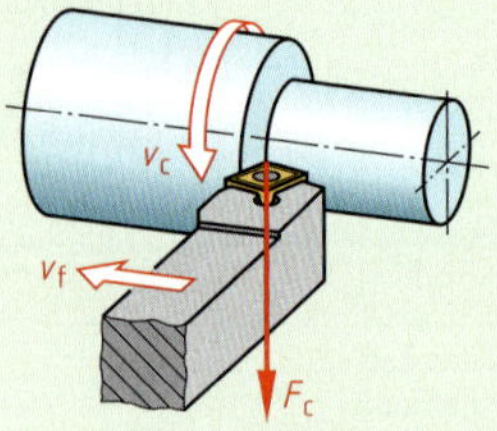	**Schnittkraft** $F_c = A \cdot k_c \cdot C$; $A = \frac{F_c}{k_c \cdot C}$; $k_c = \frac{F_c}{A \cdot C}$	F_c Schnittkraft k_c spezifische Schnittkraft C Korrekturfaktor für die Schnittgeschwidigkeit	N N/mm^2 – (ohne Einheit)
	Spanungsdicke $h = f \cdot \sin\varkappa$; $f = \frac{h}{\sin\varkappa}$	h Spanungsdicke $\varkappa$ Einstellwinkel	mm ° (Grad)
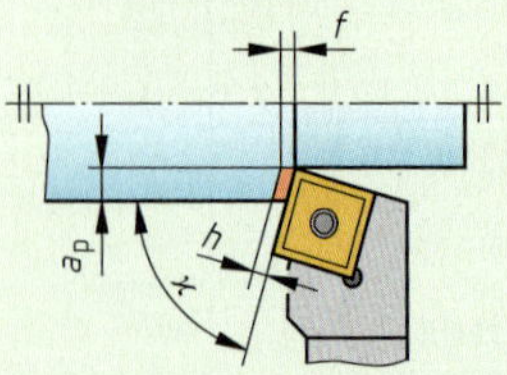	**Schnittleistung** $P_c = F_c \cdot v_c$; $F_c = \frac{P_c}{v_c}$; $v_c = \frac{P_c}{F_c}$	P_c Schnittleistung v_c Schnittgeschwindigkeit	kW m/min
	Antriebsleistung der Drehmaschine $P_1 = \frac{P_c}{\eta}$; $P_c = P_1 \cdot \eta$; $\eta = \frac{P_c}{P_1}$	P_1 Antriebsleistung der Maschine η Wirkungsgrad der Maschine	kW – (ohne Einheit)

Berechnung zu Zeitspanungsvolumen und Planfräsen

Zeitspanungsvolumen

Drehen

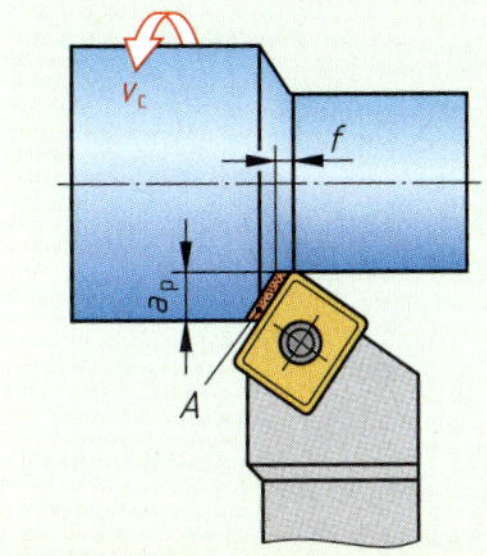

Formeln und Formelumstellung		Formelzeichen		Einheiten
Spanungsquerschnitt				
$A = a_p \cdot f$	$a_p = \frac{A}{f}$	A	Spanungsquerschnitt	mm^2
	$f = \frac{A}{a_p}$	a_p	Schnitttiefe	mm
		f	Vorschub	mm
Zeitspanungsvolumen				
$Q = A \cdot v_c$	$A = \frac{Q}{v_c}$	Q	Zeitspanungsvolumen	cm^3/min
	$v_c = \frac{Q}{A}$	v_c	Schnittgeschwindigkeit	m/min

Planfräsen

Fräsen

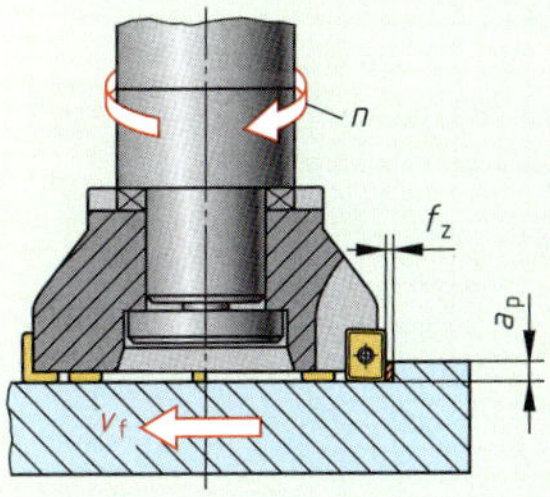

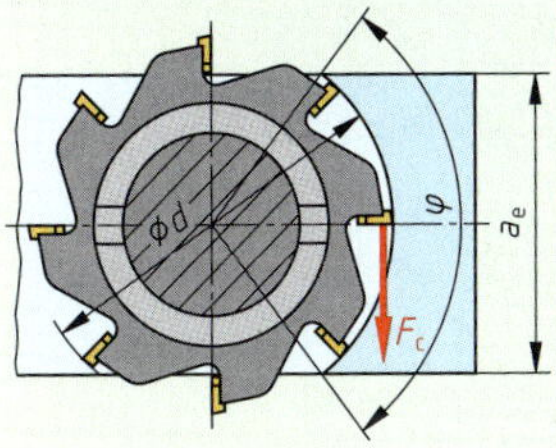

Formeln und Formelumstellung		Formelzeichen		Einheiten
Vorschubgeschwindigkeit				
$v_f = z \cdot f_z \cdot n$	$f_z = \frac{v_f}{z \cdot n}$	v_f	Vorschubgeschwindigkeit	mm/min
	$n = \frac{v_f}{z \cdot f_z}$	z	Anzahl der Fräserschneiden	– (ohne Einheit)
	$z = \frac{v_f}{n \cdot f_z}$	f_z	Vorschub je Schneide	mm
		n	Drehzahl	min^{-1}
Spanungsquerschnitt je Schneide				
$A = a_p \cdot f_z$	$a_p = \frac{A}{f_z}$	A	Spanungsquerschnitt	mm^2
	$f_z = \frac{A}{a_p}$	a_p	Schnitttiefe	mm
		a_e	Schnittbreite (Fräsbreite)	mm
		d	Fräserdurchmesser	mm
Schnittkraft je Schneide				
$F_c = 1{,}2 \cdot A \cdot k_c \cdot C$	$A = \frac{F_c}{1{,}2 \cdot k_c \cdot C}$	F_c	Schnittkraft je Schneide	N
		k_c	spezifische Schnittkraft	N/mm^2
		C	Korrekturfaktor für die Schnittgeschwindigkeit	– (ohne Einheit)
Spanungsdicke für $d = (1{,}2 \ldots 1{,}69) \cdot a_e$				
$h = f_z$		h	Spanungsdicke	mm
Anzahl der Schneiden im Eingriff				
$z_e = z \cdot \frac{\varphi}{360°}$	$z = \frac{z_e \cdot 360°}{\varphi}$	z_e	Anzahl der Schneiden im Eingriff	– (ohne Einheit)
		φ	Eingriffswinkel	° (Grad)
Schnittleistung				
$P_c = z_e \cdot F_c \cdot v_c$	$F_c = \frac{P_c}{z_e \cdot v_c}$	P_c	Schnittleistung	kW
	$v_c = \frac{P_c}{z_e \cdot F_c}$	v_c	Schnittgeschwindigkeit	m/min
	$z_e = \frac{P_c}{F_c \cdot v_c}$			
Antriebsleistung der Maschine				
$P_1 = \frac{P_c}{\eta}$	$P_c = P_1 \cdot \eta$	P_1	Antriebsleistung der Maschine	kW
	$\eta = \frac{P_c}{P_1}$	η	Wirkungsgrad der Maschine	– (ohne Einheit)

Spanen mittels Bohr-, Dreh- oder Fräsmaschine

Bezeichnung und Abbildung	Formeln und Formelumstellung	Formelzeichen	Einheiten
Drehzahl, Schnittgeschwindigkeit und Werkzeugdurchmesser			
Drehen 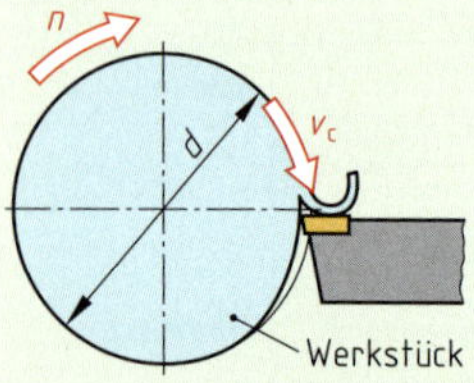	**Drehzahl des Bohrers, Werkstücks oder Fräsers** $n = \frac{v_c \cdot 1000}{\pi \cdot d}$ $\quad v_c = \frac{\pi \cdot d \cdot n}{1000}$ $d = \frac{v_c \cdot 1000}{\pi \cdot n}$ **Hinweis:** Bei den Zahlenwertgleichungen sind unbedingt die nebenstehenden Einheiten einzusetzen.	n Drehzahl v_c Schnittgeschwindigkeit d Werkstück- bzw. Werkzeugdurchmesser 1000 Umrechnungsfaktor π Kreiszahl ≅ 3,141592654	min^{-1} m/min mm – (ohne Einheit) – (ohne Einheit)

Drehzahldiagramm – Drehzahlnomogramm

Hinweis: Mithilfe des Drehzahldiagramms lässt sich ebenfalls die Drehzahl ermitteln, wobei die rote Linie die Ableserichtung anzeigt (Beispiel).

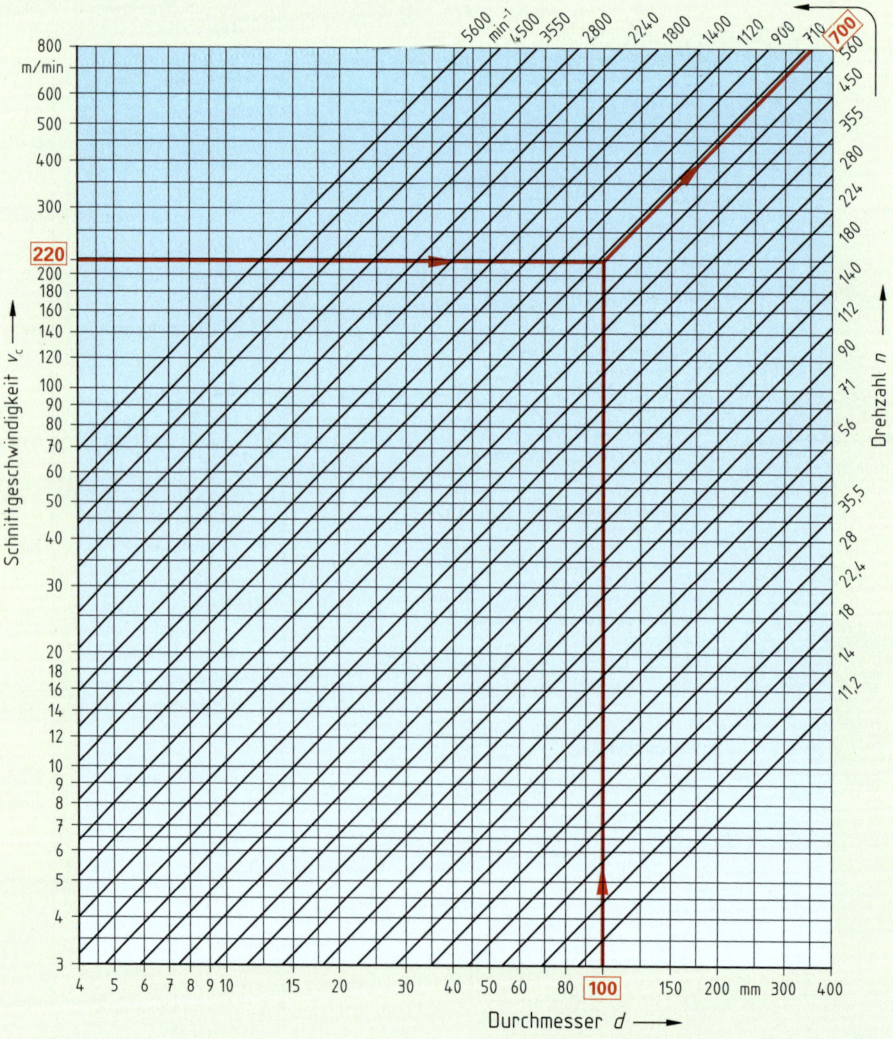

Drehen mit HM-Werkzeugen, Drehzahl und Schnittgeschwindigkeit

Bezeichnung und Abbildung	Formeln und Formelumstellung	Formelzeichen	Einheiten

Drehzahl und Schnittgeschwindigkeit beim Querplandrehen und Längsrunddrehen eines Vollzylinders

Querplandrehen

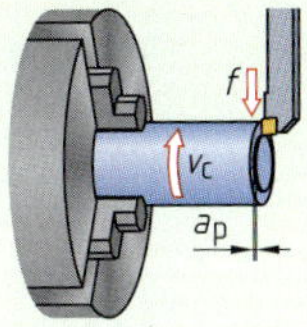

Drehzahl beim Querplandrehen

$$n = \frac{v_c \cdot 1000}{\pi \cdot d_m} \qquad v_c = \frac{\pi \cdot d_m \cdot n}{1000} \qquad d_m = \frac{v_c \cdot 1000}{\pi \cdot n}$$

Längsrunddrehen

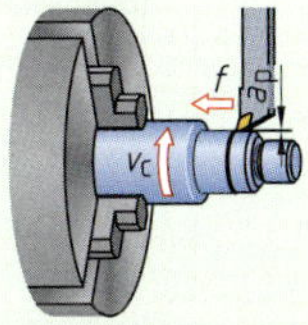

Drehzahl beim Längsrunddrehen

$$n = \frac{v_c \cdot 1000}{\pi \cdot d} \qquad v_c = \frac{\pi \cdot d \cdot n}{1000} \qquad d = \frac{v_c \cdot 1000}{\pi \cdot n}$$

Hinweis: Bei den Zahlenwertgleichungen sind unbedingt die nebenstehenden Einheiten einzusetzen.

Formelzeichen		Einheiten
n	Drehzahl	min^{-1}
v_c	Schnittgeschwindigkeit	m/min
d_m	mittlerer Durchmesser	mm
d	Außendurchmesser	mm
1000	Umrechnungsfaktor	– (ohne Einheit)
π	Kreiszahl ≅ 3,141592654	– (ohne Einheit)
a_p	Schnitttiefe	mm
f	Vorschub	mm

Hinweis:
Richtwerte für **Schnittgeschwindigkeit** und **Vorschub** sind in der nachfolgenden Tabelle enthalten.

Beziehung
$\mathbf{min^{-1}}$
= 1/min

Werkstoff der Werkstücke		Vorschub *f* in mm		⚠ ⇒ Seite 3
Werkstoffgruppe	**Zugfestigkeit R_m** in N/mm²	**0,2 ... 0,1**	**0,6 ... 0,25**	**0,25 ... 0,1**
		Schnittgeschwindigkeit v_c [1] in m/min für Hartmetalle		
Baustahl	$R_m \leq 500$	210 – **280** – 350	150 – **220** – 300	280 – **340** – 400
	$R_m > 500$	160 – **230** – 300	100 – **170** – 240	220 – **290** – 350
Automatenstahl	$R_m \leq 570$	180 – **250** – 320	130 – **200** – 270	240 – **300** – 360
	$R_m > 570$	130 – **200** – 270	100 – **160** – 220	200 – **250** – 360
Einsatzstahl	$R_m \leq 570$	200 – **270** – 320	150 – **210** – 260	250 – **320** – 300
	$R_m > 570$	160 – **220** – 270	110 – **160** – 210	200 – **270** – 340
Vergütungsstahl, unlegiert	$R_m \leq 650$	180 – **250** – 320	120 – **190** – 240	220 – **300** – 380
	$R_m > 650$	110 – **220** – 270	110 – **150** – 200	190 – **250** – 310
Vergütungsstahl, legiert	$R_m \leq 750$	100 – **160** – 220	90 – **130** – 180	125 – **185** – 245
	$R_m > 750$	80 – **130** – 180	70 – **110** – 160	100 – **150** – 200
Werkzeugstahl	$R_m \leq 750$	95 – **145** – 195	85 – **125** – 170	115 – **165** – 215
	$R_m > 750$	60 – **110** – 160	40 – **80** – 120	100 – **140** – 180
Stahlguss	$R_m \leq 700$	140 – **180** – 220	105 – **155** – 180	160 – **200** – 240
	$R_m > 700$	100 – **135** – 170	80 – **110** – 140	130 – **160** – 190
Thermoplast, Duroplast	–	340 – **430** – 520	270 – **360** – 450	400 – **500** – 600
faserverstärkter Kunststoff	–	230 – **320** – 410	190 – **220** – 310	340 – **420** – 500

[1] Als Startwert wird der **fettgedruckte Wert** von v_c verwendet („**normale**" Bearbeitungsbedingungen).
- Bei „**ungünstigen**" Bearbeitungsbedingungen wird ein kleineres v_c bis zum **unteren Grenzwert** eingestellt.
- Bei „**günstigen**" Bearbeitungsbedingungen wird ein größeres v_c bis zum **oberen Grenzwert** verwendet.

Fräsen mit HSS-Walzenstirnfräsern, Drehzahl und Vorschubgeschwindigkeit

Drehzahl, Schnittgeschwindigkeit und Vorschubgeschwindigkeit beim Fräsen

Walzenstirnfräser

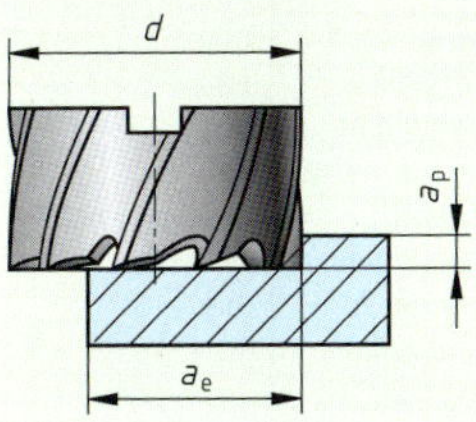

Drehzahl beim Walzenstirnfräsen

$$n = \frac{v_c \cdot 1000}{\pi \cdot d} \qquad v_c = \frac{\pi \cdot d \cdot n}{1000} \qquad d = \frac{v_c \cdot 1000}{\pi \cdot n}$$

Hinweis: Bei den Zahlenwertgleichungen sind unbedingt die nebenstehenden Einheiten einzusetzen.

Vorschubgeschwindigkeit

$$v_f = n \cdot f_z \cdot z \qquad f_z = \frac{v_f}{n \cdot z} \qquad n = \frac{v_f}{f_z \cdot z} \qquad z = \frac{v_f}{f_z \cdot n}$$

Formelzeichen		Einheiten
n	Drehzahl	min^{-1}
v_c	Schnittgeschwindigkeit	m/min
d	Fräserdurchmesser	mm
v_f	Vorschubgeschwindigkeit	mm/min
f_z	Vorschub je Schneide	mm
z	Anzahl der Schneiden	– (ohne Einheit)
a_p	Schnitttiefe	mm
a_e	Schnittbreite	mm
π	Kreiszahl ≅ 3,141592654	– (ohne Einheit)
1000	Umrechnungsfaktor	– (ohne Einheit)

F

Statistische Auswertung, Fehlerwahrscheinlichkeit, Stichprobenprüfung und Normalverteilung

Fehlerwahrscheinlichkeit, Erfassung und Darstellung der Prüfdaten

Bezeichnung und Abbildung	Formeln und Formelumstellung	Formelzeichen	Einheiten
Fehlerwahrscheinlichkeit 	**Fehlerwahrscheinlichkeit** $P = \frac{g}{m} \cdot 100\ \%$ $\quad g = \frac{P \cdot m}{100\ \%}$ $\quad m = \frac{g}{P} \cdot 100\ \%$	P Wahrscheinlichkeit g Anzahl fehlerhafter Bauteile m Prüflosgröße	% – (ohne Einheit) – (ohne Einheit)
Strichliste 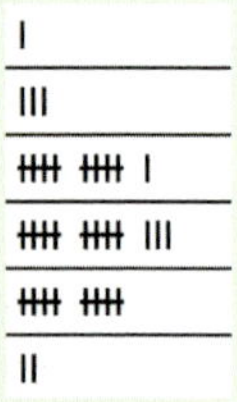	**Anzahl Klassen** $k = \sqrt{n}$ $\quad n = k^2$ **Klassenweite** $w = \frac{R}{k}$ $\quad R = w \cdot k$ $\quad k = \frac{R}{w}$ **Relative Häufigkeit** $h_j = \frac{n_j}{n} \cdot 100\ \%$ $\quad n_j = \frac{h_j \cdot n}{100\ \%}$ $\quad n = \frac{n_j}{h_j} \cdot 100\ \%$	k Anzahl der Klassen n Anzahl der Einzelwerte w Klassenweite R Spannweite h_j relative Häufigkeit n_j absolute Häufigkeit	– (ohne Einheit) – (ohne Einheit) – (ohne Einheit) – (ohne Einheit) % – (ohne Einheit)

Normalverteilung bei Stichprobenprüfung

Bezeichnung und Abbildung	Formeln und Formelumstellung	Formelzeichen	Einheiten
Normalverteilung Gauß – Glockenkurve 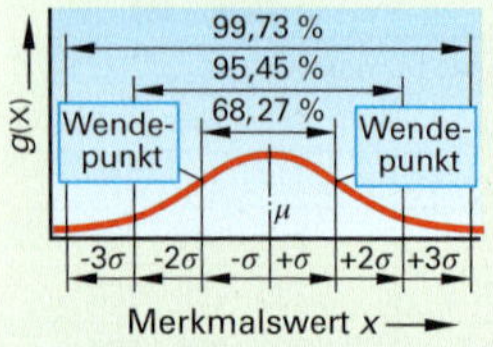	**Arithmetischer Mittelwert** $\bar{x} = \frac{x_1 + x_2 + \ldots + x_n}{n}$ $\quad n = \frac{x_1 + x_2 + \ldots + x_n}{\bar{x}}$ **Standardabweichung** $s = \sqrt{\frac{\Sigma (x_i - \bar{x})^2}{n-1}}$	$\bar{x}$ arithmetischer Mittelwert n Anzahl der Einzewerte (Stichprobenumfang) s Standardabweichung x_i Wert des messbaren Merkmals, z. B. Einzelwert	– (ohne Einheit) – (ohne Einheit) – (ohne Einheit) – (ohne Einheit)
Normalverteilung bei Stichprobenprüfung 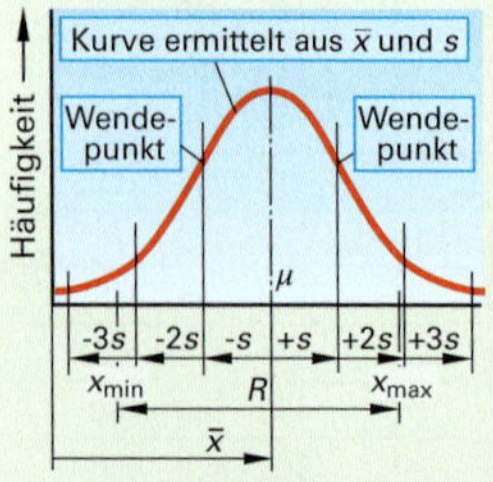	**Spannweite** $R = x_{max} - x_{min}$ $\quad x_{max} = R + x_{min}$ $\quad x_{min} = x_{max} - R$ **Mittelwert mehrerer Stichprobenspannweiten** $\bar{R} = \frac{R_1 + R_2 + \ldots + R_m}{m}$ $\quad m = \frac{R_1 + R_2 + \ldots + R_m}{\bar{R}}$ **Mittelwert mehrerer Stichprobenmittelwerte** $\bar{\bar{x}} = \frac{\bar{x}_1 + \bar{x}_2 + \ldots + \bar{x}_m}{m}$ $\quad m = \frac{\bar{x}_1 + \bar{x}_2 + \ldots + \bar{x}_m}{\bar{\bar{x}}}$ **Mittelwert der Standardabweichungen** $\bar{s} = \frac{s_1 + s_2 + \ldots + s_m}{m}$ $\quad m = \frac{s_1 + s_2 + \ldots + s_m}{\bar{s}}$	R Spannweite x_{max} größter Messwert x_{min} kleinster Messwert $\bar{R}$ Mittelwert mehrerer Stichprobenspannweiten, mittlere Spannweite $\bar{\bar{x}}$ Mittelwert mehrerer Stichprobenmittelwerte, Gesamtmittelwert $\bar{s}$ Mittelwert der Standardabweichungen m Anzahl der Stichproben	– (ohne Einheit) – (ohne Einheit) – (ohne Einheit) – (ohne Einheit) – (ohne Einheit) – (ohne Einheit) – (ohne Einheit)

Maschinen- und Prozessfähigkeitsuntersuchung

Prozessverlauf, Maschinenfähigkeitsindex und Prozessfähigkeitsindex

Bezeichnung und Abbildung	Formeln und Formelumstellung	Formelzeichen	Einheiten
Prozessverlauf Normaler Verlauf ≈ 70 % aller Messwerte liegen im mittleren Drittel 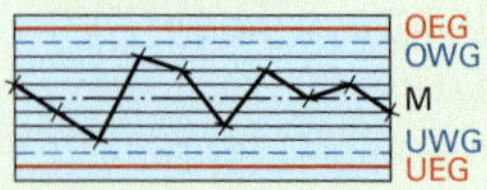	**Maschinenfähigkeitsindex** Ziel: C_m bzw. $C_{mk} \geq 1{,}67$ $C_m = \frac{T}{6 \cdot s}$ $\quad T = C_m \cdot 6 \cdot s$ $\quad s = \frac{T}{6 \cdot C_m}$ $C_{mk} = \frac{\Delta_{krit}}{3 \cdot s}$ $\quad \Delta_{krit} = C_{mk} \cdot 3 \cdot s$ $\quad s = \frac{\Delta_{krit}}{3 \cdot C_{mk}}$	C_m und C_{mk} Maschinenfähigkeitsindex T Toleranz s Standardabweichung Δ_{krit} geschätzte Prozessstandardabweichung	– (ohne Einheit) mm mm mm
Kennwerte OEG obere Eingriffsgrenze OWG obere Warngrenze M Mittelwert, Sollwert UWG untere Warngrenze UEG untere Eingriffgrenze	**Prozessfähigkeitsindex** Ziel: P_p bzw. $P_{pk} \geq 1{,}33$ $P_p = C_p = \frac{T}{6 \cdot \hat{\sigma}}$ $\quad T = C_p \cdot 6 \cdot \hat{\sigma}$ $\quad \hat{\sigma} = \frac{T}{6 \cdot C_p}$ $P_{pk} = C_{pk} = \frac{\Delta_{krit}}{3 \cdot \hat{\sigma}}$ $\quad \Delta_{krit} = C_{pk} \cdot 3 \cdot \hat{\sigma}$ $\quad \hat{\sigma} = \frac{\Delta_{krit}}{3 \cdot C_{pk}}$	P_p bzw. $P_{pk} \triangleq C_p$ bzw. C_{pk} Pozessfähigkeitsindex $\hat{\sigma}$ Abstand zwischen Mittelwert und Toleranzgrenzen OTG und UTG OTG obere Toleranzgrenze UTG untere Toleranzgrenze	– (ohne Einheit) mm mm mm

F

Extrudieren – Ausstoßleistung und Masse

Ausstoßleistung des Extruders

Extruderschnecke

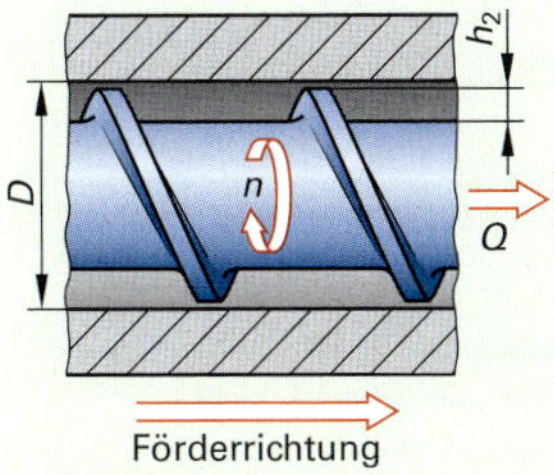

Bezeichnung und Abbildung	Formeln und Formelumstellung	Formelzeichen	Einheiten
Gesamtströmung	$Q = D^2 \cdot h_2 \cdot n$; $D = \sqrt{\frac{Q}{h_2 \cdot n}}$; $h_2 = \frac{Q}{D^2 \cdot n}$; $n = \frac{Q}{D^2 \cdot h_2}$	Q Gesamtströmung	mm^3/s, cm^3/s
		n Drehzahl	s^{-1}
Massestrom	$\dot{m} = Q \cdot \varrho$; $Q = \frac{\dot{m}}{\varrho}$; $\varrho = \frac{\dot{m}}{Q}$	$\dot{m}$ Massestrom	g/s, kg/h
		ϱ Dichte des Kunststoffes	g/cm^3
Druckvolumen	$Q' = D^2 \cdot h_2$; $D = \sqrt{\frac{Q'}{h_2}}$; $h_2 = \frac{Q'}{D^2}$	Q' Druckvolumen	cm^3
		D Schneckendurchmesser	mm
		h_2 Gangtiefe in der Ausstoßzone	mm
Resultierender Massestrom	$\dot{m}' = \frac{Q' \cdot \varrho \cdot n \cdot 60}{1000}$; $Q' = \frac{\dot{m}' \cdot 1000}{\varrho \cdot n \cdot 60}$	$\dot{m}'$ resultierender Massestrom	kg/h
	$\varrho = \frac{\dot{m}' \cdot 1000}{Q' \cdot n \cdot 60}$	ϱ Dichte des Kunststoffes	g/cm^3
	Hinweis: Bei den Zahlenwertgleichungen sind unbedingt die nebenstehenden Einheiten einzusetzen. $n = \frac{\dot{m}' \cdot 1000}{\varrho \cdot Q' \cdot 60}$	n Drehzahl	s^{-1}
		1000 Umrechnungsfaktor	– (ohne Einheit)
		60 Umrechnungsfaktor	– (ohne Einheit)

Masse, längenbezogene und flächenbezogene Masse von Platten, Folien und Profilen

Körperform
Beispiel: Vierkantprofil

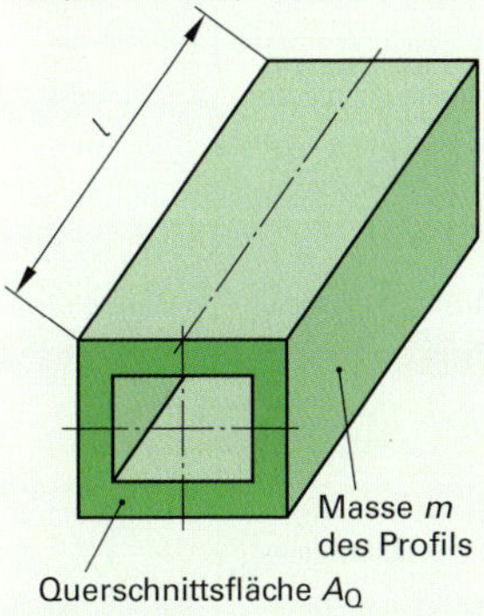

Bezeichnung und Abbildung	Formeln und Formelumstellung	Formelzeichen	Einheiten
Masse	$m = V \cdot \varrho$; $V = \frac{m}{\varrho}$; $\varrho = \frac{m}{V}$	m Masse	g, kg, t
		V Volumen	mm^3, cm^3, dm^3
		ϱ Dichte	g/cm^3
Volumen	$V = A_Q \cdot l$; $A_Q = \frac{V}{l}$; $l = \frac{V}{A_Q}$	V Volumen	mm^3, cm^3, dm^3
		A_Q Querschnittsfläche	mm^2, cm^2, dm^2
		l Länge	mm, cm, dm, m
Längenbezogene Masse	$m' = \frac{m}{l}$; $m = m' \cdot l$; $l = \frac{m}{m'}$	m' längenbezogene Masse	g/cm, g/dm

Körperform
Beispiel: Platte bzw. Folie

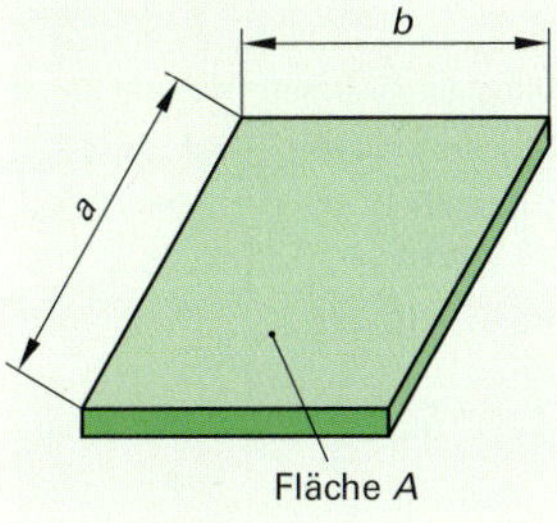

Bezeichnung und Abbildung	Formeln und Formelumstellung	Formelzeichen	Einheiten
Flächenbezogene Masse	$m'' = \frac{m}{A}$; $m = m'' \cdot A$; $A = \frac{m}{m''}$	m'' flächenbezogene Masse	g/mm^2, g/cm^2, kg/dm^2, t/m^2
		m Masse	g, kg, t
Fläche	$A = a \cdot b$; $a = \frac{A}{b}$; $b = \frac{A}{a}$	A Fläche	mm^2, cm^2, dm^2, m^2
		a Länge	mm, cm, dm, m
		b Breite	mm, cm, dm, m

Extrudieren – Blasfolien, Folienlängen und Folienlagen

Bezeichnung und Abbildung	Formeln und Formelumstellung	Formelzeichen	Einheiten

Herstellung von Blasfolien

Folienschlauch

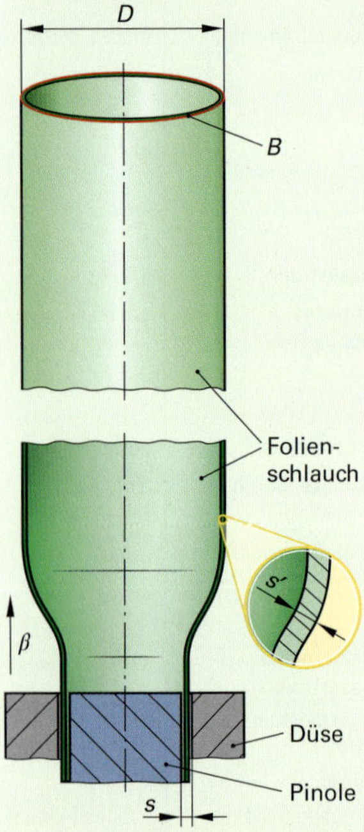

Folienbreite

$$B = d \cdot \pi \cdot \alpha \qquad d = \frac{B}{\pi \cdot \alpha} \qquad \alpha = \frac{B}{\pi \cdot d}$$

Aufblasverhältnis

$$\alpha = \frac{D}{d} \qquad D = \alpha \cdot d \qquad d = \frac{D}{\alpha}$$

Wanddicke des aufgeblasenen Folienschlauchs

$$s' = \frac{s}{\alpha \cdot \beta} \qquad s = s' \cdot \alpha \cdot \beta \qquad \alpha = \frac{s}{s' \cdot \beta} \qquad \beta = \frac{s}{s' \cdot \alpha}$$

Formelzeichen		Einheiten
B	Folienbreite, Umfang der Schlauchblase	mm, cm, dm, m
d	Düsendurchmesser	mm, cm, dm, m
D	Durchmesser des Folienschlauchs	mm, cm, dm, m
α	Aufblasverhältnis	– (ohne Einheit)
π	Kreiszahl ≅ 3,141592654	– (ohne Einheit)
s'	Wanddicke des aufgeblasenen Folienschlauchs	mm
s	Spaltweite der Düse	mm
α	Aufblasverhältnis	– (ohne Einheit)
β	Längsreckung	– (ohne Einheit)

Länge der Folie und Anzahl der Folienlagen

Folie aufwickeln

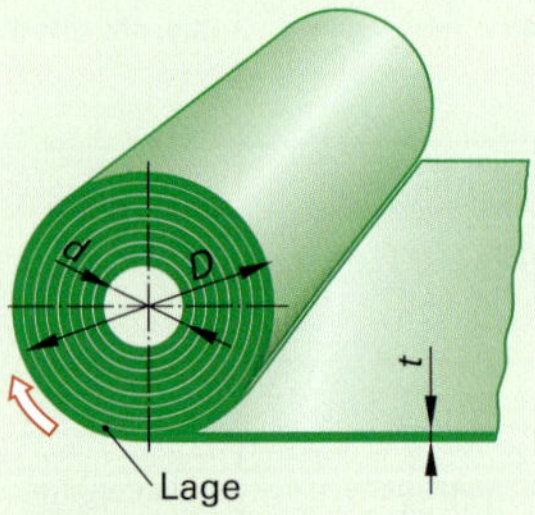

Länge der Folie

$$U_m = \frac{D + d}{2} \cdot \pi \qquad D = \frac{U_m \cdot 2}{\pi} - d \qquad d = \frac{U_m \cdot 2}{\pi} - D$$

Formelzeichen		Einheiten
U_m	mittlerer Umfang	mm, cm, dm, m
D	Außendurchmesser	mm, cm, dm, m
d	Innendurchmesser	mm, cm, dm, m
π	Kreiszahl ≅ 3,141592654	

Anzahl der Folienlagen

$$n = \frac{D - d}{2 \cdot t} \qquad D = n \cdot 2 \cdot t + d \qquad d = D - n \cdot 2 \cdot t$$

Formelzeichen		Einheiten
n	Anzahl der Lagen	– (ohne Einheit)
t	Dicke der Folie	µm, mm

Länge der aufgewickelten Folie

$$l = U_m \cdot n \qquad U_m = \frac{l}{n} \qquad n = \frac{l}{U_m}$$

Formelzeichen		Einheiten
l	Länge der aufgewickelten Folie	mm, cm, dm, m
U_m	mittlerer Umfang	mm, cm, dm, m
n	Anzahl der Lagen	– (ohne Einheit)

$$l = \frac{D + d}{2} \cdot \pi \cdot n \qquad D = \frac{2 \cdot l}{\pi \cdot n} - d \qquad d = \frac{2 \cdot l}{\pi \cdot n} - D \qquad n = \frac{2 \cdot l}{\pi \cdot (D + d)}$$

Formelzeichen		Einheiten
D	Außendurchmesser	mm, cm, dm, m
d	Innendurchmesser	mm, cm, dm, m
π	Kreiszahl ≅ 3,141592654	– (ohne Einheit)
n	Anzahl der Lagen	– (ohne Einheit)

Umrechnung
1 µm = 0,001 mm

V

Blasformen – Zuhaltekraft und Aufblasverhältnis

Bezeichnung und Abbildung	Formeln und Formelumstellung	Formelzeichen	Einheiten

Zuhaltekraft

Zuhalten

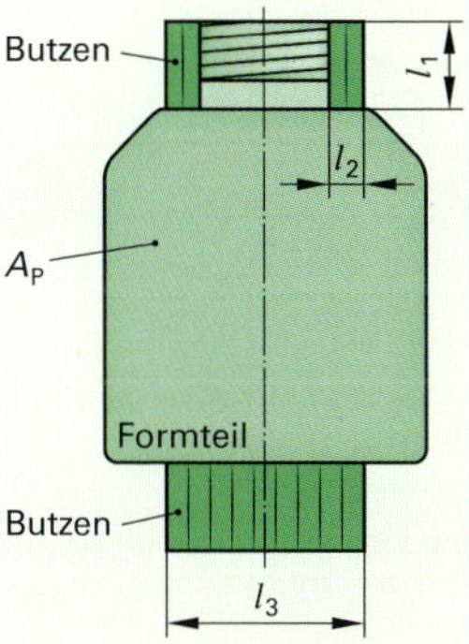

Zuhaltekraft Butzenquetschung

$$F_{ZB} \geq F_B \cdot l \cdot \varphi$$

$$F_B = \frac{F_{ZB}}{l \cdot \varphi} \qquad l = \frac{F_{ZB}}{F_B \cdot \varphi} \qquad \varphi = \frac{F_{ZB}}{F_B \cdot l}$$

Butzenlänge

$$l = 2 \cdot l_1 + 2 \cdot l_2 + l_3$$

$$l_1 = \frac{l - 2 \cdot l_2 - l_3}{2} \qquad l_2 = \frac{l - 2 \cdot l_1 - l_3}{2} \qquad l_3 = l - 2 \cdot (l_1 - l_2)$$

Auftriebskraft

$$F_A = p_A \cdot A_p$$

$$p_A = \frac{F_A}{A_P} \qquad A_P = \frac{F_A}{p_A}$$

Zuhaltekraft aufblasen

$$F_{ZA} \geq F_A \cdot \varphi$$

$$F_A = \frac{F_{ZA}}{\varphi} \qquad \varphi = \frac{F_{ZA}}{F_A}$$

Formelzeichen	Bedeutung	Einheiten
F_{ZB}	Zuhaltekraft Butzenquetschung	N
F_B	Quetschkraft Butzen pro cm	N/cm
l	Butzenlänge	cm
φ	Sicherheitsfaktor	– (ohne Einheit)
l_1	Butzenteillänge 1	cm
l_2	Butzenteillänge 2	cm
l_3	Butzenteillänge 3	cm
F_A	Auftriebskraft	N
p_A	Aufblasdruck	N/cm^2
A_p	projizierte Fläche	cm^2
F_{ZA}	Zuhaltekraft aufblasen	N

⇒ Seite 3 Hinweis: **Richtwerte** für die **Quetschkraft Butzen** sind in der **nachfolgenden Tabelle** enthalten.

Quetschkraft am Butzen

Material	PA	PBT	PC	PE-HD	PP	PVC-U
Quetschkraft in N/cm	1500 … 2200	1500 … 2000	1600 … 1900	1000 … 1800	1500 … 1800	700 … 1200

Aufblasverhältnis

Aufblasen

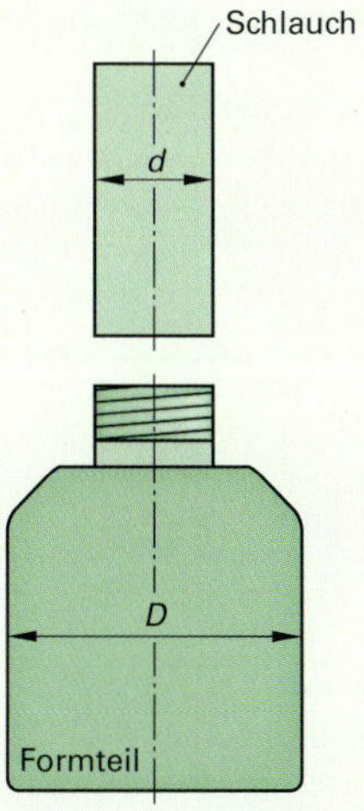

Aufblasverhältnis

$$\alpha = \frac{D}{d}$$

$$D = \alpha \cdot d \qquad d = \frac{D}{\alpha}$$

Formelzeichen	Bedeutung	Einheiten
α	Aufblasverhältnis	– (ohne Einheit)
D	Fertigteildurchmesser	mm
d	Schlauchdurchmesser	mm

⇒ Seite 3 Hinweis: **Richtwerte** für das **maximale Aufblasverhältnis** sind in der **nachfolgenden Tabelle** enthalten.

Maximales Aufblasverhältnis

Material	PA	PBT	PC	PE-HD	PP	TPE	SBC
Aufblas-verhältnis ***D/d***	4:1	2,5:1	3:1	3:1	3:1	2:1 ... 5:1	3:1

Spritzgießen – Schwindung, Drehzahl, Drücke, Flächenquerschnitt und Geschwindigkeiten

Bezeichnung und Abbildung	Formeln und Formelumstellung	Formelzeichen	Einheiten

Schwindung

Schwindung

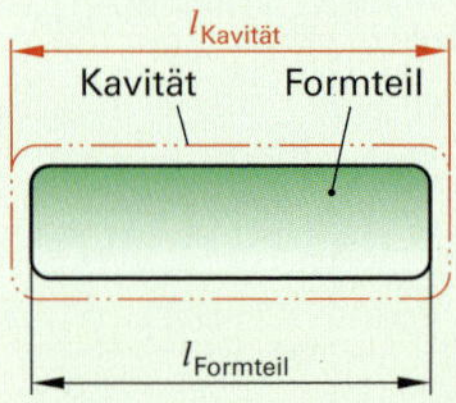

Gesamtschwindung, Schwindmaß

$$S = S_V + S_N \qquad S_V = S - S_N \qquad S_N = S - S_V$$

Länge der Kavität

$$l_{Kavität} = \frac{l_{Formteil} \cdot 100\,\%}{100\,\% - S}$$

$$l_{Formteil} = \frac{l_{Kavität} \cdot (100\,\% - S)}{100\,\%}$$

Formelzeichen		Einheiten
S	Gesamtschwindung eines Formteils nach 16 h Lagerung bei Normalklima	%
S_V	Verarbeitungs-schwindung	%
S_N	Nachschwindung	%
$l_{Kavität}$	Länge der Kavität	mm
$l_{Formteil}$	Länge des Formteils nach der Gesamt-schwindung	mm

Drehzahl

Schneckendrehzahl

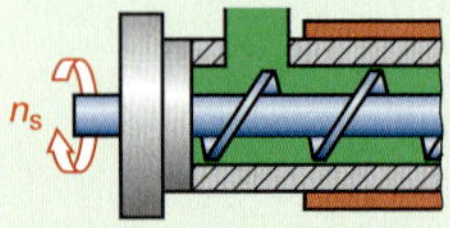

Schneckendrehzahl

$$n_S = \frac{v_U}{\pi \cdot D} \qquad v_U = \pi \cdot D \cdot n_S \qquad D = \frac{v_U}{\pi \cdot n_S}$$

Formelzeichen		Einheiten
n_S	Schneckendrehzahl	1/s
v_U	Umfangs-geschwindigkeit	m/s
D	Schneckendurchmesser	m
π	Kreiszahl ≅ 3,141592654	– (ohne Einheit)

Drücke

Einspritzdruck

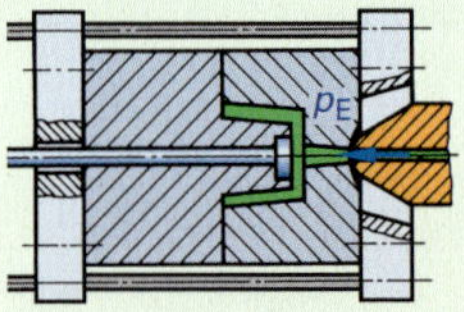

Einspritzdruck

$$p_E = \frac{p_{zu} \cdot d^2}{D^2} \qquad p_{zu} = \frac{p_E \cdot D^2}{d^2} \qquad d = \sqrt{\frac{p_E \cdot D^2}{p_{zu}}} \qquad D = \sqrt{\frac{p_{zu} \cdot d^2}{p_E}}$$

Zugeführter Druck

$$p_{zu} = \frac{p_E \cdot D^2}{d^2} \qquad p_E = \frac{p_{zu} \cdot d^2}{D^2} \qquad d = \sqrt{\frac{p_E \cdot D^2}{p_{zu}}} \qquad D = \sqrt{\frac{p_{zu} \cdot d^2}{p_E}}$$

Formelzeichen		Einheiten
p_E	Einspritzdruck	bar
p_{zu}	zugeführter Druck	bar
D	Schneckendurchmesser	mm
d	Durchmesser der druck-belasteten Kreisfläche	mm

Flächenquerschnitt

Flächenquerschnitt

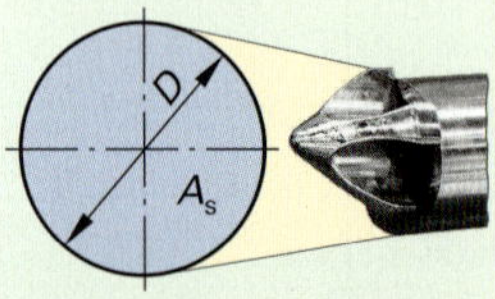

Flächenquerschnitt der Schnecke

$$A_S = \frac{\pi}{4} \cdot D^2 \qquad D = \sqrt{\frac{4 \cdot A_S}{\pi}}$$

$$A_S = \frac{V_D}{s_D} \qquad V_D = A_S \cdot s_D \qquad s_D = \frac{V_D}{A_S}$$

Formelzeichen		Einheiten
A_S	Flächenquerschnitt der Schnecke	mm^2
D	Schneckendurchmesser	mm
π	Kreiszahl ≅ 3,141592654	– (ohne Einheit)
V_D	Dosiervolumen	mm^3
s_D	Dosierweg	mm

Geschwindigkeiten

Umfangsgeschwindigkeit

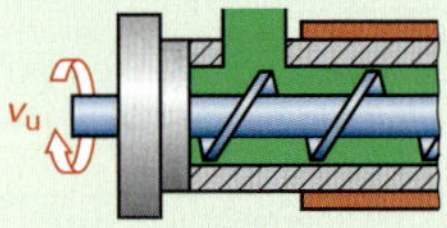

Umfangsgeschwindigkeit

$$v_U = \pi \cdot D \cdot n_S \qquad D = \frac{v_U}{\pi \cdot n_S} \qquad n_S = \frac{v_U}{\pi \cdot D}$$

Einspritzgeschwindigkeit

$$v_E = \frac{4 \cdot V_D}{\pi \cdot D^2 \cdot t_E} \qquad V_D = \frac{\pi \cdot v_E \cdot D^2 \cdot t_E}{4} \qquad D = \sqrt{\frac{4 \cdot V_D}{\pi \cdot v_E \cdot t_E}}$$

Formelzeichen		Einheiten
v_U	Umfangs-geschwindigkeit	m/s
v_E	Einspritz-geschwindigkeit	m/s
D	Schneckendurchmesser	m
n_S	Schneckendrehzahl	1/s
V_D	Dosiervolumen	m^3
t_E	Einspritzzeit	s
π	Kreiszahl ≅ 3,141592654	– (ohne Einheit)

V

Spritzgießen – Zuhaltekraft, Massen und Volumen

Bezeichnung und Abbildung	Formeln und Formelumstellung	Formelzeichen	Einheiten

Zuhaltekraft und Schließkraft

Zuhaltekraft

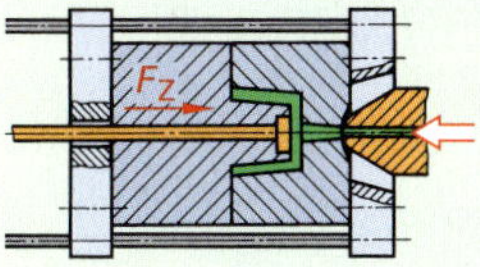

Zuhaltekraft

$$F_Z = Z \cdot A_p \cdot p_w \qquad Z = \frac{F_Z}{A_p \cdot p_w} \qquad A_p = \frac{F_Z}{Z \cdot p_w} \qquad p_w = \frac{F_Z}{Z \cdot A_p}$$

Zuhaltekraft mit Druckspitzen

$$F_{ZD} = 1{,}2 \cdot F_Z \qquad F_Z = \frac{F_{ZD}}{1{,}2}$$

Schließkraft

$$F_S = Z \cdot A_p \cdot p_w \cdot 0{,}9 \qquad Z = \frac{F_S}{A_p \cdot p_w \cdot 0{,}9}$$

$$p_w = \frac{F_S}{Z \cdot A_p \cdot 0{,}9} \qquad A_p = \frac{F_S}{Z \cdot p_w \cdot 0{,}9}$$

Formelzeichen		Einheiten
F_Z	Zuhaltekraft	N
Z	Anzahl der Kavitäten (Fachzahl)	– (ohne Einheit)
A_p	projizierte Fläche	cm^2
p_w	mittlerer Werkzeuginnendruck	N/cm^2
F_{ZD}	Zuhaltekraft mit Druckspitzen	N
1,2	Sicherheitsfaktor	– (ohne Einheit)
F_S	Schließkraft	N
0,9	Korrekturfaktor	– (ohne Einheit)

Massen

Masse des Formteils

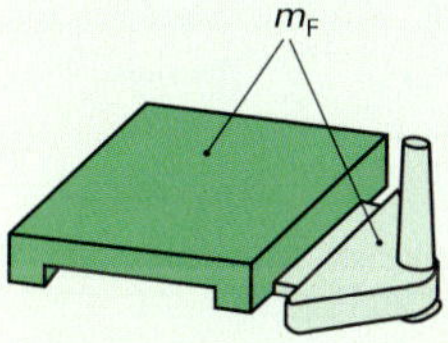

Masse des Formteils

$$m_F = V_F \cdot \varrho_{23°C} \qquad V_F = \frac{m_F}{\varrho_{23°C}}$$

Plastifiziermasse im Zylinder

$$m_{iZ} = \frac{t_V \cdot m_E}{t_Z} \qquad t_V = \frac{m_{iZ} \cdot t_Z}{m_E} \qquad m_E = \frac{m_{iZ} \cdot t_Z}{t_V} \qquad t_Z = \frac{t_V \cdot m_E}{m_{iZ}}$$

Einspritzmasse

$$m_E = \frac{m_{iZ} \cdot t_Z}{t_V} \qquad t_V = \frac{m_{iZ} \cdot t_Z}{m_E} \qquad m_{iZ} = \frac{t_V \cdot m_E}{t_Z} \qquad t_Z = \frac{t_V \cdot m_E}{m_{iZ}}$$

Formelzeichen		Einheiten
m_F	Masse des Formteils, einschließlich des Angusssystems	g
V_F	Formteilvolumen	cm^3
$\varrho_{23°C}$	Dichte bei Raumtemperatur	g/cm^3
m_{iZ}	Plastifiziermasse im Zylinder	g
t_V	Verweilzeit	s
m_E	Einspritzmasse	g
t_Z	Zykluszeit	s

Volumen

Dosiervolumen

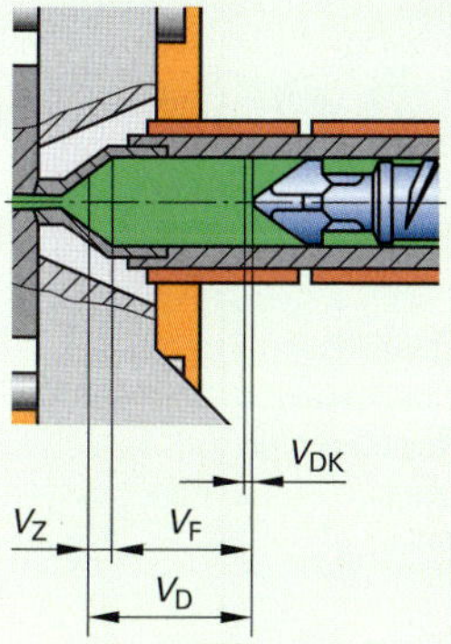

Dosiervolumen allgemein

$$V_D = V_F + V_Z \qquad V_F = V_D - V_Z \qquad V_Z = V_D - V_F$$

Dosiervolumen bei 23 °C

$$V_D = \frac{k \cdot m}{\varrho_{23°C}} + V_Z \qquad m = \frac{\varrho_{23°C} \cdot (V_D - V_Z)}{k} \qquad V_Z = V_D - \frac{k \cdot m}{\varrho_{23°C}}$$

Dosiervolumen bei Verarbeitungstemperatur

$$V_D = \frac{m}{\varrho_V} + V_Z \qquad m = \varrho_V \cdot (V_D - V_Z) \qquad V_Z = V_D - \frac{m}{\varrho_V}$$

Dekompressionsvolumen

$$V_{DK} = 0{,}1 \cdot V_D \qquad V_D = \frac{V_{DK}}{0{,}1}$$

Zuschlagvolumen

$$V_Z = z \cdot V_F \qquad V_F = \frac{V_Z}{z}$$

Einspritzvolumen

$$V_E = \frac{m_F}{\varrho_V} \qquad m_F = V_E \cdot \varrho_V$$

Formteilvolumen

$$V_F = \frac{m_F}{\varrho_{23°C}} \qquad m_F = V_F \cdot \varrho_{23°C}$$

Formelzeichen		Einheiten
V_D	Dosiervolumen, allgemein bzw. bei Verarbeitungstemperatur	cm^3
V_F	Formteilvolumen	cm^3
V_Z	Zuschlagvolumen	cm^3
k	materialabhängiger Korrekturfaktor 1,25 … 1,1	– (ohne Einheit)
m	Masse	g
$\varrho_{23°C}$	Dichte bei Raumtemperatur	g/cm^3
ϱ_V	Dichte bei Verarbeitungstemperatur	g/cm^3
V_{DK}	Dekompressionsvolumen	cm^3
0,1	Korrekturfaktor	– (ohne Einheit)
V_E	Einspritzvolumen	cm^3
V_Z	Zuschlagvolumen	cm^3
V_F	Formteilvolumen	cm^3
z	formteilabhängiger Korrekturfaktor 0,1 … 0,2	– (ohne Einheit)
m_F	Masse des Formteils, einschließlich des Angusssystems	g

Spritzgießen – Zeiten

Bezeichnung und Abbildung	Formeln und Formelumstellung	Formelzeichen	Einheiten

Zeiten

Gesamtkühlzeit

Gesamtkühlzeit

$$t_{KG} = t_{ND} + t_{RK} \qquad t_{ND} = t_{KG} - t_{RK} \qquad t_{RK} = t_{KG} - t_{ND}$$

Faustformel für die Gesamtkühlzeit

$$t_{KG} \approx s_{max} \cdot (1 + 2 \cdot s_{max})$$

Hinweis:
Obwohl die Gesamtkühlzeit in mm · (1 + mm) überschlägig berechnet wird, wird sie in s ausgedrückt.

Formelzeichen		Einheiten
t_{KG}	Gesamtkühlzeit	s
t_{ND}	Nachdruckzeit	s
t_{RK}	Restkühlzeit	s
s_{max}	größte Wanddicke des Formteils	mm

Nachdruckzeit

$$t_{ND} = 0{,}25 \cdot t_K \qquad t_K = \frac{t_{ND}}{0{,}25}$$

Formelzeichen		Einheiten
t_{ND}	Nachdruckzeit	s
0,25	Korrekturfaktor	– (ohne Einheit)
t_K	Kühlzeit	s

Restkühlzeit

$$t_{RK} = 0{,}75 \cdot t_K \qquad t_K = \frac{t_{RK}}{0{,}75}$$

Formelzeichen		Einheiten
t_{RK}	Restkühlzeit	s
0,75	Korrekturfaktor	– (ohne Einheit)
t_K	Kühlzeit	s

Verweilzeit

$$t_V = \frac{0{,}8 \cdot V_G \cdot t_Z}{V_E} \qquad V_G = \frac{t_V \cdot V_E}{0{,}8 \cdot t_Z} \qquad t_Z = \frac{t_V \cdot V_E}{0{,}8 \cdot V_G}$$

$$V_E = \frac{0{,}8 \cdot V_G \cdot t_Z}{t_V}$$

Formelzeichen		Einheiten
t_V	Verweilzeit	s
0,8	Korrekturfaktor	– (ohne Einheit)
V_G	Gangvolumen	cm^3
t_Z	Zykluszeit	s
V_E	Einspritzvolumen	cm^3

Kühlzeit ausschließlich für Platten

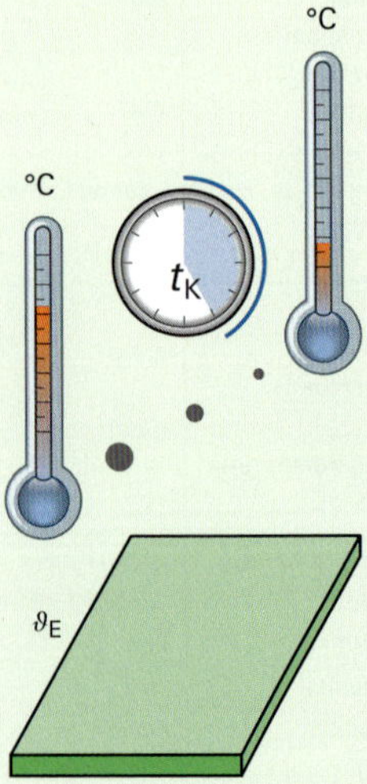

Kühlzeit ausschließlich für Platten

Diese **Formel** nur anwenden, wenn zum Betrachtungszeitpunkt die **mittlere Temperatur** der **Entformungstemperatur der Platte** entspricht.

$$t_K = \frac{s^2}{\pi^2 \cdot a_{eff}} \cdot \ln\left(\frac{8 \cdot (\vartheta_M - \vartheta_W)}{\pi^2 \cdot (\vartheta_E - \vartheta_W)}\right)$$

$$s = \sqrt{\frac{t_K \cdot \pi^2 \cdot a_{eff}}{\ln\left(\frac{8 \cdot (\vartheta_M - \vartheta_W)}{\pi^2 \cdot (\vartheta_E - \vartheta_W)}\right)}}$$

Formelzeichen		Einheiten
t_K	Kühlzeit	s
s	mittlere Plattendicke	mm
π	Kreiszahl ≅ 3,141592654	– (ohne Einheit)
a_{eff}	effektive Temperaturleitfähigkeit	mm^2/s
Werte für a_{eff}		
ABS, PA6	0,07	mm^2/s
PA66, PBT, PMMA	0,08	mm^2/s
PC	0,11	mm^2/s
PE-HD, PP	0,06	mm^2/s
PET, PES	0,09	mm^2/s
ϑ_M	Schmelztemperatur	°C
ϑ_W	mittlere Werkzeugoberflächentemperatur	°C
ϑ_E	Entformungstemperatur	°C

Diese **Formel** nur anwenden, wenn die **Plattenmitte** (Formteilmitte) die **Entformungstemperatur** erreicht hat.

$$t_K = \frac{s^2}{\pi^2 \cdot a_{eff}} \cdot \ln\left(\frac{4 \cdot (\vartheta_M - \vartheta_W)}{\pi \cdot (\vartheta_E - \vartheta_W)}\right)$$

$$s = \sqrt{\frac{t_K \cdot \pi^2 \cdot a_{eff}}{\ln\left(\frac{4 \cdot (\vartheta_M - \vartheta_W)}{\pi \cdot (\vartheta_E - \vartheta_W)}\right)}}$$

Formelzeichen		Einheiten
t_K	Kühlzeit	s
s	mittlere Plattendicke	mm
ϑ_M	Schmelztemperatur	°C
ϑ_W	mittlere Werkzeugoberflächentemperatur	°C
ϑ_E	Entformungstemperatur	°C

V

Pressen – Pressendruck, Schließgeschwindigkeit und Heizleistung

Pressendruck

Bezeichnung und Abbildung	Formeln und Formelumstellung	Formelzeichen	Einheiten

Pressdruck

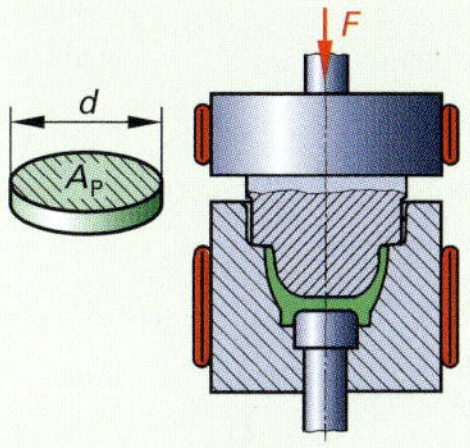

⇒ Seite 3

Pressdruck, Forminnendruck

$$p_w = \frac{F}{A_p} \qquad F = p_w \cdot A_p \qquad A_p = \frac{F}{p_w}$$

$$p_w = \frac{4 \cdot F}{\pi \cdot d^2} \qquad F = \frac{\pi \cdot p_w \cdot d^2}{4} \qquad d = \sqrt{\frac{4 \cdot F}{\pi \cdot p_w}}$$

Hinweis:
Richtwerte für den **Pressdruck** bzw. Forminnendruck und der **Aushärtezeit** sind in der **nachfolgenden Tabelle** enthalten.

Formelzeichen	Bedeutung	Einheit
p_w	Pressdruck, Forminnendruck	N/cm²
F	Pressenkraft	N
A_p	projizierte Fläche des Pressteils	cm²
π	Kreiszahl $\cong$ 3,141592654	– (ohne Einheit)
d	Kreisdurchmesser der Fläche A_P	cm

Beziehungen
1 bar = 10 N/cm²
1 mm² = 0,01 cm²

Pressdruck bzw. Forminnendruck und Aushärtezeit

Typ	Füllstoff	Pressdruck, Forminnendruck		Aushärtezeit pro mm Wanddicke
Einheit		N/cm²	bar	s
EP	Epoxid	1000	100	30 … 60
MPF	Melamin/Phenol-Formaldehyd	1500	150	20 … 40
PF	Phenol-Formaldehyd	1500	150	20 … 40
UP	Ungesättigter Polyester	1000	100	20 … 40

Schließgeschwindigkeit und Heizleistung

Bezeichnung und Abbildung	Formeln und Formelumstellung	Formelzeichen	Einheiten

Stempelweg in Abhängigkeit der Zeit

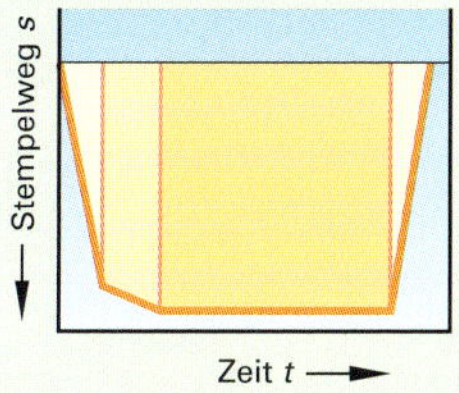

Schließgeschwindigkeit

$$v = \frac{s}{t} \qquad s = v \cdot t \qquad t = \frac{s}{v}$$

Schließzeit

$$t = \frac{s}{v} \qquad s = v \cdot t \qquad v = \frac{s}{t}$$

Stempelweg

$$s = v \cdot t \qquad t = \frac{s}{v} \qquad v = \frac{s}{t}$$

Formelzeichen	Bedeutung	Einheit
v	Schließgeschwindigkeit	mm/s
s	Stempelweg, Schließweg	mm
t	Schließzeit	s

Umrechnung
1 m/s = 1000 mm/s

Presse mit Heizung

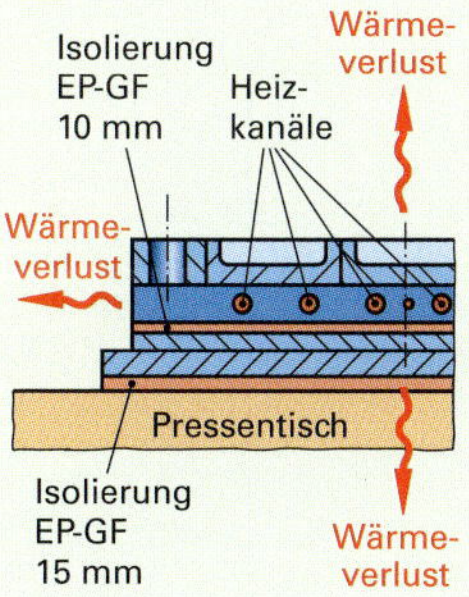

Heizleistung

$$P = \frac{m \cdot c \cdot \Delta T}{t} \qquad m = \frac{P \cdot t}{c \cdot \Delta T} \qquad t = \frac{m \cdot c \cdot \Delta T}{P} \qquad \Delta T = \frac{P \cdot t}{c \cdot m}$$

Masse des Werkzeugs

$$m = \frac{P \cdot t}{c \cdot \Delta T} \qquad P = \frac{m \cdot c \cdot \Delta T}{t} \qquad t = \frac{m \cdot c \cdot \Delta T}{P} \qquad \Delta T = \frac{P \cdot t}{c \cdot m}$$

Schließzeit

$$t = \frac{m \cdot c \cdot \Delta T}{P} \qquad m = \frac{P \cdot t}{c \cdot \Delta T} \qquad P = \frac{m \cdot c \cdot \Delta T}{t} \qquad \Delta T = \frac{P \cdot t}{c \cdot m}$$

Temperaturdifferenz

$$\Delta T = T_2 - T_1 \qquad T_1 = T_2 - \Delta T \qquad T_2 = \Delta T + T_1$$

Formelzeichen	Bedeutung		Einheit
P	Heizleistung		kW
m	Masse des Werkzeugs		kg
c	mittlere spezifische Wärmekapazität für		kJ/(kg · K)
	Stahl (legiert)	0,51	kJ/(kg · K)
	Gusseisen	0,55	kJ/(kg · K)
	Aluminium	0,9	kJ/(kg · K)
	Kupfer	0,382	kJ/(kg · K)
	Silber	0,235	kJ/(kg · K)
	Wasser	4,2	kJ/(kg · K)
ΔT	Temperaturdifferenz		K
T_1	Anfangstemperatur		K
T_2	Heiztemperatur		K
t	Schließzeit		s

Umrechnung

$$1\,\frac{\text{kJ}}{\text{h}} = 1\,\frac{\text{kJ}}{\text{h}} : 3600\text{ s} = 0.000278\text{ kW}$$

V

Laminieren – Mischungen und den Fasermassengehalt von Matrizen berechnen

Bezeichnung und Abbildung	Formeln und Formelumstellung	Formelzeichen	Einheiten
Mischungsberechnungen			
Masse eines Mischungsbestandteils	**Masse eines Mischungsbestandteils in %**		
	$m_{Teil} = \frac{m_{gesamt} \cdot P_{Teil}}{100\ \%}$	m_{Teil} Masse eines Mischungsbestandteils	g, kg, t
	$m_{gesamt} = \frac{m_{Teil} \cdot 100\ \%}{P_{Teil}}$	m_{gesamt} Masse der Gesamtmischung	g, kg, t
	$P_{Teil} = \frac{m_{Teil} \cdot 100\ \%}{m_{gesamt}}$	P_{Teil} Prozentsatz eines Mischungsbestandteils	%
Teile der Zutaten	**Masse für einen Teil der Mischung**		
	$m_{1\ Teil\ der\ Mischung} = \frac{m_{gesamt}}{T_{gesamt}}$	$m_{1 Teil\ der\ Mischung}$ Masse für einen Teil der Mischung	g, kg, t
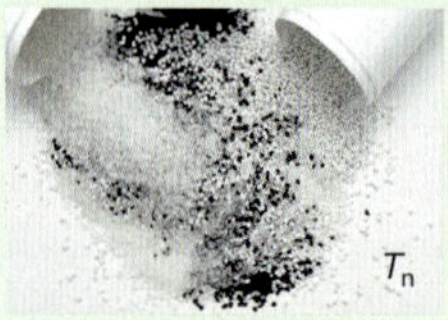	$m_{gesamt} = m_{1\ Teil\ der\ Mischung} \cdot T_{gesamt}$	m_{gesamt} Masse der gesamten Mischung	g, kg, t
	$T_{gesamt} = \frac{m_{gesamt}}{m_{1 Teil\ der\ Mischung}}$	T_{gesamt} Summe der Teile der gesamten Mischung	– (ohne Einheit)
	Summe der Teile der gesamten Mischung		
	$T_{gesamt} = T_1 + T_2 + \ldots + T_n$	T_1 Teile der Zutat 1	– (ohne Einheit)
		T_2 Teile der Zutat 2	– (ohne Einheit)
	$T_1 = T_{gesamt} - T_2 - \ldots - T_n$	T_n Teile der Zutaten *n*	– (ohne Einheit)
Berechnungen zum Matrixmaterial und Verstärkungsmaterial			
Matrix mit Fasern	**Fasermassengehalt**		
	$\psi_F = \frac{m_F}{m_M}$ $m_F = \psi_F \cdot m_M$	ψ_F Fasermassengehalt	– (ohne Einheit)
		m_F Masse der Fasern	mg, g, kg
	$m_M = \frac{m_F}{\psi_F}$	m_M Masse des Matrixmaterials	mg, g, kg
	Faservolumengehalt		
	$\varphi_F = \frac{V_F}{V_M}$ $V_F = \varphi_F \cdot V_M$	φ_F Faservolumengehalt	– (ohne Einheit)
		V_F Volumen der Fasern	mm^3, cm^3, dm^3
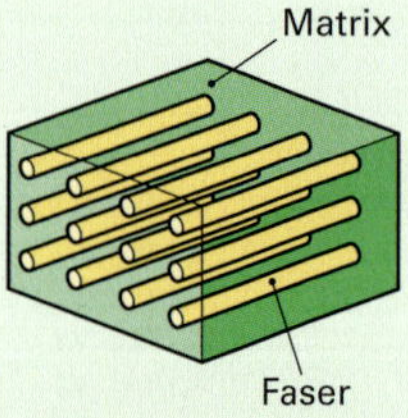	$V_M = \frac{V_F}{\varphi_F}$	V_M Volumen des Matrixmaterials	mm^3, cm^3, dm^3
	$\varphi_F = \psi_F \cdot \frac{\varrho_M}{\varrho_F - \psi_F \cdot (\varrho_F - \varrho_M)}$	ϱ_F Dichte der Fasern	g/cm^3, kg/dm^3
		ϱ_M Dichte des Matrixmaterials	g/cm^3, kg/dm^3
	$\psi_F = \frac{\varphi_F \cdot \varrho_F}{\varrho_M + \varphi_F \cdot (\varrho_F - \varrho_M)}$		
	$\varrho_M = \frac{\varphi_F \cdot \varrho_F \cdot (1 - \psi_F)}{\psi_F \cdot (1 - \varphi_F)}$		
	$\varrho_F = \frac{\psi_F \cdot \varrho_M \cdot (1 - \varphi_F)}{\varphi_F \cdot (1 - \psi_F)}$		

V

Beschichten – Strömungsvorgänge

Bezeichnung und Abbildung	Formeln und Formelumstellung	Formelzeichen	Einheiten
Rheologische Strömungsvorgänge von Kunststoffschmelzen			
Schubspannungs-Schergeschwindigkeits-Diagramm	**Schubspannung**		
	$\tau = \frac{F}{A}$; $F = \tau \cdot A$; $A = \frac{F}{\tau}$	τ Schubspannung F Kraft A Scherfläche	N/mm² N mm²
	Scherviskosität		
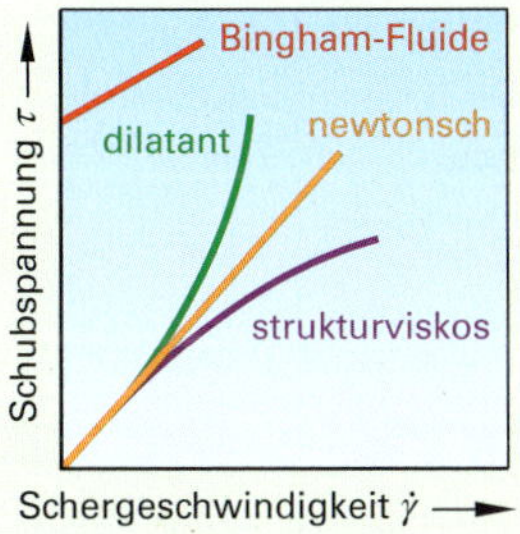	$\eta = \frac{\tau}{\dot{\gamma}}$; $\tau = \eta \cdot \dot{\gamma}$; $\dot{\gamma} = \frac{\tau}{\eta}$	η Scherviskosität $\dot{\gamma}$ Schergeschwindigkeit	Pa · s 1/s
	Scherung		
	$\gamma = \frac{\Delta s}{\Delta h}$; $\Delta s = \gamma \cdot \Delta h$; $\Delta h = \frac{\Delta s}{\gamma}$	γ Scherung Δs Wegunterschied Δh Höhenunterschied der Kunststoffteilchen	– (ohne Einheit) mm mm
	Schergeschwindigkeit		
	$\dot{\gamma} = \frac{\Delta v}{\Delta h}$; $\Delta v = \dot{\gamma} \cdot \Delta h$; $\Delta h = \frac{\Delta v}{\dot{\gamma}}$	Δv Geschwindigkeitsdifferenz	m/s

Schäumen – Rohdichte und Stauchhärte

Bezeichnung und Abbildung	Formeln und Formelumstellung	Formelzeichen	Einheiten
Rohdichte			
Geschäumter Block	**Rohdichte**		
	$\varrho_R = \frac{m}{V}$; $m = \varrho_R \cdot V$; $V = \frac{m}{\varrho_R}$	ϱ_R Rohdichte m Probenmasse V Probenvolumen	g/cm³, kg/dm³ g, kg cm³, dm³
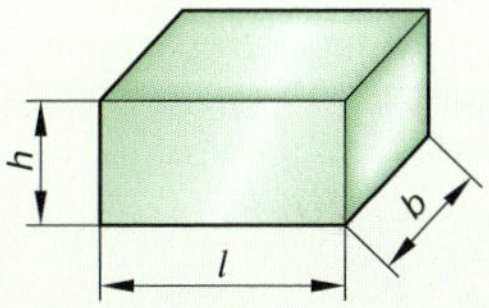	**Volumen**		
	$V = l \cdot b \cdot h$; $l = \frac{V}{b \cdot h}$; $b = \frac{V}{l \cdot h}$; $h = \frac{V}{l \cdot b}$	V Probenvolumen l Probenlänge b Probenbreite h Probenhöhe	cm³, dm³ cm, dm cm, dm cm, dm
Stauchhärte			
Prüfanordnung	**Stauchhärte**		
	$\sigma = \frac{F}{S}$; $F = \sigma \cdot S$; $S = \frac{F}{\sigma}$	σ Stauchhärte F Prüfkraft S Stauchfläche	N/mm², kPa N mm²
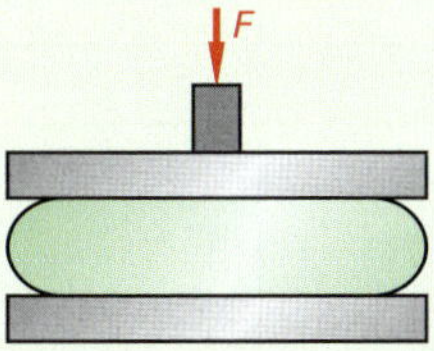	**Stauchfläche**		
	$S = l \cdot b$; $l = \frac{S}{b}$; $b = \frac{S}{l}$	S Stauchfläche l Probenlänge b Probenbreite	mm² mm mm

Berechnungen zu Rohbaumaße, Stichmaßprüfung, Dichtstoffverbrauch und Glasscheibendicke

Bezeichnung und Abbildung	Formeln und Formelumstellung	Formelzeichen	Einheiten
Rohbaumaße			
Aufmessungen 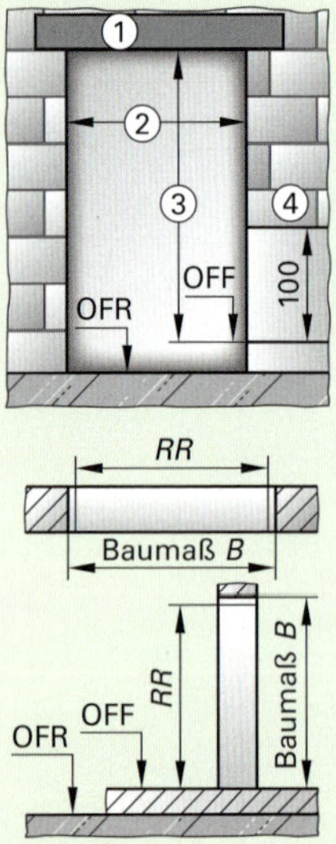	**Rohbaubreite** $B = RR + (2 \cdot 5)$ mm $\quad RR = B - (2 \cdot 5)$ mm **Rohbauhöhe** $H = RR + 5$ mm $\quad RR = H - 5$ mm Die **Rohbaumaße**, wie z. B. die Rohbaubreite und Rohbauhöhe, sind die am Rohbau tatsächlich vorhandenen Maße. **Rohbaurichtmaß bei fugenlosen Wänden** $RR = B$ bzw. $RR = H$ Die **Rohbaurichtmaße** sind die Kleinstmaße (Mindestmaße) der Rohbaumaße.	B Rohbaubreite H Rohbauhöhe RR Rohbaurichtmaß, Baurichtmaß **Bezeichnungen** ① Sturz ② Rohbaubreite B ③ Rohbauhöhe H ④ Meterriss, Nennmaßhöhe 1 m = 100 cm OFF Oberkante Fertigfußboden OFR Oberkante Rohfußboden	mm, cm, m mm, cm, m mm, cm, m **Umrechnungen** **1 m** = 1000 mm = 100 cm
Stichmaßprüfung			
Fensteröffnung 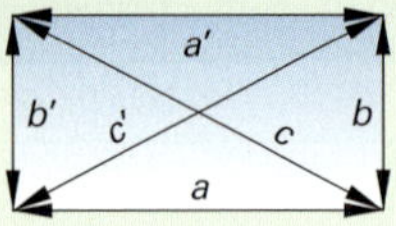	**Eckenmaß** Bedingung: **Rechtwinkligkeit der Fensteröffnung** $c = \sqrt{a^2 + b^2} \quad a = \sqrt{c^2 - b^2} \quad b = \sqrt{c^2 - a^2}$ $a = a'$ $b = b'$ $c = c'$	a Rohbaubreite b Rohbauhöhe c Eckenmaß a' Rohbaubreite b' Rohbauhöhe c' Eckenmaß	mm, cm, m mm, cm, m mm, cm, m mm, cm, m mm, cm, m mm, cm, m
Dichtstoffverbrauch			
Anschlussfuge 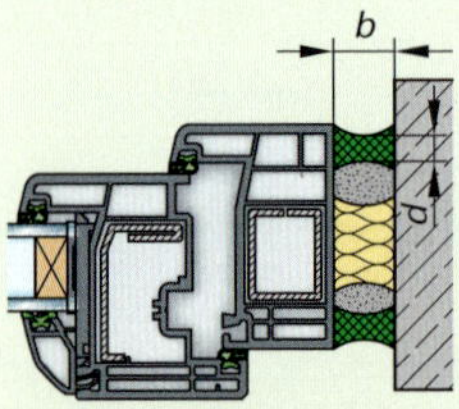 b Fugenbreite in cm d Dicke des Fugendichtstoffs in cm	**Dichtstoffmenge** $V_F = l_{ges} \cdot b \cdot d \quad l_{ges} = \frac{V_F}{b \cdot d} \quad b = \frac{V_F}{l_{ges} \cdot d}$ $d = \frac{V_F}{l_{ges} \cdot b}$ **Fugendicke** $d = 0{,}5 \cdot b \quad b = \frac{d}{0{,}5}$ **Mindestdicke der Fuge** $d_{min} = 0{,}8$ cm **Kartuschenanzahl** $n = \frac{V_F}{V_K} \quad V_F = n \cdot V_K \quad V_K = \frac{V_F}{n}$	V_F Dichtstoffmenge V_K Kartuscheninhalt l_{ges} Länge der Anschlussfuge b Fugenbreite d Dicke des Fugendichtstoffs d_{min} Mindestdicke der Fuge n Kartuschenanzahl	cm^3, ml cm^3, ml cm cm cm cm – (ohne Einheit) oder Stück **Beziehungen** **1 cm³** = 1 ml **1 mm³** = 0,001 cm³
Bemessung der Glasscheibendicke			
Scheibendicke 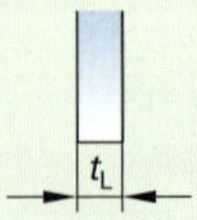	**Erforderliche Glasdicke** $t_L = t_G \cdot f_W \quad t_G = \frac{t_L}{f_W} \quad f_W = \frac{t_L}{t_G}$ Hinweis: Glasdickengrundwerte und Windbelastungsfaktoren sind im **Tabellenbuch Kunststofftechnik** enthalten.	t_L erforderliche Glasdicke t_G Glasdicken-Grundwert f_W Windbelastungsfaktor ist abhängig von der Gebäudehöhe	mm mm – (ohne Einheit)

Berechnungen zu Wärmedurchgang, Wärmestrahlung und Wärmedurchgangskoeffizient

Spalten: Bezeichnung und Abbildung | Formeln und Formelumstellung | Formelzeichen | Einheiten

Wärmedurchgang durch Wände

Einschalige Außenwand

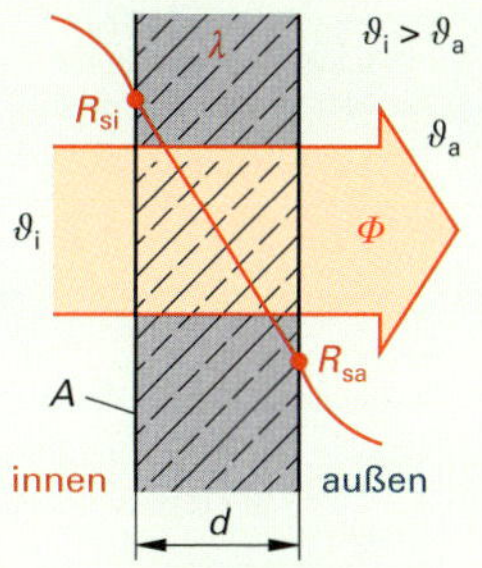

Mehrschalige Außenwand

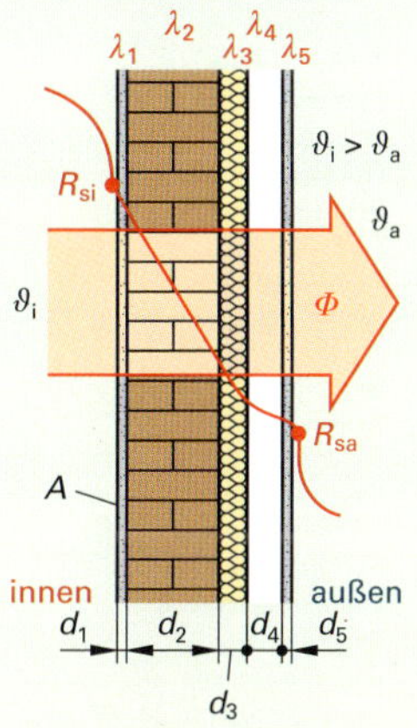

Wärmestrom

$$\Phi = U \cdot A_O \cdot \Delta\vartheta \qquad U = \frac{\Phi}{A_O \cdot \Delta\vartheta}$$

$$A_O = \frac{\Phi}{U \cdot \Delta\vartheta} \qquad \Delta\vartheta = \frac{\Phi}{U \cdot A_O}$$

Temperaturdifferenz

$$\Delta\vartheta = \vartheta_i - \vartheta_a \qquad \vartheta_i = \Delta\vartheta + \vartheta_a \qquad \vartheta_a = \vartheta_i - \Delta\vartheta$$

Wärmedurchgangswiderstand

$$R_T = R_{si} + R + R_{sa} \qquad R_{si} = R_T - R - R_{sa} \qquad R = R_T - R_{si} - R_{sa} \qquad R_{sa} = R_T - R_{si} - R$$

Wärmedurchlasswiderstand

$$R = \frac{d_1}{\lambda_1} + \frac{d_2}{\lambda_2} + \frac{d_3}{\lambda_3} + \ldots \qquad d_1 = \lambda_1 \cdot \left(R - \frac{d_2}{\lambda_2} - \frac{d_3}{\lambda_3}\right)$$

$$d_2 = \lambda_2 \cdot \left(R - \frac{d_1}{\lambda_1} - \frac{d_3}{\lambda_3}\right) \qquad d_3 = \lambda_3 \cdot \left(R - \frac{d_1}{\lambda_1} - \frac{d_2}{\lambda_2}\right)$$

Wärmedurchgangskoeffizient

$$U = \frac{1}{R_{si} + R + R_{sa}} \qquad R_{si} = \frac{1}{U} - R - R_{sa}$$

$$R = \frac{1}{U} - R_{si} - R_{sa} \qquad R_{sa} = \frac{1}{U} - R - R_{si}$$

$$U = \frac{1}{R_T} \qquad R_T = \frac{1}{U}$$

Formelzeichen		Einheiten
Φ	Wärmestrom	W
U	Wärmedurchgangskoeffizient	W/(m² · K)
A_O	Oberfläche	m²
$\Delta\vartheta$	Temperaturdifferenz	K
ϑ_i	Temperatur, innen	°C
ϑ_a	Temperatur, außen	°C
R_T	Wärmedurchgangswiderstand	m² · K/W
R_{si}	Wärmedurchgangswiderstand der Innenwand	m² · K/W
R_{sa}	Wärmedurchgangswiderstand der Außenwand	m² · K/W
R	Wärmedurchlasswiderstand	m² · K/W
d_1	Wanddicke 1 bzw. Isolierschichtdicke 1	m
d_2	Wanddicke 2 bzw. Isolierschichtdicke 2	m
d_3	Wanddicke 3 bzw. Isolierschichtdicke 3	m
λ_1	Wärmeleitfähigkeit 1	W/(m · K)
λ_2	Wärmeleitfähigkeit 2	W/(m · K)
λ_3	Wärmeleitfähigkeit 3	W/(m · K)

Beziehung
1 W = 1 Js

Wärmestrahlung

Wärmestrahlung

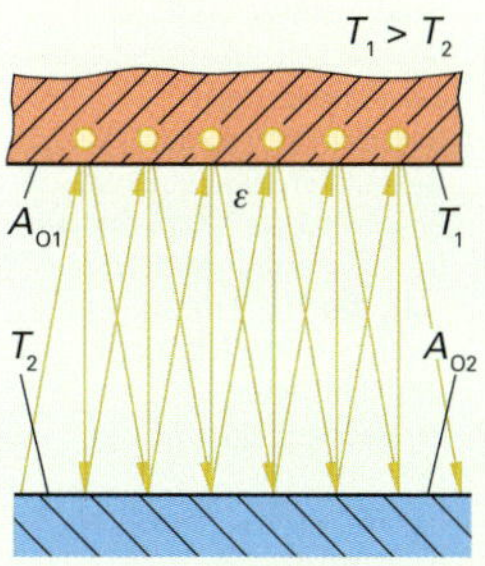

Wärmestrom

$$\Phi = \alpha_{Str} \cdot A_{O1} \cdot (T_1 - T_2) \qquad T_1 = \frac{\Phi}{\alpha_{Str} \cdot A_{O1}} + T_2 \qquad T_2 = T_1 - \frac{\Phi}{\alpha_{Str} \cdot A_{O1}}$$

Wärmeübergangskoeffizient

$$\alpha_{Str} = C_s \cdot \varepsilon \cdot \frac{\left(\frac{T_1}{100}\right)^4 - \left(\frac{T_2}{100}\right)^4}{T_1 - T_2}$$

Strahlungskonstante: C_s = 5,67 W/(m² · K^4)
Der Emissionsgrad liegt zwischen 0 und 1.

Formelzeichen		Einheiten
Φ	Wärmestrom	W
A_{O1}	Oberfläche mit der höheren Temperatur	m²
A_{O2}	Oberfläche mit der niederen Temperatur	m²
T_1	absolute Temperatur der wärmeren Oberfläche	K
T_2	absolute Temperatur der kälteren Oberfläche	K
α_{Str}	Wärmeübergangskoeffizient	W/(m² · K)
C_s	Strahlungskonstante	W/(m² · K⁴)
ε	Emissionsgrad	– (ohne Einheit)

Fenster-Wärmedurchgangskoeffizient

Wärmetechnisches Verhalten von Fenstern

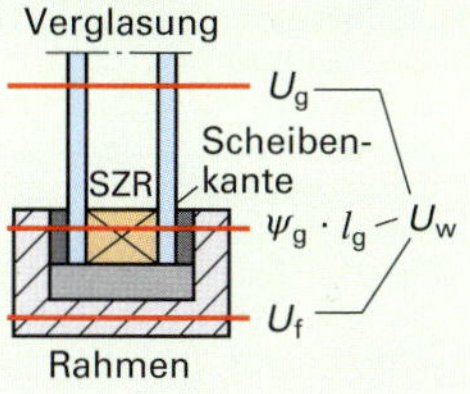

Fenster-Wärmedurchgangskoeffizient

$$U_w = \frac{A_f \cdot U_f + A_g \cdot U_g + l_g \cdot \psi_g}{A_w}$$

Fensterfläche

$$A_W = A_f + A_g \qquad A_f = A_W - A_g \qquad A_g = A_W - A_f$$

Formelzeichen		Einheiten
U_w	Wärmedurchgangskoeffizient des Fensters	W/(m² · K)
U_f	U_w- nur der Rahmen	W/(m² · K)
U_g	U_w- nur die Verglasung	W/(m² · K)
l_g	Umfangslänge des sichtbaren Glasrandes	m
ψ_g	längenbezogener U_w	W/(m · K)
A_W	Fensterfläche	m²
A_g	Glasfläche	m²
A_f	Rahmenfläche	m²

Sachwortverzeichnis